Android 组件化架构

苍王 著

電子工業出版社
Publishing House of Electronics Industry
北京•BEIJING

内 容 简 介

本书首先介绍组件化开发的基础知识，剖析组件化的开发步骤和常见问题，探究组件化编译原理和编译优化措施。其次在项目架构上，介绍如何组织团队来使用组件化开发，并将业务和人力进行解耦。最后深入介绍组件化分发技术及运用，探讨组件化架构的演进及架构的思维。

本书适合从事 Android 组件化技术研究，想在 Android 应用开发上进阶，以及有兴趣研究架构思维的 Android 开发者阅读。

图书在版编目（CIP）数据

Android 组件化架构 / 苍王著. —北京：电子工业出版社，2018.3
ISBN 978-7-121-33677-5

Ⅰ. ①A… Ⅱ. ①苍… Ⅲ. ①移动终端－应用程序－程序设计 Ⅳ. ①TN929.53

中国版本图书馆 CIP 数据核字（2018）第 028368 号

责任编辑：陈晓猛
印　　刷：三河市双峰印刷装订有限公司
装　　订：三河市双峰印刷装订有限公司
出版发行：电子工业出版社
　　　　　北京市海淀区万寿路 173 信箱　　　邮编：100036
开　　本：787×980　1/16　　印张：19.75　　字数：379.2 千字
版　　次：2018 年 3 月第 1 版
印　　次：2018 年 3 月第 1 次印刷
定　　价：79.00 元

凡所购买电子工业出版社图书有缺损问题，请向购买书店调换。若书店售缺，请与本社发行部联系，联系及邮购电话：（010）88254888，88258888。

质量投诉请发邮件至 zlts@phei.com.cn，盗版侵权举报请发邮件至 dbqq@phei.com.cn。

本书咨询联系方式：010-51260888-819，faq@phei.com.cn。

前　言

这是一本关于 Android 组件化的书籍

这是一本关于 Android 入门的书籍。

这是一本关于 Android 进阶的书籍。

这是一本关于 Android 编程原理的书籍。

这是一本关于 Android 架构的书籍。

我更愿意将这本书看作一本关于思维哲学的书籍。

书的用途，因人而异，有人用来垫书桌，有人将其作为工具，有人将其细细品味……

你用什么角度和什么态度来看待图书，它就会以什么形态展现在你眼前。

- 当你将它作为一本 Android 工具书时，它会指导你对 Android 的进阶学习。
- 当你将它作为一本软件架构书籍时，它会将工具和人的思想关联来调整你对架构的认知。
- 当你将它作为一本思维哲学书籍时，你有可能对 Android 开发有新的认识。

本书概要

第 1 章：组件化基础。

本章重点介绍组件化中开发的基础概念。首先介绍组件化中的依赖和解耦，然后介绍组件化中 AndroidManifest 的合成差异，最后深度认识 Application 的重要作用。

第 2 章：组件化编程。

本章介绍组件化中相关的开发编程技术，包括组件化通信、组件化存储、跨模块跳转、资源冲突解决、多模块渠道、资源混淆、数据库运用、签名相关的运用及原理剖析。

第 3 章：组件化优化。

本章介绍如何使用 Gradle 对组件化中多种使用方式的优化，以及对编译适配的优化。随后介绍使用 Git 仓库来组织多人进行组件化开发，以及多人开发的项目解耦。

第 4 章：组件化编译。

本章介绍如何在组件化项目中缩短编译时间。首先介绍 Gradle 的打包流程，以及 Gradle 构建基础。随后介绍 Instant Run 的使用和适用场景。最后介绍 Freeline 增量编译，以及部分原理剖析。

第 5 章：组件化分发。

本章介绍如何在单页面中处理复杂的业务逻辑。首先介绍 Activity、Fragment、View 的生命周期，以及组件化分发架构的嵌入。随后介绍依赖倒置型的设计和层级问题的解决方法，其中插叙了编译期注解的高效生成代码的形式。最后介绍动态加载配置的形式。

第 6 章：组件化流通。

本章介绍如何在组件化中工程封装工具 SDK。首先介绍 Maven 基础和组件化中的缓存策略，随后介绍组件化中 SDK 的合成方式，最后介绍如何将 SDK 发布到流通平台中。

第 7 章：架构模板。

本章介绍如何制定组件化多人开发规范。首先介绍自定义 Android Studio 的模板及组件化模板的制作，随后介绍注解提示的使用。

第 8 章：架构演化。

本章介绍 Android 工程架构的演化，包括线程工程架构、组件化基础架构、模块化架构、多模板架构，以及进程化架构的原理基础。让读者能对 Android 架构有更加深入的了解。

读者对象

本书适合以下学习阶段的读者阅读：

- Android 进阶学习阶段；
- Android 组件化学习阶段；
- Android 架构初级学习阶段
- 移动端开发思维哲学学习阶段。

致谢

感谢父母对我的思想启蒙的培育；感谢我的妻子丸子对我写作的鼓励和生活的照顾；感谢我曾经就职的广州三星和现在在职的欢聚时代。感谢 Android 组件化架构 QQ 群中的映客科技 King、搜狐 56 夜闪冰、RetroX、亚伦，以及各位同学对我出版书籍内容上的建议。

勘误和互动

如果读者发现本书中文字、代码和图片的信息存在错误或者纰漏，欢迎反馈给我。若是对书中内容或者 Android 组件化架构存在疑问，可以在我的简书、掘金、QQ 群中与我互动，届时会在这些平台发布勘误的信息，并欢迎各位读者的提问和建议。

QQ 群：316556016

简书：http://www.jianshu.com/u/cd0fe10b01d2

掘金：https://juejin.im/user/565c6d3100b0acaad47e9050

GitHub：https://github.com/cangwang

苍王

2017 年 12 月 25 日于广州

目　录

第1章 组件化基础

万尺大楼始于足下，根基打得越深，构造的大楼越坚固。

深埋根下的事情，不显于表，并不是所有人都能看到大楼的整个构造过程，往往需要初始的建造图纸和空间的思维想象，才能理解以往事情发生的轨迹。

建造的图纸，很有可能只对内部人员提供，并且只标注关键信息（说明书），并不能完全描述每个建造细节。外部人员想要解析某些节点上的构造，就需要实地考察，通过自身经验来绘制局部的建造图纸，深化对局部的描述信息，才能定位具体的问题节点。

每种技术的基础都需要有基本学科理论的支撑，基本学科的理论基础是每时每刻都在运用的。

你认为了解的事情，在没其他基础支撑的时候，你看到的世界很可能还是表层，当你拥有更强有力的基础支撑后，你会在熟悉的场景中发现更多未知的特征节点，这些节点再次连接起来将是更深层的景象。

1.1 你知道组件化吗

组件化是什么？组件化的定义是什么？组件化是什么时候形成的？

在项目开发中，一般会将公用的代码提取出来用于制作基础库 Base module，将某些单独的功能封装到 Library module 中，根据业务来划分 module，组内的每个人分别开发各自的模块，如图 1-1 所示。

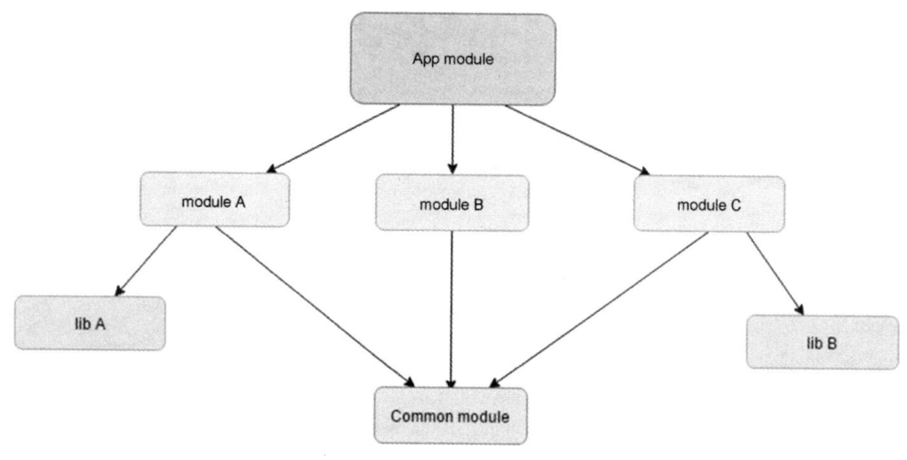

图 1-1 项目初始架构

随着时间的推移，项目迭代的功能越来越多。扩展了一些业务模块后，互相调用的情况就会增多，对某些库也增加了扩展和调用。工程的架构很可能如图 1-2 所示。

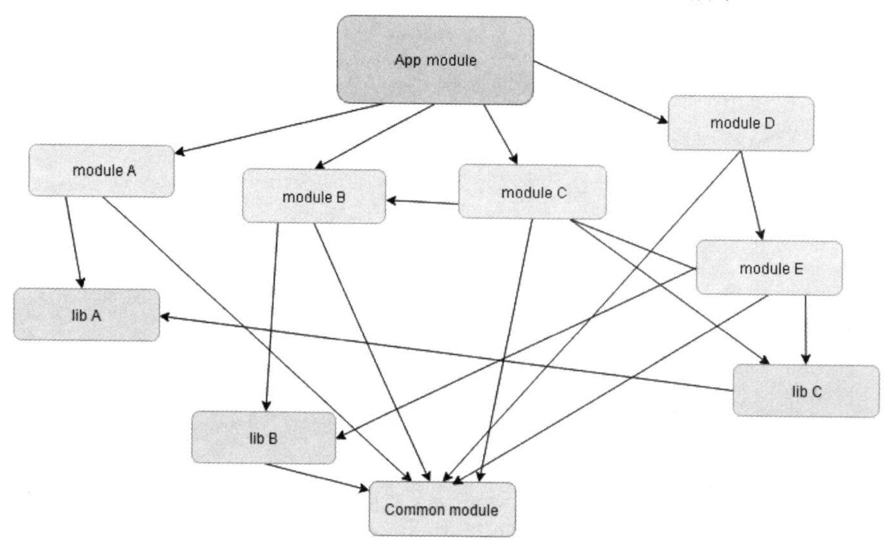

图 1-2 项目迭代架构

可以看出，各种业务之间的耦合非常严重，导致代码非常难以维护，更难以测试，扩展性和维护性非常差，这样的架构毫无章理可言，最后肯定会被替代。

这时新的规划规则出现了，这就是组件化、模块化，以及插件化。

多 module 划分业务和基础功能，这个概念将作为组件化的基础。

组件：指的是单一的功能组件，如视频组件（VideoSDK）、支付组件（PaySDK）、路由组件（Router）等，每个组件都能单独抽出来制作成 SKD。

模块：指的是独立的业务模块，如直播模块（LiveModule）、首页模块（HomeModule）、即时通信模块（IMModule）等。模块相对于组件来说粒度更大，模块可能包含多种不同的组件。

组件化开发的好处：

（1）避免重复造轮子，可以节省开发和维护的成本。

（2）可以通过组件和模块为业务基准合理地安排人力，提高开发效率。

（3）不同的项目可以共用一个组件或模块，确保整体技术方案的统一性。

（4）为未来插件化共用同一套底层模型做准备。

模块化开发的好处：

（1）业务模块解耦，业务移植更加简单。

（2）多团队根据业务内容进行并行开发和测试。

（3）单个业务可以单独编译打包，加快编译速度。

（4）多个 App 共用模块，降低了研发和维护成本。

模块化和组件化的缺点在于旧项目重新适配组件化的开发需要相应的人力及时间成本。

组件化和模块化的本质思想是一样的，都是为了代码重用和业务解耦。区别在于模块化是业务导向，组件化是功能导向。

项目体积越来越大后，必定会有超过方法数 65535 的一天，要么选择 MultiDex 的方式分包解决，要么使用插件化的方式来完成项目。

组件化和模块化的划分将更好地为项目插件化开路。插件化的模块发布和正常发布有着非常大的差异，已经脱离了组件化和模块化的构建机制，插件化拥有更高效的业务解耦。

1.2　基础组件化架构介绍

用语言来形容一个抽象的架构并不容易理解。我们用一个非常基础的组件化架构图来解释组件化基础，如图 1-3 所示。

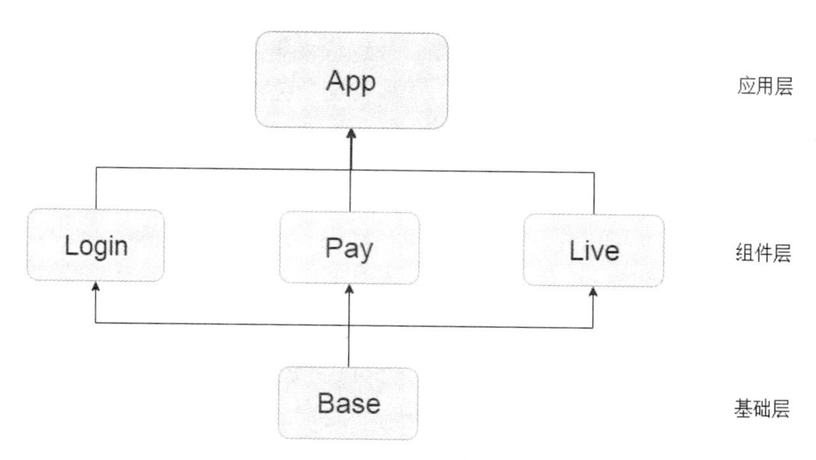

图 1-3　基础的组件化架构

上面的架构图从上到下分为应用层、组件层和基础层。

（1）基础层包含一些基础库和对基础库的封装，包括图片加载、网络加载、数据存储等。

（2）组件层包含一些简单的业务，比如登录、数据观看、图片浏览等。

（3）应用层用于统筹全部组件，并输出生成 App

虽然看起来这个基础组件化的架构非常简单、简陋，但是已经包含了组件化的内涵在里面。在这个基础的架构上，将会衍生出更多精细的架构，在之后的章节中会深入分析。

1.2.1　依赖

Android Studio 独有设计——module 依赖。

module 的依赖包括对第三方库的依赖，也包含对其他 module 的依赖。通过依赖我们可以访问第三方和其他被依赖 Module 的代码和资源。

基本的三种依赖方式如图 1-4 所示。

（1）Jar dependency：通过 Gradle 配置引入 lib 文件夹中的所有.jar 后缀的文件，还能引用.aar 后缀的文件。顺便提一下，这是 lib module 打包的独有格式文件类型。

（2）Base module：相当于一个基础模块库（lib module）来作为依赖，对应的是 module dependency，实质上是将其打包成 aar 文件，方便其他库进行依赖。

（3）第三方依赖通过 Library dependency 完成仓库索引依赖，这里的仓库可以配置为网络库和本地库。

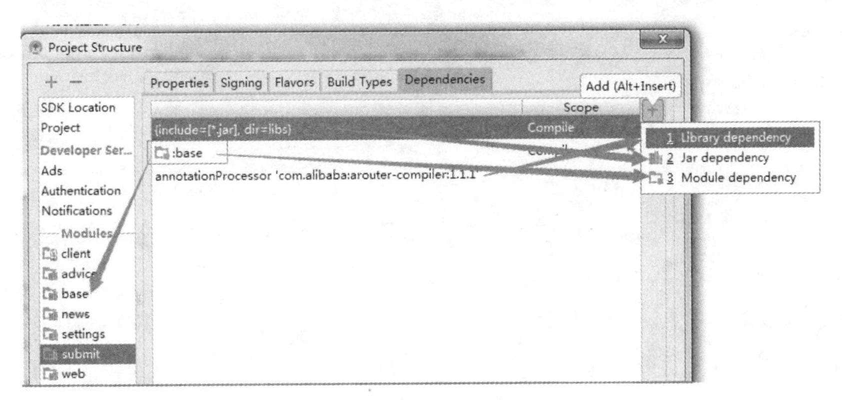

图 1-4 依赖方式

全部工具作用的配置最后还是会转化为代码的形式存在于我们配置的 build.gradle 中。

```
dependencies {
    compile fileTree(include: ['*.jar'], dir: 'libs')
    compile project(':base')
    annotationProcessor 'com.alibaba:arouter-compiler:1.1.1'
}
```

这里可以很清晰地看到，其代码分别对应三种不同的资源加入方式。

一般情况下，Android Studio 定义使用 dependencies 包含全部资源引入，使用 compile 字段提示来引入库。

这里值得注意的是：

（1）读入自身目录使用的是 fileTree。

（2）读入其他资源 module 使用的是“project”字段，而“:base”中冒号的意思是文件目录内与自己相同层级的其他 module。

（3）有些人会觉得奇怪，为何“annotationProcessor”字段不是 Android Studio 原生的，而是使用 Gradle 自定义的字段？这里的作用和 compile 类似。

1.2.2 聚合和解耦

为何要介绍依赖？

依赖→关系

有依赖才能产生关系。一个工程体系我们可以想象成一个群体，如果一个群体中的每个个体彼此都非常陌生，没有沟通，没有关系，那么将无法发挥每个个体最大的做事能力。所以我们需要为个体提供沟通交流的渠道。

Android Studio 正是以依赖的方式给每个 module 之间提供了沟通和交流的渠道，从而形成聚合。

如果一个个体和非常多的个体交流，则使用依赖关系。一个个体为非常多的模块提供服务，这样效率是很高的，而且通信成本很低。

假如有一天，这个个体出逃了，或者上司生气了，说以后都不需要这个个体了，要移除这个个体和其他人的关系，后果将是灾难性的，其他一堆人会跟你抱怨："他为我们做了太多事情，离开他我们找不到其他人做事了"。这是非常令人苦恼的。

所以作为这个运行系统的设计者和统筹者，我们应该设计一个为移除或者替换某个个体的行为付出最少代价的方案。

这就是：关系→解耦。

既然需要解耦，那么我们就需要设计更加适合交流沟通的系统，也可以考虑为一个群体设计更加适合的交流沟通的方式。

聪明的工程师和架构师在 Android Studio 中发现了适合时代趋势的组件化架构。

聚合和解耦是项目架构的基础。

以上的列子简单介绍了聚合和解耦的概念，工程的架构和集体的连接关系有着非常相像的地方。架构的实质也可以想象为人与人之间关系的连接。在开发过程中，有的人看到的或许只是程序本身，并没想到很多架构方面的内容，而架构上的思想和人类活动是非常相似的。架构工程就是一个活生生的群体集合，如何让每个个体产生最大的作用；如何让个体间的交流通畅；如何让每个个体付出最小的消耗来完成任务，并获得更大的集体利益；如何统筹更大规模的集体——这些就是架构师毕生探讨的论题，也是架构师的乐趣所在。

组件化架构就是在文件层级上有效地控制沟通和个体独立性的做法。

1.3 重新认识 AndroidManifest

当我们开始学习 Android 的时候，第一个认识的除了 Activity，估计就是 AndroidManifest 了。

AndroidManifest 是什么？有什么作用？

估计很多人很快就理解了 AndroidManifest 其实就是 Android 项目的声明配置文件。manifest 的字面意思是货单、旅客名单（直接翻译有点搞笑，意思是我们要载着配置文件去旅行了）。

既然这份货单用来声明 Android 工程里的一些文件信息，那么什么文件会入选这个货单呢？

答案应该不难想出，这里很明显有 Android 的四大组件——Activity、Service、BroadcastReceiver、ContentProvider，当然还有额外入选的自定义的 Application。这里说明一下，Android 四大组件和组件化架构并没有必然的关系。

每个工程都会接触到 AndroidManifest.xml 项目配置文件，说明了其重要性。这里带领大家重新认识 AndroidManifest。

每个 module 都有一份配合的 AndroidManifest 文件来记载其信息，最终生成一个 App 的时候，其只有一份 AndroidManifest 来指导 App 应该如何配置，那么如何记录这么多个 module 独立的配置信息呢？

答案是将多个 AndroidManifest 合成一个，不过里面的一些冲突将如何处理呢？这正是我们这一节探索的重点。

首先我们需要找到最终生成 AndroidManifest 的地址，既然是合成的，那么其地址已经在生成 App（配置为 Application 的 module）的构建目录中，如图 1-5 所示。

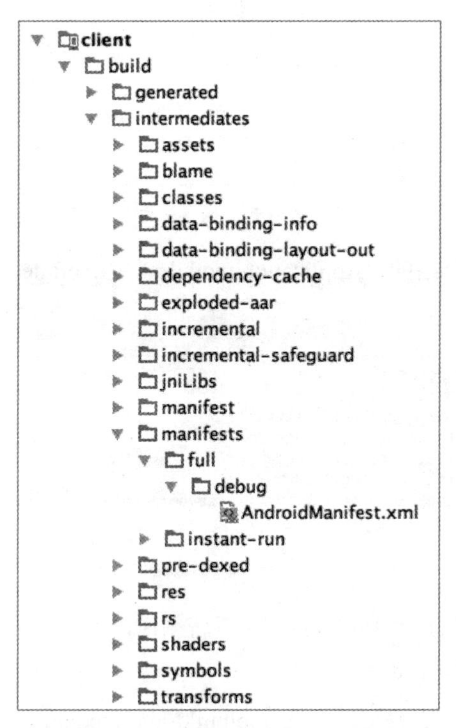

图 1-5 AndroidManifest 的地址

地址为 app/build/intermediates/manifests/full/debug/AndroidManifest.xml，intermediates 文件夹包含的是 App 生成过程中产生的“中间文件”。

1.3.1 AndroidManifest 属性汇总

在讲这个问题之前，大脑内要先理解我们的工程流程。

搭建工程的时候，首先得有创始人或架构师（Application module），然后招员工（lib module），员工努力工作（coding），完成自己的任务（生成 aar），最后架构师将项目汇总起来并完成项目的发布（生成 App）。

我们将项目的流程架构和组件化工程架构进行类比，可以想象人的关系架构和工程的架构的确有很多相同的地方。

每个 lib module（功能 module）作业完成后，编译器在 build/outputs/aar 目录中生成一个 aar 文件，如图 1-6 所示。

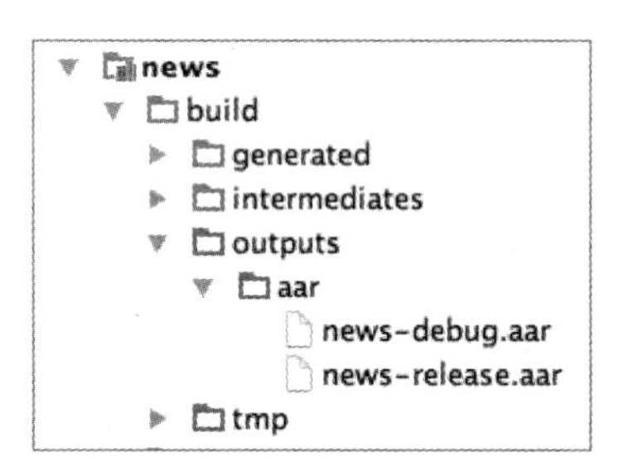

图 1-6 生成的 aar 文件

正如 1.2.1 节依赖中所介绍的，Application module（主 module）依赖于多个 lib module（功能 module），如图 1-7 所示。

```
dependencies {
    compile project(':news')
    compile project(':submit')
    compile project(':web')
    compile project(':settings')
    compile project(':advice')
    annotationProcessor 'com.alibaba:arouter-compiler:1.1.1'
}
```

图 1-7 依赖关系

当编译主 module 时会将这些功能 module 重新编译，然后将成果（aar）放到主 module 的 intermediates 文件夹中，如图 1-8 所示。

可以看到每个 module 完成编写后会在 app/build/intermediates/exploded-aar 中引用其最终生成的 aar 文件。exploded-aar 还包含了其他第三方仓库引用到的库。

图 1-9 中 Gank 目录下的文件夹对应着 Gank 整个工程中的其他功能 module。

intermediates
assets
blame
classes
data-binding-info
data-binding-layout-out
dependency-cache
exploded-aar
com.alibaba
com.android.databinding
com.android.support
com.android.support.constraint
com.squareup.leakcanary
Gank
advice
base
news
settings
submit
web
io.reactivex.rxjava2

图 1-8 将成果（aar）放到主 module 的 intermediates 文件夹中

Gank ~/Desktop/Android/Gank
.gradle
.idea
advice
base
build
client
gradle
news
settings
submit
web

图 1-9 Gank 目录下的文件夹

然后再观察一下每个 module 中的引用文件，其 aar 文件解压缩得到的文件目录中包含一般 Android 工程的部分资源，如 aidl、assests 等。classes.jar 文件是每个 module 真正的代码包，res 包含的是功能 module 的资源，而每个功能 module 都有它自己的 AndroidManifest，如图 1-10 所示。

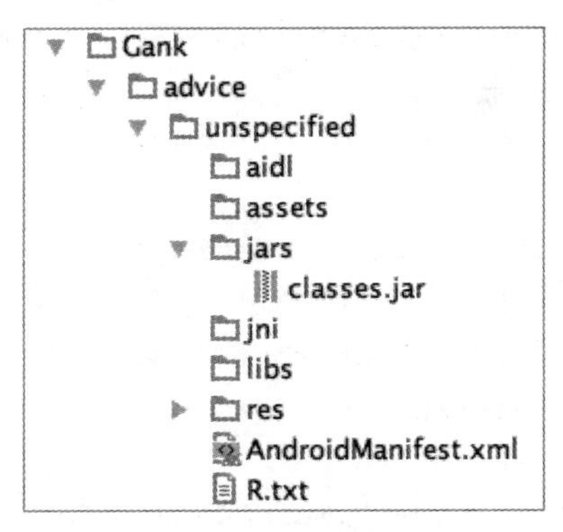

图 1-10 module 中的引用文件

可以看到 aar 的 AndroidManifest 中，即使 module 没有四大组件，也依然需要带有 application 的标识，还会帮我们补全 use-sdk 的信息，如下所示。

```
<manifest xmlns:android="http://schemas.android.com/apk/res/android"
    package="material.com.news"
    android:versionCode="1"
```

```
    android:versionName="1.0" >

    <uses-sdk
        android:minSdkVersion="14"
        android:targetSdkVersion="25" />

    <application
        android:allowBackup="true"
        android:label="@string/app_name"
        android:supportsRtl="true" >
    </application>

</manifest>
```

了解这个工程中的 AndroidManifest 的编译汇总流程，便于我们理解一些属性问题以及对组件化架构思想有更深入的认识。

1.3.2 AndroidManifest 属性变更

1. 注册 Activity

```
<manifest xmlns:android="http://schemas.android.com/apk/res/android"
    package="material.com.top">

    <application
        android:name=".app.GankApplication"
        android:allowBackup="true"
        android:excludeFromRecents="true"
        android:label="@string/app_name"
        android:supportsRtl="true">
        <activity android:name=".MainActivity">
            <intent-filter>
                <action android:name="material.com.top.MAIN" />
                <category android:name="android.intent.category.DEFAULT"/>
            </intent-filter>
        </activity>
    </application>
</manifest>
```

这是一个很简单的 Activity 注册，但这是在单 module 中的注册，真正在主工程中生效的 AndroidManifest 如下所示。

```
<application
    android:name="material.com.top.app.GankApplication"
    android:allowBackup="true"
    android:icon="@mipmap/ic_launcher"
    android:label="@string/app_name"
    android:supportsRtl="true"
    android:theme="@style/AppTheme" >
    <activity android:name="material.com.top.MainActivity" >
        <intent-filter>
            <action android:name="material.com.top.MAIN" />
            <category android:name="android.intent.category.DEFAULT" />
        </intent-filter>
    </activity>
```

可以看到编译器会补全一些属性，例如 icon 和 theme（如果没有在编写中指定）。还有 name 的属性会显示文件所在的地址（包名+文件名），而不像 AndroidManifest 在编写的时候可以缩进，其他属性并未有所不同。

```
<activity android:name="material.com.top.MainActivity" >
    <intent-filter>
        <action android:name="material.com.top.MAIN" />

        <category android:name="android.intent.category.DEFAULT" />
    </intent-filter>
</activity>
<activity android:name="material.com.settings.SettingActivity" >
    <intent-filter>
        <action android:name="material.com.settings" />
    </intent-filter>
</activity>
```

从上面的代码可以得知，name 需要具体包名+属性名，这是因为 AndroidManifest 会引用多个 module 中的文件，需要知道具体路径，不然在编译器打包时会找不到每个文件的具体位置。

2. 注册 Application

我们在统筹每个员工任务结果的时候，很可能会遇到这样那样的问题（资源冲突），比如 Application 的生成。

这里的 App 最终只会允许声明一个 Application 到 AndroidManifest 中：

```
<application
        android:name=".app.GankApplication"
        android:allowBackup="true"
        android:excludeFromRecents="true"
        android:label="@string/app_name"
        android:supportsRtl="true">
        <activity android:name=".MainActivity">
            <intent-filter>
                <action android:name="material.com.top.MAIN" />
                <category android:name="android.intent.category.DEFAULT"/>
            </intent-filter>
        </activity>
    </application>
```

以下是总结的一些 Application 的替换规则：

（1）如果功能 module 有 Application，主 module 没有自定义 Application，这时会自然引用功能 module 中的 Application。

（2）如果主 module 有自定义 Application，其他 module 没有，则自动引入主 module 的 Application。

（3）如果功能 module 中有两个自定义 Application，在解决冲突后，Application 最终会载入后编译的 module 的 Application。

（4）如果主 module 中有自定义 Application，其他功能 module 也有自定义 Application，在解决冲突后，最后编译的主 module 的 Application 会在 AndroidManifest 里面。

Application 中可能遇到的问题，我们会在下一节详细介绍。

3. 权限声明

如果在一个功能 module 中声明所需要的权限：

```
<manifest xmlns:android="http://schemas.android.com/apk/res/android"
    xmlns:tools="http://schemas.android.com/tools"
    package="material.com.base"
```

```
    android:versionCode="1"
    android:versionName="1.0" >

    <uses-sdk
        android:minSdkVersion="14"
        android:targetSdkVersion="25" />

    <uses-permission android:name="android.permission.INTERNET" />
    <uses-permission android:name="android.permission.WRITE_EXTERNAL_
STORAGE" />
    <uses-permission android:name="android.permission.ACCESS_NETWORK_
STATE" />

    <application
        android:allowBackup="true"
        android:label="@string/app_name"
        android:supportsRtl="true" >
    </application>

</manifest>
```

那么在主 module 中就会看到相应的权限：

```
<manifest xmlns:android="http://schemas.android.com/apk/res/android"
    package="material.com.gank"
    android:versionCode="1"
    android:versionName="1.0" >

    <uses-sdk
        android:minSdkVersion="14"
        android:targetSdkVersion="25" />

    <uses-permission android:name="android.permission.CAMERA" />
    <uses-permission android:name="android.permission.INTERNET" />
    <uses-permission android:name="android.permission.WRITE_EXTERNAL_
STORAGE" />
    <uses-permission android:name="android.permission.ACCESS_NETWORK_
STATE" />
```

如果在其他 module 中都声明相同的权限，结果又会如何呢？

最终的 AndroidManifest 会合并这个重复声明的权限，所以相同的权限只会被声明一次。

在以后分模块调试的时候，每个模块可以声明自身需要的权限，而不需要考虑最后合成权限的问题。而如果考虑最终权限有可能被遗漏的问题，可以将全部的权限都在 Base module 中声明，这样全部权限都是有的。关于 6.0 版本权限申请的问题，我们之后会进行分析。

4. 主题声明

Activity 的每个主题都是独立的，每个 Activity 的主题都会引用自身 module 的 AndroidManifest 所声明的主题，不声明当然就是 Android 默认主题了。

```
<activity android:name=".AdviceActivity"
    android:theme="@style/AppWelcome">
    <intent-filter>
        <action android:name="android.intent.action.MAIN" />

        <category android:name="android.intent.category.LAUNCHER" />
    </intent-filter>
</activity>
```

Application 的主题最终被编入 full AndroidManifest 中，full 中的 Application theme 将默认为整个 App 的 UI 主题风格。

```
<application
    android:allowBackup="true"
    android:icon="@mipmap/ic_launcher"
    android:label="@string/app_name"
    android:supportsRtl="true"
    android:theme="@style/AppTheme" >
    <activity
        android:name="material.com.gank.AdviceActivity"
        android:theme="@style/AppWelcome" >
        <intent-filter>
            <action android:name="android.intent.action.MAIN" />

            <category android:name="android.intent.category.LAUNCHER" />
        </intent-filter>
    </activity>
```

```
</application>
```

5. Service

Service 的声明与 Activity 并没有什么不同：

```
<service android:name="com.cangwang.music.MusicService"
    android:enabled="true"
    android:exported="true">
    <intent-filter>
        <action android:name="com.cangwang.music_service"/>
    </intent-filter>
</service>
```

四大组件需要在 AndroidManifest 中声明的规则都是一样的，Android 的四大组件包括 BroadcastReceiver 和 ContentProvider 也是一样的。

6. shareUid

通过声明 Shared User id，拥有同一个 User id 的多个 App 可以配置成运行在同一个进程中，所以默认可以互相访问任意数据。

如果只是在功能 module 中声明 shareUid，那么最终的 AndroidManifest 会如何呢？这里并不会将这个功能 module 的 shareUid 放到最终的 AndroidManifest 中。

经过试验，只有在主 module（Application module）中声明 sharedUserId，才会最终打包到 full AndroidManifest 中。

```
<manifest xmlns:android="http://schemas.android.com/apk/res/android"
    package="material.com.top"
    android:sharedUserId="3">
```

其会补全 versionCode 和 versionName，每个 module 打包 aar 时都会将这两个属性补全。

```
<manifest xmlns:android="http://schemas.android.com/apk/res/android"
    package="material.com.gank"
android:sharedUserId="3"
    android:versionCode="1"
    android:versionName="1.0" >
```

了解 Android Studio 的 Gradle 的打包规则，组件化架构会使你更加了解 AndroidManifest 的配置变化，为我们进一步构建组件化工程打下良好的基础。这里介绍的内容可能并非是完整的规则，但介绍的编译的路径，可以帮助你更加快速地定位配置问题。

1.4 你所不知道的 Application

1.3 节介绍 AndroidManifest 时提及了 Application，本节深入介绍 Application。

1.4.1 Applicaton 的基础和作用

当 Android 应用启动的时候，最先启动的系统组件并不是 MainActivity，而是 Application。每个 App 运行时仅创建唯一一个 Application，用于存储系统的一些信息，那么可以将它理解为整个 App 的一个单例对象，并且其生命周期是最长的，相当于整个 App 的生命周期。

看一下 Application 中比较重要的方法：

（1）onCreate——在创建应用程序时回调的方法，比任何 Activity 都要靠前。如果你有研究源码，会发现 Application 比 Activity 更先创建。

（2）onTerminate——当终止应用程序对象时调用，不保证一定被调用，当程序被内核终止以便为其他应用程序释放资源时将不会提醒，并且不调用应用程序对象的 onTerminate 方法而直接终止进程。

（3）onLowMemory——当后台程序已经终止且资源还匮乏时会调用这个方法。好的应用程序一般会在这个方法中释放一些不必要的资源来应付当后台程序已经终止、前台应用程序内存还不够时的情况。

（4）onConfigurationChanged——配置改变时触发这个方法，例如手机屏幕旋转等。

而我个人觉得 Application 提供的最好用的方法就是 registerActivityLifecycleCallbacks()和 unregisterActivityLifecycleCallbacks()。

两个方法用于注册或者注销对 **App 内所有 Activity 的生命周期监听**，当 App 内 Activity 的生命周期发生变化时就会调用 ActivityLifecycleCallbacks 中的方法。

```
registerActivityLifecycleCallbacks(new ActivityLifecycleCallbacks() {
    @Override
    public void onActivityCreated(Activity activity, Bundle bundle) {
        Log.d(TAG,"onActivityCreated:"+activity.getLocalClassName());
    }

    @Override
    public void onActivityStarted(Activity activity) {
```

```
            Log.d(TAG,"onActivityStarted:"+activity.getLocalClassName());
        }

        @Override
        public void onActivityResumed(Activity activity) {
            Log.d(TAG,"onActivityResumed:"+activity.getLocalClassName());
        }

        @Override
        public void onActivityPaused(Activity activity) {
            Log.d(TAG,"onActivityPaused:"+activity.getLocalClassName());
        }

        @Override
        public void onActivityStopped(Activity activity) {
            Log.d(TAG,"onActivityStopped:"+activity.getLocalClassName());
        }

        @Override
        public void onActivitySaveInstanceState(Activity activity, Bundle bundle) {

        }

        @Override
        public void onActivityDestroyed(Activity activity) {
            Log.d(TAG,"onActivityDestroyed:"+activity.getLocalClassName());
        }
    });
```

为什么这个 ActivityLifecycleCallbacks()方法回调非常重要呢？

从这个方法中获取到在栈顶端的 Activity 对象，而且因为 Application 单例对象是可以全局获取的，全局 Toast 可以引用 Application 的 context 对象。但是我们想做全局弹框，就需要理解弹框特性，弹框需要依赖当前的窗口对象，弹框初始化的时候就必须获取顶层 Activity 的上下文。

如果你分析过比较知名的源码，例如 LeakCanary、BlockCanary，其都需要持有 Application 这个单例对象，可以监听到整个 App 全部 Activity 的生命周期的变化，取得 Activity 中的一些属性（消息队列、上下文 Context 对象），那么就可以监听这些信息，拥有这个对象，给管理整个 App 的生命周期带来了巨大的便利。

1.4.2 组件化 Application

1.4.1 节我们研究了 Activity，这一节将讲解 Application。

问题来了，每个 module 中都可以有 Application 吗？一个工程中能全部装载这些 Application 吗？

当然我希望大家可以抽空去尝试一下，这样会加深记忆。

为了验证这个问题，在主工程中创建一个 Application，在两个次级的功能 module 中各自声明一个 Application，然后编译，编译后会意外发现出错了，如图 1-11 所示。

```
Gradle tasks [assembleDebug]
/Users/air/Desktop/Android/Gank/base/src/main/java/material/com/base/ui/circleprogress/MaterialProgressDrawable.java: The typede
material.com.base.ui.circleprogress.MaterialProgressDrawable.ProgressDrawableSize should have @Retention(RetentionPolicy.SOURCE)
Execution failed for task ':client:processDebugManifest'.
> Manifest merger failed : Attribute application@name value=(material.com.top.app.GankApplication) from AndroidManifest.xml:7:9-44
  is also present at [Gank:news:unspecified] AndroidManifest.xml:12:9-57 value=(material.com.news.NewsApplication).
  Suggestion: add 'tools:replace="android:name"' to <application> element at AndroidManifest.xml:6:5-17:19 to override.
BUILD FAILED
```

图 1-11 编译结果

原因是 Android Studio 的 Gradle 插件默认会启用 Manifest Merger Tool，如果 Library 项目中也定义了与主项目相同的属性（例如默认生成的 android:icon 和 android:theme），则此时会合并失败。

错误中指出，我们可以使用 tools:replace="android:name"来声明 Application 是可被替换的。

在 Manifest.xml 的 application 标签下添加 tools:replace="android:icon, android:theme"（多个属性用“,”隔开，并且记住在 manifest 根标签上加入 xmlns:tools="http://schemas.android.com/tools"，否则会找不到命名域）。

需要特别提醒一下，这里存在四种情况。

（1）如果功能 module 有 Application，主 module 没有自定义 Application，这时会自然引用功能 module 中的 Application。

（2）如果主 module 有自定义 Application，其他 module 没有，自动引入主 module 的 Application。

（3）如果功能 module 中有两个自定义 Application，那么需要解决冲突，每个功能 module 都需要添加上 tools:replace 字段。如果只是漏加入，那么 Gradle 会报出和上面一样的提示。全部替换完成后，Application 最终会载入后编译的 module 的 Application。

> 我们可以使用 Gradle Console 来查看整个 App 使用 Gradle 编译的流程，你会看到一个个 Gradle 打包过程和方法，这样我们可以更切实地了解到 App 编译流程，如图 1-12 所示。

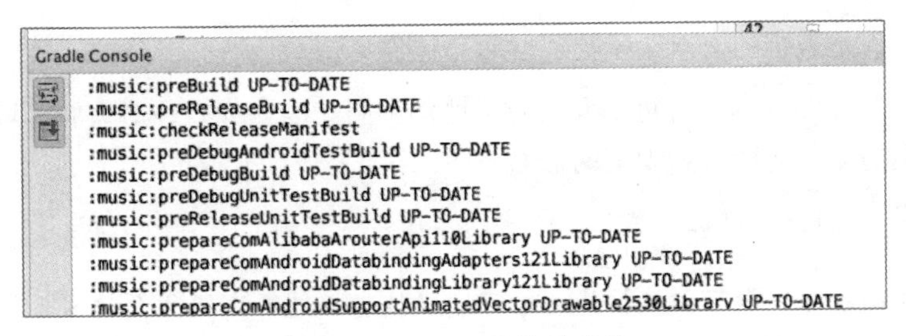

图 1-12 Gradle 编译的流程

然后通过 full 文件夹中的 AndroidManifest 可以看到最终编入的是哪个 Application。

```
<manifest xmlns:android="http://schemas.android.com/apk/res/android"
    package="material.com.top">

    <application
        android:name=".app.GankApplication"
        android:allowBackup="true"
        android:excludeFromRecents="true"
        android:label="@string/app_name"
        android:supportsRtl="true">
        <activity android:name=".MainActivity">
            <intent-filter>
                <action android:name="material.com.top.MAIN" />
                <category android:name="android.intent.category.DEFAULT"/>
            </intent-filter>
        </activity>
...
    </application>
</manifest>
```

（4）如果主 module 中有自定义 Application，其他功能 module 也有自定义 Application，在主 module 中添加 tools:replace 解决冲突后，会发现最后编译的主 module 的 Application 在 AndroidManifest 中。

1.5 小结

授人以鱼不如授人以渔，理解技能的基础原理，你会有一种一眼能看穿表层，直达里层的运转轨迹的感觉。当深入技能的高深层次的时候，更加需要加深对基础知识的理解。

最基础的，也是最难的，就是学会“学习”这件事情。

但是“学习”这件事本身对每个人的适用性都不同，因为你以往对大脑区域的锻炼能力和思维惯性所产生的差异会造成意识上的截然不同。

一般人学习一门技能的轨迹：

学习入门基础技能→学习初级技能→学习高级技能→选择高级方向技术

然后循环此过程。

还有人思考出其他的学习轨迹：

学习入门技能→学习初级技能→学习高级技能→关联技能节点→基础深化

更有甚者，通过非线性轨迹思考，更可能是树状的，或者更加深奥的关联。

所以当你意识到学习这件事情的多样性，以及你自身独有的适应性和节奏的时候，应该寻找你自身独立的思维方式并不断通过自我意识审核这个“学习”流程。

当意识到“学习”这个基础技能的重要性的时候，不断利用“学习”这个技能重塑自身的思维惯性，并且掌握基础领域的通性。

第2章 组件化编程

一个工程师在开始工作前，就需要对工作中使用的工具开销了如指掌。当你成为架构师，需要深入评估工具在编程中的代价和实现成效。

如果建造大楼，我们需要考虑的是计划工期、占地面积、人力成本，等等。

换位到计算机工程，需要衡量的维度是时间和空间。

时间意味着研发周期，使用的工具直接影响我们工作的效率。

我们可以先想象一下这个场景，我们的目标是建造大楼（架构工程），我们得知道有什么工具(工具类和库)？怎么选择这些工具？怎么使用这些工具？使用这些工具有什么好处？怎么做才能做到更加高效，以减少工具损耗和人的损耗的计量？

时间指运算时间（CPU/GPU）、沟通时间、决策时间、编码时间、维护时间。

空间指我们产生工程包大小，以及运行内存、方法量。

这两个基本维度构成了"效率"。提高效率，就需要从时间和空间两个维度进行优化。

当然建造大楼（Android 工程）已经有非常多的工具（各种 View，各种特殊的数据结构，已经达成共识的基本框架），而且可以自己定制工具（自定义 View），自由度非常高。

我们需要明确了解其内部实现原理，才能更好地在时间和空间维度上决策出更有利提高效率的工具。

本章将介绍一些组件化独特的开发方式及涉及的原理工具，让我们可以更好地理解组件化研发，并且提出一些优化建议。

正如第 1 章介绍的聚合和解耦，构造的工程可以并不知道它所最终形成的产物，其每一个模块是只负责一种单一功能的集合，那么规范这些功能模块就需要制定统一的语言和交流方式。

信息传播拥有的价值在于协作交流和规范的管理工作流程。

Android 提供了很多不同的信息传递方式，本节的内容是衡量每种传递方式的效率和选择最适合的传递方式用于组件化。

2.1 本地广播

Android 四大组件中的 BroadcastRecevier 大家肯定不陌生，但是这里的 BroadcastReceiver 指的是全局广播，本地广播是 LocalBroadcastManager。

2.1.1 本地广播基础介绍

LoacalBroadcastManager 是 Android support 包提供的一个工具，用来在同一个应用内的不同组件间发送 Broadcast 进行通信。

使用 LoacalBroadcastManager 的好处在于：

（1）发送的广播只会在自己的 App 内传播，不会泄露给其他的 App，确保隐私信息不会泄露。

（2）其他 App 无法向自己的 App 发送广播，不用被其他 App 干扰。

（3）比全局广播更加高效。

本地广播好比对讲通信。在同一个建筑工地，我们有确定的位置，本地广播就好比对讲机，在特定位置，成本低、效率高。

2.1.2 使用方法

（1）获取单例实体。

```
LocalBroadcastManager lbm = LocalBroadcastManager.getInstance(this);
```

（2）和本地广播一样需要注册广播。

```
lbm.registerReceiver(new BroadcastReceiver() {
    @Override
```

```
        public void onReceive(Context context, Intent intent) {
            //Todo Hanlder the received local broadcast
        }
    },new IntentFilter("LOCAL_ACTION"));
```

（3）解绑方法。

```
LocalBroadcastManager.getInstance.unregisterReceiver(lbm);
```

（4）发送广播。

```
lbm.sendBroadcast(new Intent("LOCAL_ACTION"));
```

这里设定本地广播只能动态注册，无法像全局广播那样可以注册到 AndroidManifest，因为其设计的初衷就是不接收外部广播。

对比全局广播和本地广播：

- 本地广播比全局广播要快，而且最接近于 Android 原生（出于 Android.support 兼容库）。
- 经过了多个 support 版本的迭代，稳定性和兼容性最优。
- 通信安全性保密性和通信效率远高于全局广播。

2.1.3 本地广播源码分析

本地广播使用了观察者的设计模式。

观察者模式： 定义了对象之间的一对多依赖，当一个对象改变状态时，它的所有依赖者都会收到通知并自动更新。

先看看 register 注册代码：

```
public void registerReceiver(BroadcastReceiver receiver, IntentFilter filter) {
    synchronized (mReceivers) {
    //构造广播信息体
        ReceiverRecord entry = new ReceiverRecord(filter, receiver);
        ArrayList<IntentFilter> filters = mReceivers.get(receiver);
        if (filters == null) {
            filters = new ArrayList<IntentFilter>(1);
        //添加接收者接收信息
```

```
            mReceivers.put(receiver, filters);
        }
        filters.add(filter);
        for (int i=0; i<filter.countActions(); i++) {
            String action = filter.getAction(i);
            ArrayList<ReceiverRecord> entries = mActions.get(action);
            if (entries == null) {
                entries = new ArrayList<ReceiverRecord>(1);
                //添加事件关联
                mActions.put(action, entries);
            }
            entries.add(entry);
        }
    }
}
```

构建一个 ReceiverRecord 广播信息实体，然后添加到广播数组列表 Actions 中，如图 2-1 所示。

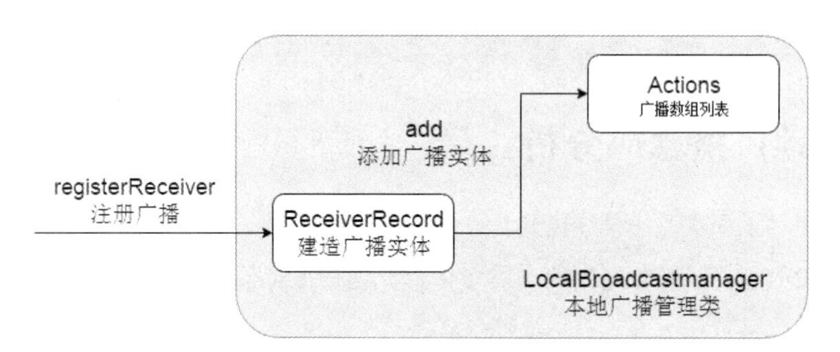

图 2-1　本地广播注册

发送广播实际操作源码如下：

```
private void executePendingBroadcasts() {
    while (true) {
        BroadcastRecord[] brs = null;
        synchronized (mReceivers) {
            final int N = mPendingBroadcasts.size();
            if (N <= 0) {
                return;
            }
```

```
                brs = new BroadcastRecord[N];
                mPendingBroadcasts.toArray(brs);
                mPendingBroadcasts.clear();
            }
            for (int i=0; i<brs.length; i++) {
                BroadcastRecord br = brs[i];  //取得需要监听的广播的信息体
                for (int j=0; j<br.receivers.size(); j++) {
                    //取得接收对象调用 onReceive 方法
                    br.receivers.get(j).receiver.onReceive(mAppContext,
br.intent);
                }
            }
        }
    }
```

本地广播发送如图 2-2 所示。

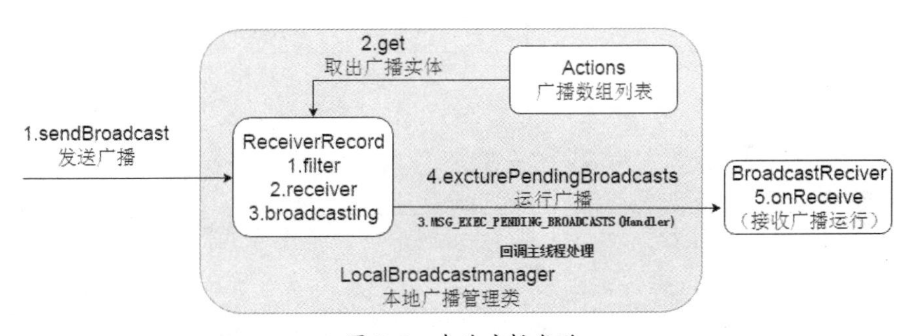

图 2-2 本地广播发送

（1）调用 sendBroadcast，传输广播 Intent。

（2）利用 Intent 中的 Action 索引广播数组列表，索引出广播实体。

（3）通过 Handler 回调到主线程，调用 excturePendingBroadcasts 来运行广播。

（4）调用注册的 BroadReciver 的 onReceive 方法来运行广播触发内容。

本地广播使用了非常巧妙的观察者模式来完成信息传播的触发，这个设计模式被广泛运用在各种消息传送触发的机制中。

2.2 组件间通信机制

本地广播是在 App 内保证消息传输的安全，而且为本地消息通信提供了便利，但是本地广播传输信息时将一切都全权交给系统负责了，无法干预传输途中的任何步骤。那么是否有比本地广播更加高效的通信方式呢？

2.2.1 组件化层级障碍

我们回到最基础的组件化架构图，见图 1-3。

可以看到组件层中的模块是相互独立的，它们并不存在任何依赖。没有依赖，就无法产生关系；没有关系，就无法传递任何的信息。那要如何才能完成这种交流呢？

我们需要第三方协助者，这就是基础层（Base module）。

组件层的模块都依赖于基础层，从而产生第三者联系。这种第三者联系最终会编译汇总到 App module 当中，那时将不会有这种隔离，如图 2-3 所示。

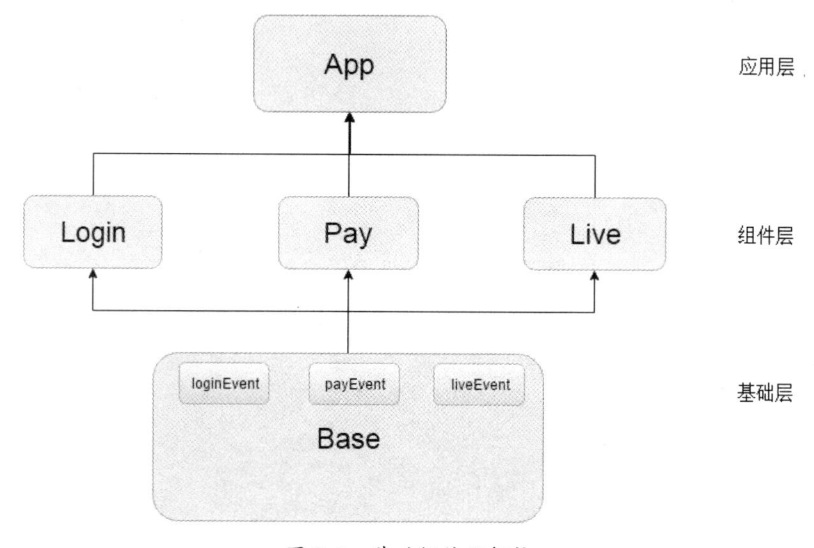

图 2-3 基础组件化架构

Base module 就是跨越组件化层级的关键，也是模块间信息交流的基础。

2.2.2 事件总线

Android 中的 Activity、Fragment、Service 信息传递相对复杂，一开始肯定考虑使用广播的方式去实现信息传递。

但是系统级别的广播其传递是耗时的，而且非常容易被捕获（不安全）。工程师开发了更节省资源、更高效的工具，这就是事件总线机制，如图 2-4 所示。

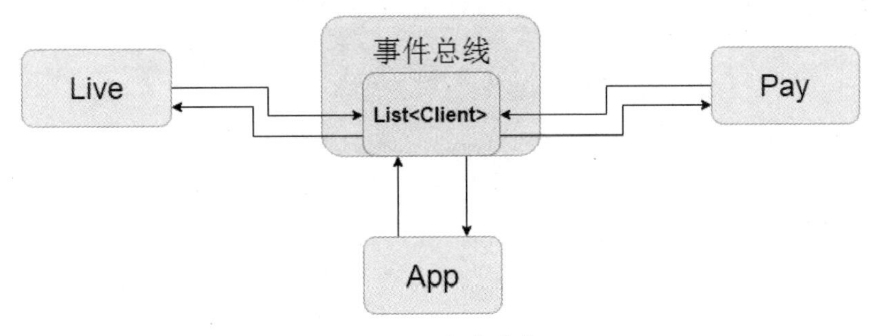

图 2-4　事件总线

事件总线机制通过记录对象、使用监听者模式来通知对象各种事件。不需要原生过重的事件 Broadcast 机制的管理，并可以将信息传递给原生以外的各种对象，解绑了限制。

接下来介绍两款事件总线框架。

EventBus

EventBus[1]是一款针对Android优化的发布/订阅事件总线，主要功能是替代Intent、Handler、BroadCast，在Fragment、Activity、Service、线程之间传递消息。优点是开销小，代码更优雅，以及将发送者和接收者解耦。

EventBus 框架中涉及四个部分——订阅者、发布者、订阅事件和事件总线。

它们的关系可以用官方的图表示，如图 2-5 所示。

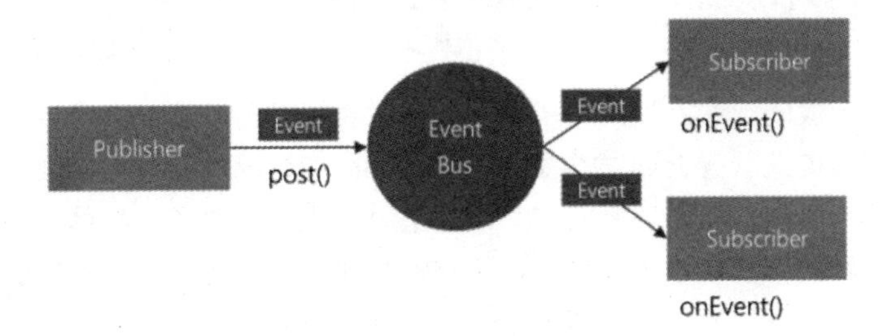

图 2-5　EventBus 原理

订阅者可以订阅多个事件，发送者可以发布任何事件，发布者同时也可以是订阅者。

以下是简单的使用步骤。

定义事件：

```
public class MessageEvent { /* Additional fields if needed */ }
```

1 http://greenrobot.org/eventbus/。

注册订阅者：

```
EventBus.getDefault().register(this);
```

订阅事件：

```
@Subscribe
public void onEvent(AnyEventType event) {/* Do something */};
```

发布事件：

```
EventBus.getDefault().post(object);
```

注销订阅：

```
EventBus.getDefault().unregister(this);
```

使用EventBus时一定要注意，订阅事件的对象在依附的Activity/Fragment/Service被注销时，一定要取消订阅，因为register是强引用，如果没有取消订阅，那么强引用会让对象无法得到内存回收，导致内存泄漏。

整个EventBus是基于观察者模式构建的，而上面的调用观察者的方法则是观察者模式的核心所在。

从整个EventBus可以看出，事件是被观察者，订阅者类是观察者，当事件出现或者发送变更的时候，会通过EventBus通知观察者，使得观察者的订阅方法能够被自动调用。

当然了，这与一般的观察者模式有所不同。回想我们所用过的观察者模式，我们会让事件实现一个接口或者直接继承自Java内置的Observerable类，同时在事件内部还持有一个列表，保存所有已注册的观察者，而事件类还有一个方法用于通知观察者。从**单一职责原则**的角度来说，这个事件类所做的事情太多了！既要记住有哪些观察者，又要等到时机成熟的时候通知观察者，又或者有别的自身的方法。一两个事件类还好，但如果对于每一个事件类，每一个新的不同的需求，都实现相同的操作，这是非常烦琐而且低效的。

因此，EventBus就充当了中介的角色，把事件的很多责任抽离出来，使得事件自身不需要实现任何东西，都交给EventBus来操作就可以了。

- **优点**：简化了Android组件之间的通信方式，实现解耦，让业务代码更加简洁，可以动态设置事件处理线程和优先级。
- **缺点**：目前发现唯一的缺点就是类似之前策略模式一样的问题，每个事件都必须自定义一个事件类，造成事件类太多，无形中加大了维护成本。

EventBus3.0

EventBus3.0[2]使用的方式基本和EventBus2.x是一致的。没开启索引系统的3.0版其反射效率比2.x版要低1～3倍，而开启索引系统，3.0版的速度要比2.x版快很多。

要真正理解EventBus3.0和EventBus2.x的区别，不得不提编译时注解和运行时注解。

EventBus2.x使用的是运行时注解，运行时注解很大基础上是依赖于Java的反射规则的，Java的反射是耗费效率的。采用反射的方式对整个注册的类的所有方法进行扫描来完成注册。所以在一些低端Android手机中频繁使用反射，会对性能产生一定的影响。

EventBus3.0使用的是编译时注解。Java文件在编译的时候，会将其编译为.class文件，再对class文件进行打包等一系列处理。而编译时注解在Java编译生成.class文件时就进行操作。可以想象是在代码编写完后，就创建出对文件或类的索引关系，将索引关系编入到apk中。具体是提供了EventBusAnnotationProcessor注解处理器，在编译期通过读取@Subscribe()注解并解析、处理其中所包含的信息，然后生成Java类来保存所有订阅者关于订阅的信息，这样就比在运行时使用反射来获得这些订阅者的信息的速度要快。

编译时注解如图2-6所示。

（1）开机前，创建好信息列表项。

（2）初始化时，初始化整个列表。

（3）使用时，通过索引获取对象。

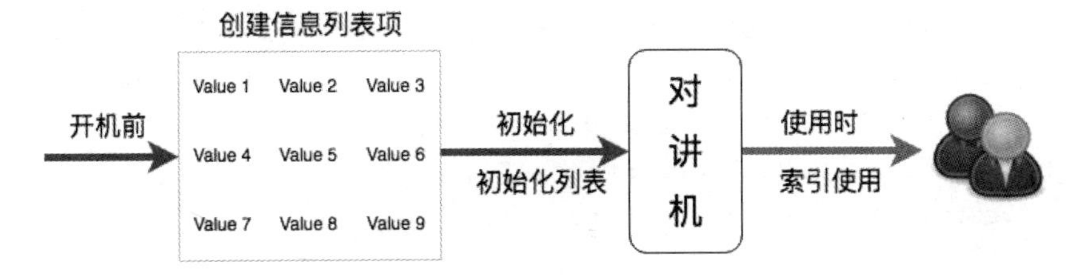

图2-6　编译时注解

运行时注解如图2-7所示。

（1）使用前注册并创建信息列表项。

（2）使用时采用监听者模式，然后反射调用。

---

[2] https://github.com/greenrobot/EventBus/。

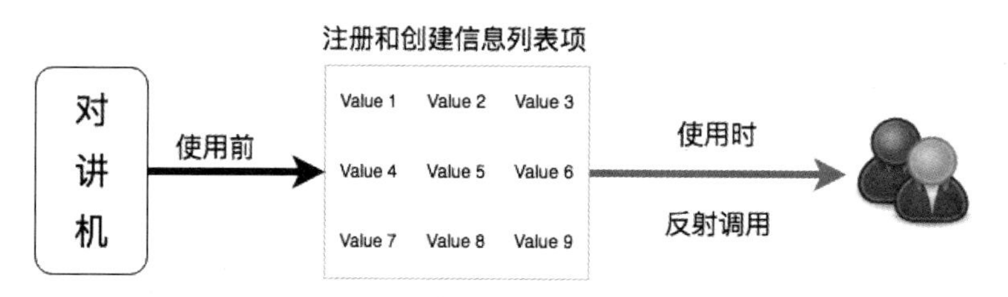

图 2-7　运行时注解

其快速的地方是通讯录的输入，还有通信的步骤（使用反射和不使用发射的差异）。

这里简单介绍一下注解，之后的章节会对注解有更加深入的介绍。

对比 EventBus2.x，EventBus3.0 还加入了对象池缓存并做了一定的优化，用对象池减少了创建对象的开销。

RxBus

RxBus[3]一开始并不是一个库，它是基于RxJava响应式编程衍生而来的，它是一种模式。只要引入RxJava和RxAndroid就可以非常简单地编写一个RxBus的事件总线。

下面编写一个简单的实例：

```
public class RxBus {
    private final Subject bus;
    public RxBus() {
        bus = new SerializedSubject < > (PublishSubject.create());
    }
    /** * 单例模式 RxBus * * @return */
    public static RxBus getInstance() {
        return RxBusHolder.mInstatnce;
    }
    static class RxBusHolder{
      private static RxBus mInstatnce = new RxBus();
    }
    /** * 发送消息 * * @param object */
    public void post(Object object) {
        bus.onNext(object);
    }
    /** * 接收消息 * * @param eventType * @param <T> * @return */
    public < T > Observable < T > toObserverable(Class < T > eventType) {
```

[3] RxBus 也是 RxJava 的一种应用，https://github.com/ReactiveX/RxJava。

```
        return bus.ofType(eventType);
    }
}
```

这里使用了静态内部类的单例，由于内部静态类只会被加载一次，所以实现方式是线程安全的，比 double check+ volatile 方式加载更加优雅。

然后可以看到其封装了 post 来发送消息，以及用 toObserverable 来接收消息。

发送消息：

```
RxBus.getInstance().post(new XXXEvent(long id));
```

接收消息：

```
Sbscription rxScp = RxBus.getInstance().toObservable(XXXEvent.class)
.subcrible(new Action1<XXXEvent>(){
                    @Override
   public void call(XXXEvent event){

   }
});
```

rxScp 是 Subscription 的对象，方便生命周期结束时取消订阅事件。

RxBus 是一种模式，其封装是多种多样的，其根本是 RxJava 响应式编程的原理。

EventBus 使用的是监听者模式，RxBus 是基于 RxJava 的响应式编程。两者有什么联系和差别呢？

普通的监听者模式并没有状态回调。而在响应式编程中，以 RxJava 的 Observable 为例：

- 生产者在没有数据产生时发出通知 onComplete()；
- 生产者发生错误时发出通知 onError()。

使用组合的方式而不是嵌套的方式，从而避免回调地狱（参数回调是一个函数以参数的形式传入方法中，回调地狱是指参数回调的方式被多次嵌套，让人难以看明白实际使用的价值）。

在事件的线程调度方面，RxJava 的线程调度要更加优秀，可以轻易地完成线程调度。

还有链式编写代码，通过多种操作符来完成数据操作。

从事件总线信息效率来看，因为并没使用反射机制，其运行效率应该要比 EventBus2.x 的效率高，但是并不会比 EventBus3.0 好。线程调度和链式操作要优于 EventBus。

如果项目中有使用 RxJava，可以考虑将 RxBus 作为事件总线。如果并未引入，那么 EventBus3.0 会是更好的选择。

2.2.3 组件化事件总线的考量

前面对三种不同的时间总线进行了分析。真正运用这些工具是什么时候呢？

适配、适配、适配。

传递信息时，三种工具需要先设定信息装载的容器，将 XXXEvent 的类作为信息装载的容器。

这些信息容器的模板需要放到一个公共位置，才能告诉其他功能模块，不同信息的类型对应哪些信息。

通信事件都需要放到公共的 Base 模块中，Base 模块也需要依赖于事件总线框架（或者依赖 RxJava 框架），见图 2-3。

信息组件都需要放在 Base 模块中。

然后看一下组件化中事件总线传递的流程，如图 2-8 所示。

图 2-8 组件化信息传递流程

其通信需要依赖于 Base module。

这样的设计是不合理，所以是不适配的。

组件化要求功能模块独立，从设计的角度考虑，应该尽量少影响 App module 和 Base module。

Base module 需要做得尽量通用，不受其他功能模块的影响。而这个事件总线放置在 Base module 中，每个模块增删时都需要添加或删除事件信息模型到 Base module 中，而增删事件代码会让其他模块索引到这些事件的代码，造成错误，也需要删除，这样会破坏组件化设计的规则。虽然删除模块时并不一定需要删除 Base module 中的信息事件模型，但是不能适当移除，这会让事件总线的整个架构更加臃肿，如图 2-9 所示。

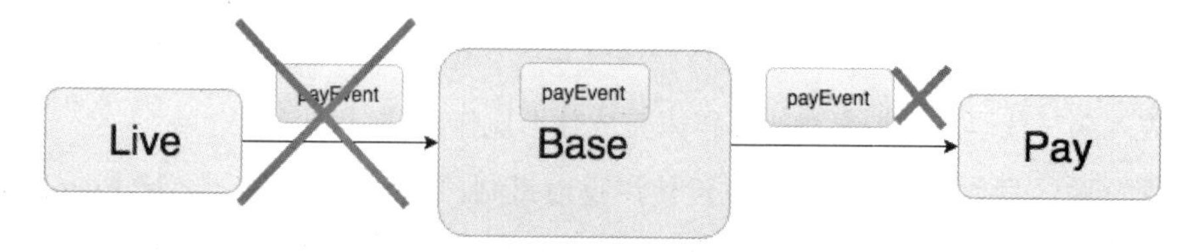

图 2-9 组件化信息传递流程

这就是目前组件化通信会遇到的瓶颈问题。如果动态地将信息模型添加到公共的地方，然后被其他模块索引到，这是非常值得深究的问题。你也无法用编译时注解完成这个步骤，因为无法完成对编译前提供事件类的索引。

两种比较适合现阶段的组件化通信方式：

（1）ModuleBus[4]，能传递一些基础类型的数据，而并不需要在Base module中添加额外的类。所以不会影响Base模块的架构，但是也无法动态移除信息接收端的代码。而自定义的事件信息模型还是需要添加到Base module中才能让其他功能模块索引。

使用的调用类似 EventBus，就不反复介绍了。

（2）组件化架构的ModularizationArchitecture[5]库。

每个功能模块中需要使用注解建立 Action 事件，每个 Action 完成一个事件动作。invoke 只是方法名为反射，并未用到反射，而是使用接口方式调用，参数是通过 HashMap<String,String > 传递的，无法传递对象。

```
public class PicAction extends MaAction {
    @Override
    public boolean isAsync(Context context, HashMap<String, String>
requestData) {
        return false;
    }

    @Override
    public MaActionResult invoke(Context context, HashMap<String, String>
requestData) {
        /***省略代码***/
        return new MaActionResult.Builder().code(MaActionResult.CODE_SUCCESS).
msg("success").data("").build();
    }
}
```

通过 Provider 注册 Action，通过字符串来标识 Action：

```
public class PicProvider extends MaProvider{
    @Override
```

4 https://github.com/cangwang/ModuleBus/tree/ModuleBus_Ex。

5 https://github.com/SpinyTech/ModularizationArchitecture。

```
    protected void registerActions() {
        registerAction("pic",new PicAction());
    }
}
```

创建路由逻辑：

```
public class PicApplicationLogic extends BaseApplicationLogic {
    @Override
    public void onCreate() {
        super.onCreate();
        LocalRouter.getInstance(mApplication).registerProvider("pic",new
PicProvider());
    }
}
```

注册路由逻辑到 Application 中：

```
registerApplicationLogic("zhucom.spinytech.maindemo:pic",999,
PicApplicationLogic.class);
```

使用时通过字符串索引出 Action，然后进行调用：

```
final RouterResponse response = LocalRouter.getInstance(MaApplication.
getMaApplication())
        .route(MainActivity.this, RouterRequest.obtain(MainActivity.this)
                .domain("com.spinytech.maindemo:pic")
                .provider("pic")
                .action("pic")
                .data("is_big", "0"));
response.isAsync();
```

以上两种方法能解决组件化中事件注册到 Base module 的冗余问题。

缺点在于：

（1）无法像 EventBus 拥有类名索引，也无法传递自定义实体类到其他模块，这样无代码提示，无法引导正确编写代码。

（2）只能传递基础数据类型和数据结构，无法传递 class 类型对象。

任何工具都不可能是完美的，发现其不完美的地方，才能让工具再次进化，相信工具肯定会进化到让组件化的事件通信完全解耦的阶段。

如果一定要使用 EventBus 或者类似 RxBus 的事件总线，这里也为大家提供了一种方案，最大程度地完成事件总线的解耦，架构如图 2-10 所示。

其中 XXXBus 独立为一个 module，Base module 依赖 XXXBus 对事件通信的解耦，抽离事件到 XXXBus 事件总线模块。以后添加事件的 Event 的实体都需要在上面创建。

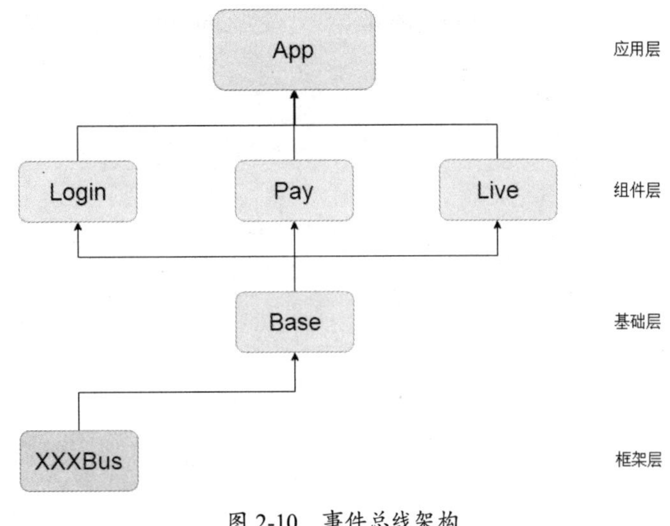

图 2-10 事件总线架构

2.3 组件间跳转

小时候在电视上看到叮当猫有个法宝，打开一个门，就能去任何地方。这个门背后的世界是如何定位的呢？

是路径吧？但是路径又是什么呢？路径很可能是一串地址，也有可能是某种标识，还有可能是对到达某个地方的描述。

组件间跳转，可以将其想象为跳转到不同国家中的美丽景点。如何找到门后的路径，如何判断门后是否安全，就需要了解这种“门”的特性。

2.3.1 隐式跳转

在组件化中，两个功能模块是不存在直接依赖的，其依赖规则是通过 Base module 间接依赖的。

一般的直接跳转是从一个 Activity 跳转到另外一个 Activity，使用 startActivity 发送一个包装好的 intent，将 intent 交给 ActivityManagerService 完成新的 Activity 创建。

但是当包装 intent 时，如果发现引用不了其他 module 中的 Activity 类，则无法索引到 Activity 类。

很自然就能想到使用 intent 包装隐式 Action 的方式来实现跳转。

（1）声明 AndroidManifest，通过 intent-filter 来限定隐式 Action 的启动。

```
<activity android:name=".SettingActivity">
    <intent-filter>
        <action android:name="material.com.settings" />
        <category android:name="android.intent.category.DEFAULT"/>
    </intent-filter>
</activity>
```

（2）其他 module 可以使用隐式的 Action 跳转到相应的 Activity。

```
Intent intent = new Intent("material.com.settings");
startActivity(intent);
```

这是最常规的隐式跳转的方式。

隐式跳转还有使用包名+类名的跳转方式。

使用如下的方式跳转：

```
Intent intent = new Intent();
intent.setClassName("模块包名","Activity路径");
intent.setComponent(new ComponentName("模块包名","Activity路径"));
startActivity(intent);
```

跳转的时候会崩溃，提示 Activity 并没在 AndroidMainfest 中注册，但明明是有注册的，为何会查询不到呢？

这里需要真正理解的地方是，setClassName 和 setComponentName 需要填写的第一个参数是什么？

是 App 的包名，并不是所在 module 的包名。

第 1 章 AndroidManifest 的合成已经介绍过，Application 依赖的各个模块 AndroidManifest 将会合成到 full 的 AndroidManifest 中。如果不记得合成规则，可以查阅 1.3.2 节的 AndroidManifest 的属性变更。

当最终合成 AndroidManifest 后，App 中只会存在一份配置，Activity 包名跳转需要索引 App 包名，module 的包名压根就不存在了。

这时只需要将模块名换成 App 包名就能成功完成跳转。

```
Intent intent = new Intent();
intent.setClassName("App包名","Activity路径");
```

```
intent.setComponent(new ComponentName("App 包名","Activity 路径"));
startActivity(intent);
```

这里需要注意，如果移除 Activity 所在的 module，而不移除跳转，Activity 会出现崩溃异常。

Android 官网中提示，使用隐式 Intent 跳转需要验证是否会接收 Intent，需要对 Intent 对象调用 resolveActivity()，如果结果为非空，则至少有一个应用能够处理该 Intent，且可以安全调用 startActivity()；如果结果为空，则不应使用该 Intent。

```
if(sendintent.resolveActivity(getPackageManager())!=null){
    startActivity(sendintent);
}
```

这样包装 Intent 跳转将是安全的。

这里还有对安全问题的考虑，其他 App 也可以通过隐式的 Intent 来启动 Activity。

确保只有自己的 App 能启动组件，需要设置 exported=false，其他 App 将无法跳转到我们的 App 中。

隐式跳转是原生的，它和广播一样，范围是整个 Android 系统都能收到。是否有更加好的跳转方式来完成页面跳转呢？

2.3.2　ARouter 路由跳转

什么是路由？

路由的概念广泛运用在计算机网络中，指路由器从一个接口上收到数据包，根据数据路由包的目的地址进行定向并转发到另一个接口的过程。路由器用于连接多个逻辑分开的网络。

我们需要将各个组件 module 看作一个个不同的网络，而 Router（路由器）就是连接各个模块中页面跳转的中转站。这个中转站可以拦截不安全的跳转或者设定一些特定的拦截服务。

原生跳转方式有很多的局限性。这里借用了 ARouter[6]对跳转分析的一张图，这张图可以很容易地反映出原生跳转和路由跳转的差异，如图 2-11 所示。

---

[6] https://github.com/alibaba/ARouter。

图 2-11 路由跳转和原生跳转对比

（1）显式跳转需要依赖于类，而路由跳转通过 url 索引，无须依赖。

（2）隐式通过 AndroidMainfest 集中管理，协作开发困难。

（3）原生需要在 AndroidMainfest 中注册，而路由用注解来注册。

（4）原生只要启动了 startActivity 就交由 Android 控制，而路由使用 AOP 切面编程可以进行控制跳转的过滤。

这样对比，可以很明显地体现出路由跳转的特点，其非常适合组件化解耦。

首先需要在 Base module 中添加一些配置。

compile 引用 aouter-api 库，annotationProcessor 是 apt 注解框架的声明：

```
compile 'com.alibaba:arouter-api:1.1.0'
annotationProcessor 'com.alibaba:arouter-compiler:1.1.1'
```

然后 annotaitonProcessor 会使用 javaCompileOptions 这个配置来获取当前 module 的名字。

在各个模块中的 build.gradle 的 defaultConfig 属性中加入：

```
javaCompileOptions {
    annotationProcessorOptions {
        arguments = [ moduleName : project.getName() ]
    }
}
```

每个模块的 dependencies 属性需要 ARouter apt 的引用，不然无法在 apt 中生成索引文件，无法跳转成功。

```
dependencies {
    annotationProcessor 'com.alibaba:arouter-compiler:1.1.1'
}
```

当然我们还需要将 Application 初始化。

这里通过 BuildConfig 来区分打 Log 的情况，还需要使用 ARouter.init()进行初始化。

```
public class GankApplication extends Application{
    private static final String TAG = "GankApplication";
    @Override
    public void onCreate() {
        super.onCreate();
        if (BuildConfig.DEBUG){
            ARouter.openLog();
            ARouter.openDebug();
        }
        ARouter.init(this);
    }
}
```

以 Web 模块为例，WebActivity 需要添加注解 Route，path 是跳转的路径：

```
@Route(path = "/gank_web/1")
public class WebActivity extends BaseActivity
```

使用 ARouter 跳转，build 处填的是地址，withXXX 处填的是参数的 key 和 value，navigation 就是发射了路由跳转。

这里用的是建造者模式：

```
ARouter.getInstance().build("/gank_web/1")
        .withString("url",url)
        .withString("title",desc)
        .navigation();
```

webActivity 通过读取传递的 intent 的方式就可以获取参数了。

```
baseIntent = getIntent();
String title = baseIntent.getStringExtra("title");
String url = baseIntent.getStringExtra("url");
```

这里的 ARouter 对 v4 包是有依赖的，而且其包的版本必定在 25.2.0 以上，如果依赖的 v4 和 v7 的包的版本在这个版本之上，就不会出现这样的问题，如图 2-12 所示。

```
A problem occurred configuring project ':app'.
> A problem occurred configuring project ':scratch'.
  > A problem occurred configuring project ':library'.
    > Could not resolve all dependencies for configuration ':library:_debugPublishCopy'.
      > Could not find com.android.support:support-v4:25.2.0.
        Required by:
            ScratchProject:library:unspecified > com.android.support:appcompat-v7:25.1.1
      > Could not find com.android.support:support-v4:25.2.0.
        Required by:
            ScratchProject:library:unspecified > com.alibaba:arouter-api:1.2.1.1
BUILD FAILED
```

图 2-12 错误提示

多个相同的 group 出现，会提示出现多个 MultiDexFile define 的错误，查看 Route 中的代码，发现有以下一行，说明它以 group 划分了，group 名应该不相同。

```
/**
 * Used to merger routes, the group name MUST BE USE THE COMMON WORDS !!!
 */
String group() default "";
```

这里的 group 名就是 path = "/XXX/XX"中的第一个 XXX，每个 module 的 group 名都不应该相同。

```
@Route(path = "/group_name/1")
```

2.3.3 Android 路由原理

要理解 ARouter 的原理，首先得理解路由跳转的意思，以下是最简单的路由机制图，描述了路由的基础原理，如图 2-13 所示。

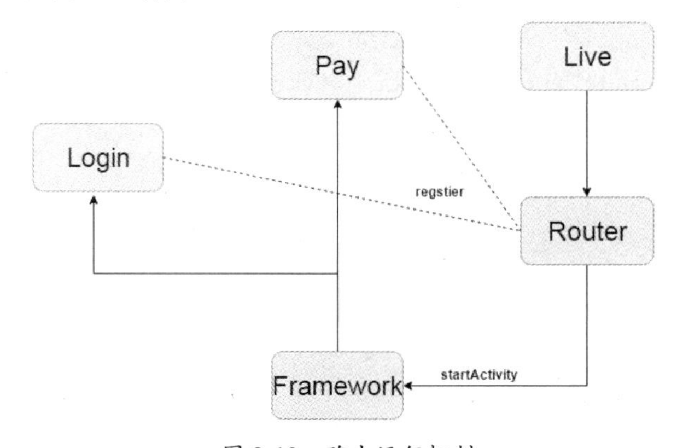

图 2-13 路由运行机制

ARouter 拥有自身的编译时注解框架，编译器会根据注解生成三个文件，用于每个模块页中的页面路由索引。路径如图 2-14 所示。

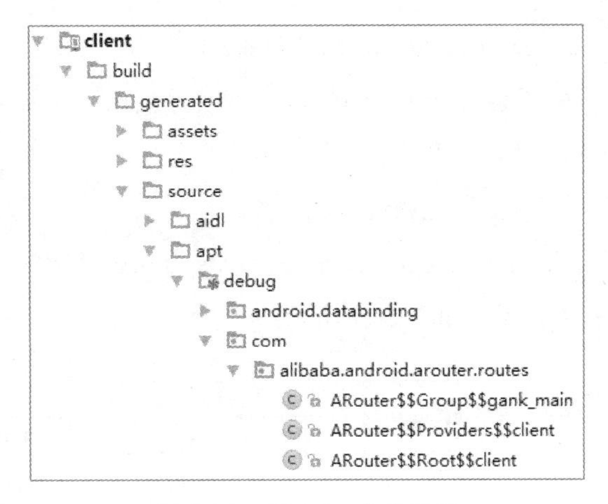

图 2-14　ARouter 文件路径

其生成的三个文件继承于 ARouter 的接口，如图 2-15 所示。

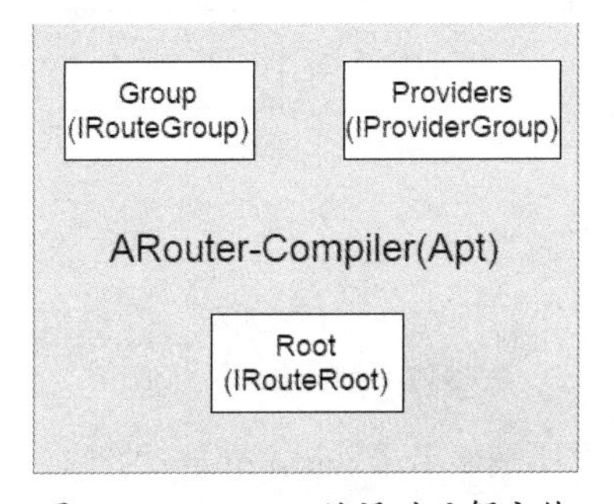

图 2-15　ARouter 编译时注解文件

在 Application 加载的时候，ARouter 会使用初始化调用 init 的方法，之后在 LogisticsCenter 中通过加载编译时注解时创建的 Group、Providers、Root 三个类型的文件，使用 Warehouse 将文件保存到三个不同的 HashMap 对象中，Warehouse 就相当于路由表，其保存着全部的模块跳转关系，如图 2-16 所示。

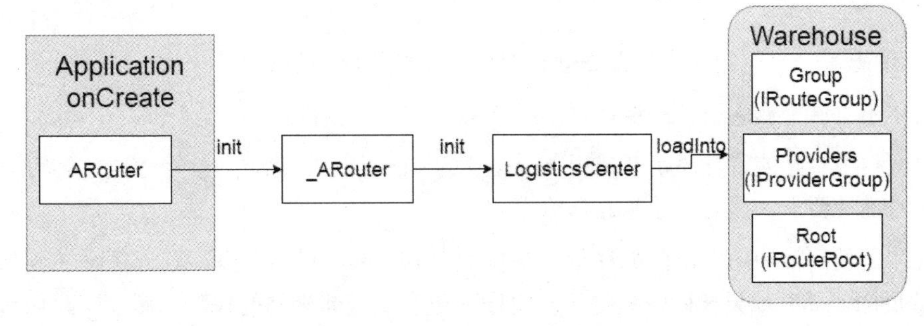

图 2-16　ARouter 加载过程

（1）通过 ARouter.navtigation 封装 postcard 对象。

（2）通过 Arouter 索引传递到 LogisticsCenter（路由中转站），询问是否存在跳转的对象。

（3）如果存在则设置绿色通道开关。

（4）判断是否绿色通行和是否能通过拦截服务。

（5）全部通过就会调用 ActivityCompat.startActivity 方法来跳转到目的 Activity。

以下是 ARouter 运行流程图，如图 2-17 所示。

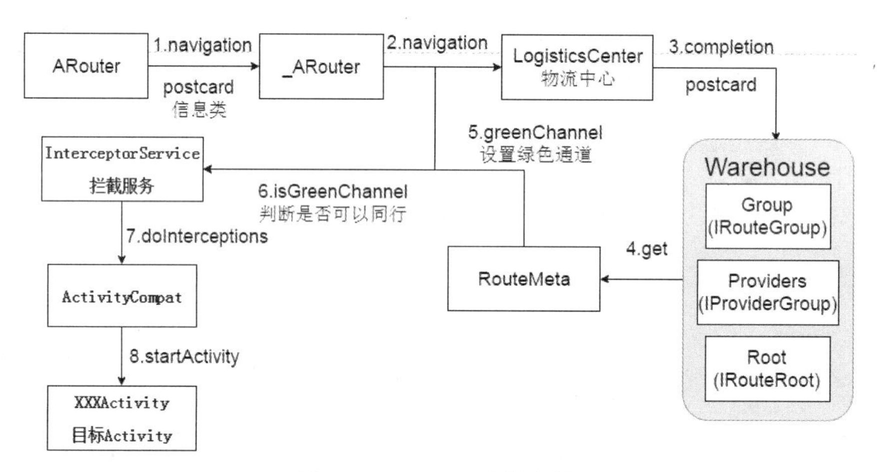

图 2-17 ARouter 跳转流程

可以看出路由的跳转实际上还是调用了 startActivity 的跳转，使用了原生的 Framework 机制，只是通过 apt 注解的形式制造出跳转规则，并人为地拦截跳转和设置跳转条件。

Android 很多先进的设计其实在其他领域中一直存在，只是并未有人将这些设计移植改进并适配到 Android 机制中。

2.3.4 组件化最佳路由

（1）请思考一个问题，为什么提倡在组件化中使用路由机制？

如果你还对这个概念模糊，请认真查看 2.3.2 节路由的解析。

路由机制中实际的跳转还是会使用 Android 的 startActivity 跳转，使用隐式跳转可以满足组件间页面的跳转要求，那为何还是选择路由呢？

在组件化基础架构图中，假如移除一些功能 module 和跳转关系，则无法跳转到那些移除 module 的页面。此时如果要做一些提示，将嵌入更多的判断机制的代码。而使用路由机制，可以统一对这些索引不到 module 的页面进行提前拦截和做出提示操作。

路由器除了跳转，另一个非常大的作用是拦截。使用拦截过滤，可以在跳转前进行登录状态验证的拦截。

路由表的引入，也不需要在 AndroidManifest 中声明隐式跳转。

（2）在组件化中应该如何选用路由呢？

现在开源软件中有不少路由结构，包括 ActivityRouter、天猫统跳协议、ARouter、DeepLinkDispatch、OkDeepLink 等，还有很多小型路由。

还是那句话，适配最重要，具体的项目要具体分析。

如果你的项目没有引入 RxJava，那么 ARouter 接入成本低，且框架可控性高，是首选。

如果你的项目已经接入了 RxJava 这件利器，那么你就需要重新考量对 RxJava 的兼容了，那是否有路由框架兼容 RxJava 呢？

答案是肯定的，那就是OkDeepLink[7]。

如果使用过 Retrofit 网络请求框架，你就会发现 Retrofit 框架能很好地兼容 RxJava，而 OkDeepLink 就是借鉴了 Retrofit 的接口处理设计，OkDeepLink 对跳转之后的回退会返回一个 Observable 的对象，然后可以无缝接入 RxJava。

这里也简单说明一下其原理，如图 2-18 所示。

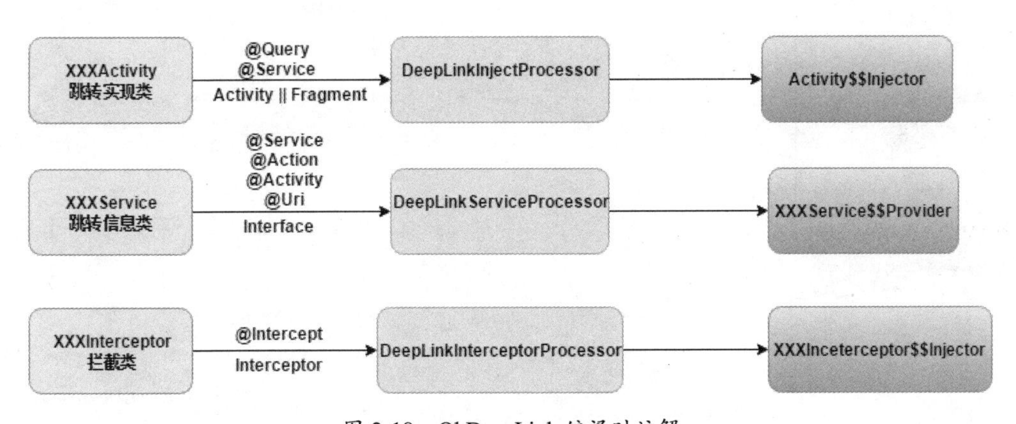

图 2-18 OkDeepLink 编译时注解

这里会生成三种类型的编译时注解文件，拦截类不是必须创建的。

通过不同的注解和过滤方式来定位编写代码的文件，然后编写出 class 文件。

使用 AOP 切面式编程，在文件编译前添加一些方法，如图 2-19 所示。

---

[7] https://github.com/jjerry/OkDeepLink。

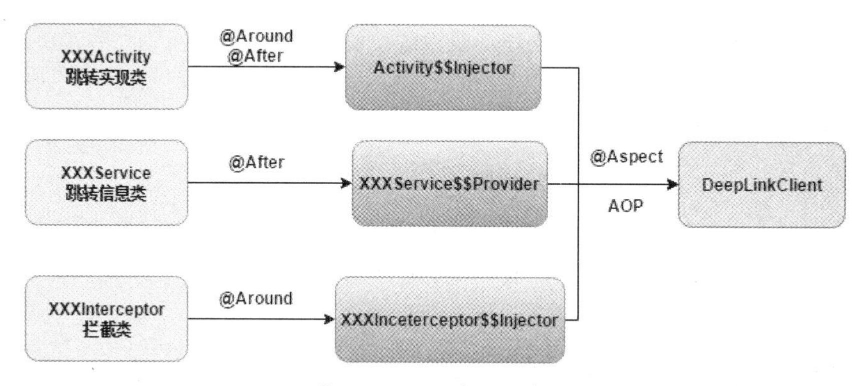

图 2-19　AOP 切面注解

运行时通过 DeepLinkClient 来作为服务的统一入口，然后通过 RealCallChain 加载拦截的 Interceptor 对象，到达 RxActivityResult 后分发到相应的跳转实体中，最后在 RxResultXXX 中使用 startActivity 方法完成跳转，如图 2-20 所示。全程使用 RxJava 的链式跳转。

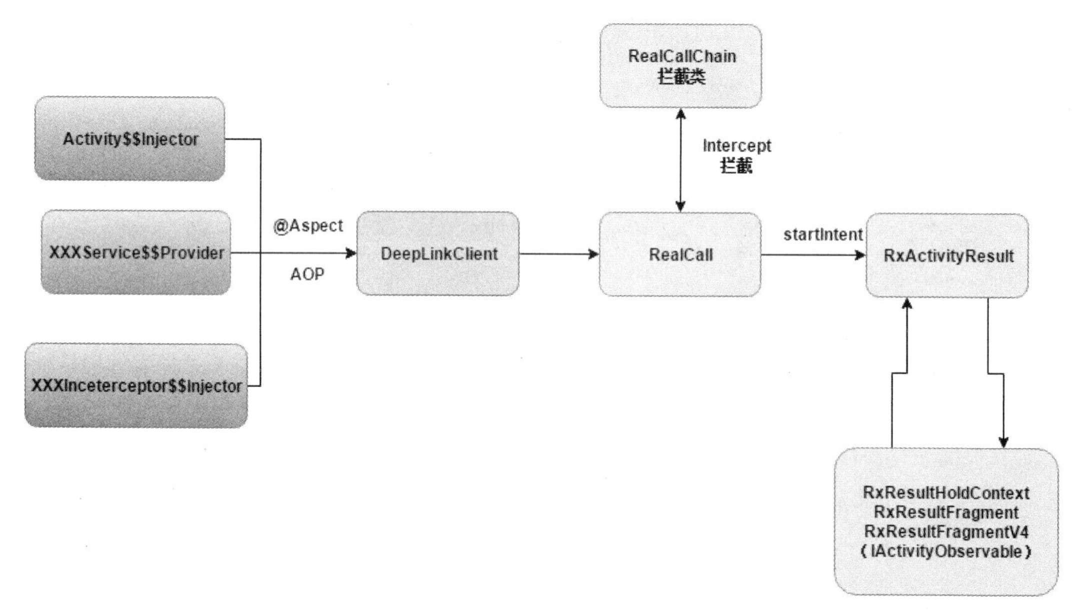

图 2-20　OkDeepLink 的运行流程

当然并没有完美的工具，OkDeepLink 的缺点如下：

Intent 会加入 FLAG_ACTIVITY_NEW_TASK 标识，那么创建每个 Activity 时都会创建新的栈来进行装载，这样就无法做到标准的压栈。

（3）现在的路由机制还有可以优化的地方吗？

现在的路由机制都是通过编译时注解实现的，在编译期生成路由项，也有不使用注解的方法来产生模块跳转信息，并集成路由表。

2.3.5　空类索引

空类索引可以作为组件化跳转的终极技巧，其优势在于使用原生的跳转函数就可以实现，缺点在于并没有路由拦截等功能，跳转前需要检查 Activity 索引是否存在，不然有崩溃的危险。

空类索引的核心原理就是使用空类来欺骗编译，如图 2-21 所示。

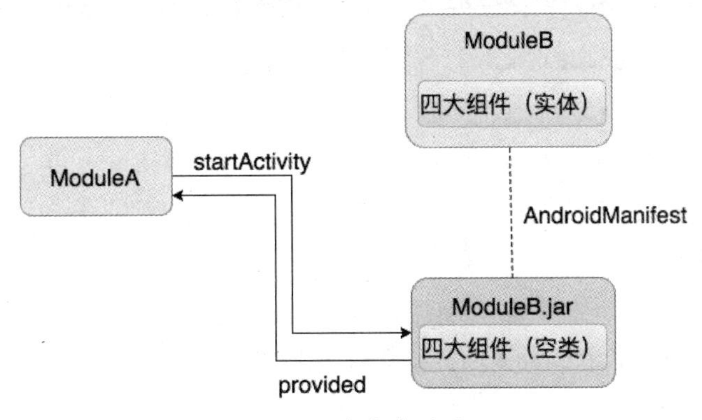

图 2-21　空类索引原理

（1）四大组件需要使用 AndroidManifest 来注册配置。

（2）编译时，先编译 Library module，最后会将每个 Library module 的代码和资源汇总到 App module 中，再编译打包成 apk。

（3）可以通过 provide 方式来将库文件引用到编译中，但实际上不会将其编译到代码中，只存在引用关系。

综上所述，代码汇总到 App module 中之后，代码间就不会存在模块隔离导致索引不到的问题。以 provide 的方式来引入对代码的引用关系。真正跳转时，只要保证跳转的文件包名和文件和引用关系一致，就能正常跳转成功，只要想方法欺骗过第一层模块隔离，跳转索引不到的问题就能解决。

这里使用空类索引的方法有三种：

（1）使用 jar 引用方式，此方法已经证实被实现。

将 Library module 转为 App module，然后生成 apk 文件。

做出工具，解压 apk 文件，读取 AndroidManifest 的四大组件，然后通过 Java 编写四大组件的空文件实现。

将其重新打包为 jar 文件，Gradle 本身支持 provided jar 文件，其他 module 通过 provide jar

的方式引入包资源，就能成功完成跳转。

（2）通过 Python 的方式。

检测 Library module 的 AndroidManifest 注册的四大组件，然后编写四大组件的空文件，再将其打包为 jar 文件。

（3）通过 Gradle 来实现。

通过编译时注解的方式编写出空类四大组件。

通过 exclude 的方式，不会编译空类四大组件文件夹到 library module 的 aar 文件。

将空类文件通过添加 gradle task 来打包到一个 jar 文件中。

需要注意的问题：

（1）模块 A 使用了这种方案后，引用了模块 B 的一个类，模块 A 以 Application 单独运行的时候，如果使用 provide 方式，则会出现找不到类的异常，所以以 Application 方式运行的时候，需要改成 compile。

（2）模块 A 所引用的空索引 jar 中有模块 A 的类，那么在单独运行的时候，会出现类冲突的编译错误，所以需要自定义 Gradle 插件，检测这块冲突的代码，进行合理的跳过操作。

2.4 动态创建

组件化中使用动态创建的作用是解耦。

本节介绍的是如何在已经制定了一些产品或者规则，尽量避免破坏这些规则的基础上，去实现自己想要的效果。这就需要在制定这些规则之前和之后，做一些个性化的配置和修改。

很多事物不一定在将其创造出来的时候就能做到尽善尽美，这就需要我们学会用一些设计模式，以最少的代价实现更完善的适配。

2.4.1 反射基础

反射机制是在运行状态中，对于任意一个类，都能够知道这个类的所有属性和方法。反射是可以在一个类运行的时候获得类的信息的机制，可以获取在编译期不可能获得的类的信息。对于任意一个对象，都能够调用它的任意一个方法和属性。因为类的信息是保存在 Class 对象中的，而这个 Class 对象是在程序运行时被类加载器（ClassLoader）动态加载的。当类加载器装载运行了类后，动态获取 Class 对象的信息以及动态操作 Class 对象的属性和方法的功能称为 Java 语言的反射机制。

反射机制并不是 Android 独有的。

反射机制被广泛运用在现今的 Android 开发中，包括之前介绍的 EventBus 2.x 是动态运行中的反射调用方法。

反射有两个显著的作用。

- 反编译：.class→.java。
- 通过反射机制访问 Java 对象中的属性、方法、构造方法等。

反射机制需要使用的类：

- java.lang.Class——类的创建；
- java.lang.reflect.Constructor——反射类中构造方法；
- java.lang.reflect.Field——反射属性；
- java.lang.reflect.Method——反射方法；
- java.lang.reflect.Modifier——访问修饰符的信息。

可以很明显地看出 java.lang.reflect 是 Java 使用的反射包，其中封装了一些供反射用的方法。

实现反射，实际上是得到 Class 对象，使用 java.lang.Class 这个类。这是 Java 反射机制的起源，当一个类被加载后，Java 虚拟机会自动产生一个 Class 对象。

以下是三种获取 Class 对象的方式。

（1）反射机制获取类，以简单获取 Reflect 类为例。

```
Class c1= Class.forName("com.cangwang.Reflect");
```

Java 中每个类型都有 Class 属性：

```
Class c2 = Reflect.class;
```

通过 getClass 方法获取：

```
Class c3 = new Reflect().getClass();
```

这三种初始化方式的区别在于：

- 第一种 Class.forName 方式，会让 ClassLoader 装载类，并进行类的初始化。
- 第二种 getClass()方式，返回类对象运行时真正所指的对象、所属类型的 Class 对象。
- 第三种 Reflect.class 方式，ClassLoader 装载入内存，不对类进行类的初始化操作。

区分重点在于，是否进行初始化和是否在实例中获取。

（2）无参数创建对象。

forName 中的参数需要填入全路径类名：

```
Class c = Class.forName("com.cangwang.Reflect");
Object o = c.newInstance();
```

New 是直接创建一个实例，同时完成类的装载和连接。

newInstance()是使用类的加载机制，创建了一个实例。这个类已经被加载，并且已经被连接，这是因为 forName 会让 Classloader 装载类和进行类的初始化工作，其实际创建的是一个 Object 对象。

使用类加载机制，可以很灵活地创建类的实例，当更换类的时候，无须修改以前的源代码。

New 是一个关键字，可以传入参数取决于对象的构造方法，而 newInstance 是一个方法，只能传入无参数构造。

（3）有参数创建对象。

有参构造方法在调用参数时需要填写参数类型：

```
Constructor<?> csr = c.getConstructor(String.class ,int.class) ;
Object o = csr.newInstance("苍王",28) ;
```

这里的 getContructor 方法会返回一个 Constructor 对象，它反映了此 Class 对象所表示的类指定的公共构造方法。

（4）反射类中的属性需要使用 Field 对象。

```
Field field = cls.getDeclaredField("name") ;
```

使用 setAccessible 取消封装，特别是可以取消私有字段访问限制。

```
field.setAccessible(true);
```

O 是属性所在的类对象（类的实例）：

```
field.set(o, "苍王") ;
```

Field 类描述的是属性对象，其中可以获取到很多属性的信息，包括名字、属性类型、属性的注解。

在安全管理器中会使用 checkPermission 方法来检查权限，而 setAccessible(true)并不是将方法的权限改为 public，而是取消 Java 的权限控制检查，所以即使是 public 方法，其 accessible 属性默认也是 false。

（5）修改属性中的修饰符。

```
Field field = cls.getDeclaredField("name");
String priv=Modifier.toString(field.getModifiers());
```

getModifiers()返回的是一个 int 类型的返回值，代表类、成员变量、方法的修饰符。

（6）反射类中的方法。

获取类中的方法：

```
Method m = c.getDeclaredMethod("setName",String.class);
```

通过反射调用方法：

```
m.invoke(c,"苍王");
```

getDeclaredMethod()获取的是类自身声明的所有方法，包含 public、protected 和 private 方法。

Method 中的 invoke 方法用于检查 AccessibleObject 的 override 属性是否为 true。

AccessibleObject 是 Method、Field、Constructor 的父类，override 属性默认为 false，可调用 setAccessible 方法改变，如果设置为 true，则表示可以忽略访问权限的限制，直接调用。

2.4.2 反射进阶

上一节简单介绍了反射基础，本节介绍更深入的反射概念。下面介绍反射异常的情况和正确的处理方式。

1. 获取不到 Class

当 Class.forName()中路径获取不到对应的 Class 时，会抛出异常。

2. 获取不到 Field

（1）确实不存在这个 Field。

（2）修饰符导致的权限问题。

以上两种情况会抛出 NoSuchFieldException 异常。

表 2-1 记录的是反射获取属性的修饰符。

表 2-1 反射获取属性的修饰符

方　　法	本 Class	SuperClass
getField	public	public
getDeclaredField	public procted private	no
getFields	public	public
getDeclaredFields	public procted private	no

getField 只能获取对象中 public 修饰符的属性，并且能获取父类 Class 的 public 属性。

getDeclaredField 能获取对象中各种修饰符的属性，但无法获取父类的任何属性。

如何才能获取父类的属性呢？class 对象会提供 getSuperclass 的方法来获取父类对象，然后再通过父类调用 getDeclaredField 来获取其属性。

```
Class c1= Class.forName("com.cangwang.Reflect");
Class superClass = c1.getSupperclass();
Field field = superClass.getDeclaredField("name");
```

3. 获取不到 Method

和 Field 的情况类似，当方法名或参数数目类型没对上时，就会抛出 NoSuchMethodException 异常。获取方法体如表 2-2 所示。

表 2-2 获取方法体

方　　法	本 Class	SuperClass
getMethod	public	public
getDeclaredMehtod	public procted private	no
getMethods	public	public
getDeclaredMehtods	public procted private	no

4. 获取不到 Contructor

获得构造方法体如表 2-3 所示。

表 2-3 获得构造方法体

方　　法	本 Class	SuperClass
getConstructor	public	no
getDeclaredConstructor	public procted private	no
getConstructor	public	no
getDeclaredConstructor	public procted private	no

需要注意的是，构造方法无法调用父类的任何构造方法。

反射创建一个对象，可以使用 Class.newInstance()和 Contructor.newInstance()两种方法，不同之处在于 Class.newInstance()的使用受到严格限制，对应的 Class 中必须存在一个无参数的构造方法，并且必须要有访问权限。而 Constructor.newInstance()适应任何类型的构造方法，无论是否有参数都可以调用，只需要使用 setAccessible()控制访问验证即可。

所以一般建议使用 Constructor.newInstance()。

5. 反射静态方法

调用静态方法直接用 Class.method()的形式就可以调用。

```
public class TestMethod {
    static void test1() {
        System.out.println("test");
    }
}
public class Test(){
    public static void main(String[] args){
        Try{
            Class clz = Class.forName("TestMethod");
            Method m = clz.getDeclaredMethod("test");
            M.invoke(null);
        }catch(/**捕获异常省略***/)
    }
}
```

关键在于 Method.invoke 的第一个参数，static 方法因为属于类本身，所以不需要填写对象，填写 null 即可。

6. 反射泛型参数方法

在说这个问题之前，我们需要先看一下 invoke 方法的代码：

```
public Object invoke(Object obj, Object... args) throws IllegalAccessException,
IllegalArgumentException, InvocationTargetException
```

第一个 Object 参数是对应的 Class 对象实例，后面的参数是可变形参，可以接受多个参数。

```
public class Test<T>{
   public void test(T t)(){
   }
}

public class TMethodTest{
```

```
    public static void main(String[] args){
        Class clzT = Test.class;
        try{
            Method tm = clzT.getDeclaredMethod("test",Object.class);
            cm.setAccessible(true);
            tm.invoke(new Test<Integer>(),1)
        }catch(/**捕获异常省略***/)
    }
}
```

其中有一个泛型基础——类型擦除。

当一个方法中有泛型参数时，编译器会自动类型向上转型，T 向上转型是 Object，所以实际上在 Test 类中是 test(Object t)。getDeclaredMethod 需要用 Object.class 作为参数。

7. Proxy 动态代理机制

Java 的反射机制提供了动态代理模式实现。

代理模式的作用是为其他对象提供一种代理以控制对这个对象的访问，是控制器访问的方式，而不只是对方法扩展。

动态代理如图 2-22 所示。

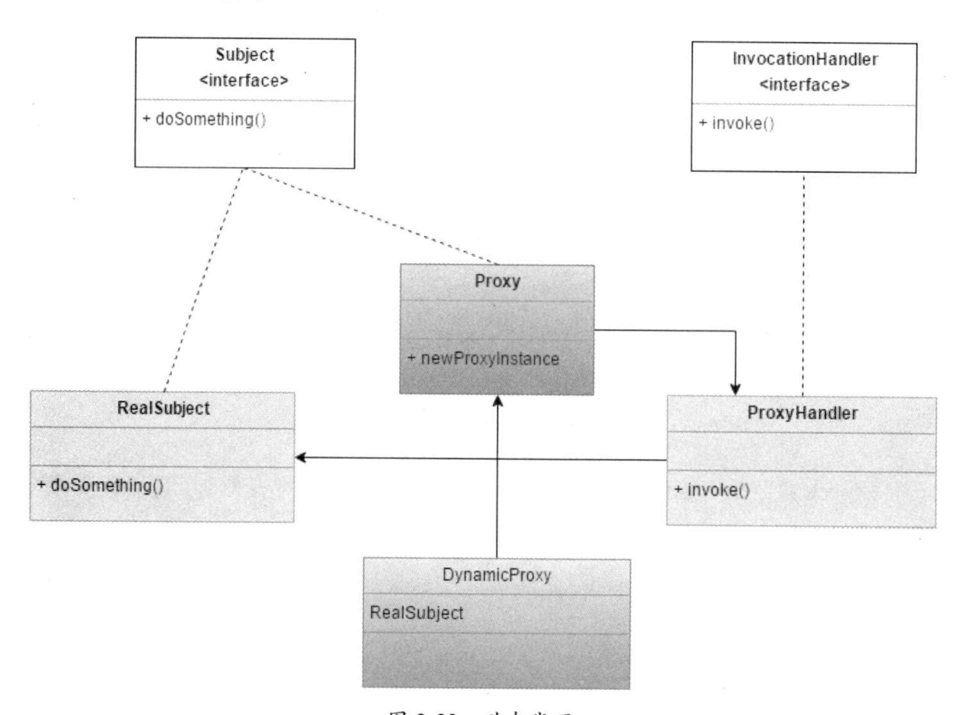

图 2-22 动态代理

下面是实际代码的实现示例。

声明一个共同的接口 Subject：

```
public interface Subject{
   public void doSomething();
}
```

具体实现类 RealSubject：

```
public class RealSubject implements Subject{
   public void doSomething(){
       System.out.println("call doSomething()");
   }
}
```

实现 InvocationHandler，做一些具体的逻辑处理：

```
public class ProxyHandler implements InvocationHandler{
private Object realSubject;
   public ProxyHandler(Object realSubject){
     this.realSubject = realSubject;
   }
   public Object invoke(Object proxy, Method method, Object[] args ) throws
Throwable{
   //在转调具体目标对象之前，可以执行一些功能处理
   //调用具体目标对象的方法
   Object result = method.invoke(realSubject, args);
   //在转调具体目标对象之后，可以执行一些功能处理
   return result; }
}
```

通过 Proxy 新建代理类对象：

```
public class DynamicProxy{
   public static void main(String args[])   {
      RealSubject real = new RealSubject();
      Subject proxySubject = (Subject)Proxy.newProxyInstance
(Subject.class.getClassLoader(),
      new Class[]{Subject.class},
```

```
        new ProxyHandler(real));
        proxySubject.doSomething();
    }
}
```

动态代理的作用在于在不修改源码的情况下，可以增强一些方法，在方法执行前后做任何想做的事情。

2.4.3 反射简化 jOOR

2.4.2 节讲了具体反射的基础属性，可以看到反射神奇的功能。当预期工程非常多地使用到反射的机制时，我们需要用更加简化的工具来优化开发流程。

越来越多人使用jOOR[8]反射框架，其具体文件只有两个Java文件，非常轻量，并且内部封装好了异常抛出，让代码编写更加优雅，如图 2-23 所示。

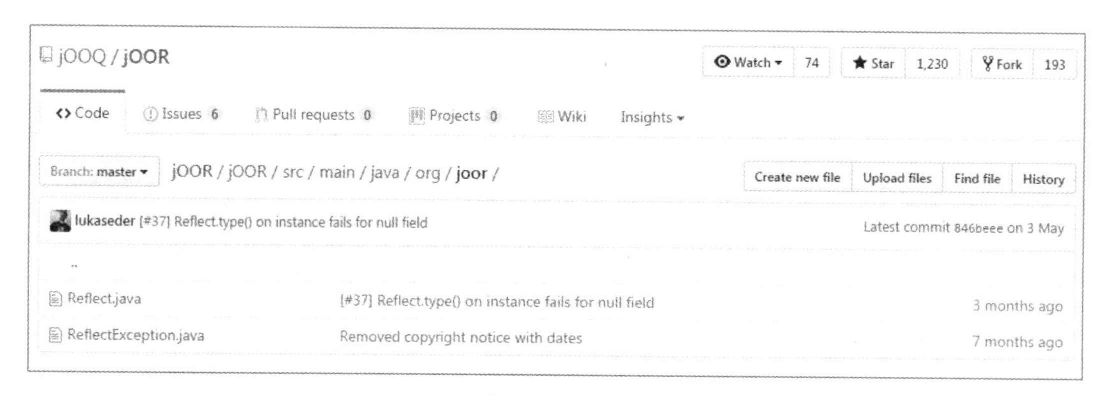

图 2-23 jOOR

配置 jOOR，只需要简单地在 build.gradle 的依赖中添加：

```
compile 'org.jooq:joor:0.9.6'
```

使用的方式也是熟悉的链式调用：

```
import org.joor.Reflect.*;
String world = on("java.lang.String")  // 类似于 Class.forName()
               .create("Hello World")  // 调用类中构造方法
               .call("substring", 6)   // 调用类中方法
```

[8] https://github.com/jOOQ/jOOR。

```
                .call("toString")        // 再次调用类中方法
                .get();                  // 获取包装好的对象
```

并且支持动态代理：

```
public interface StringProxy {
    String substring(int beginIndex);
}
String substring = on("java.lang.String")
                    .create("Hello World")
                    .as(StringProxy.class)   // 创建一个代理类实例
                    .substring(6);           // 调用代理类中的方法
```

2.4.4 动态创建 Fragment

除了 Activity 可以作为页面运用，Android4.0 后提供了一个非常好用的页面机制 Fragment。其运行机制有别于 Activity，并且需要依附于一个 Activity，一个 Activity 还可以对应多个 Fragment。

这里简单举一个例子，如果大功能模块 module 中存在 Activity，需要显示出多个次级功能模块的 Fragment，如图 2-24 所示。

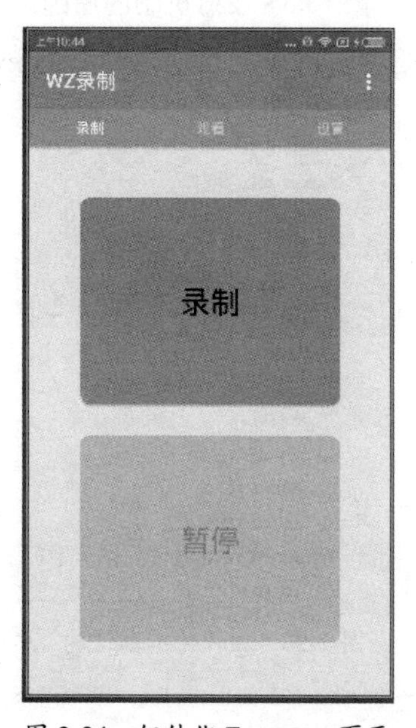

图 2-24 组件化 Fragment 页面

基础的组件化 Fragment 架构图如图 2-25 所示。

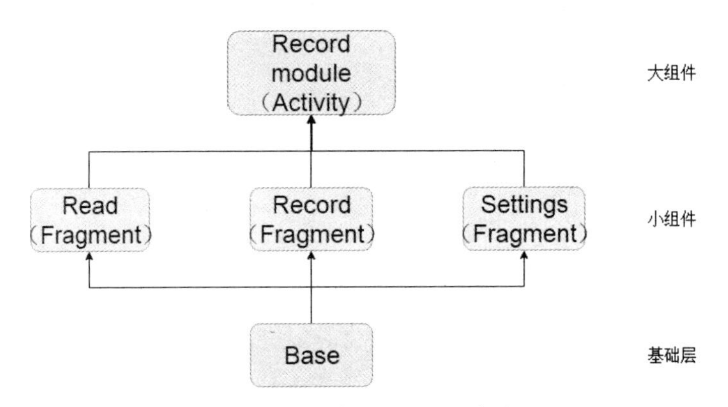

图 2-25　组件化 Fragment 架构

我们要清晰地知道功能模块都是 lib module，图中顶级的 Record 模块并不是 Application module（主 module），而是 lib module。

可以将 Fragment 做成布局的承载，其拥有自身的生命周期，但自身无法独立分离 Activity，这是特殊的使用限制。

这种限制在我们正常使用 Activity 引用 Fragment 方式时是强引用，需要使用 import 包名来完成。假如移除 module，那么引用 Fragment 的 module 将会提示索引不到包资源。那有没有办法有效降低耦合呢？这正是上一节介绍 Java 反射机制的原因。

以录制App[9]为例子，可以很容易看出其三个页面使用了ViewPager来包装录制、观看，设置三个Fragment，如图 2-26 所示。

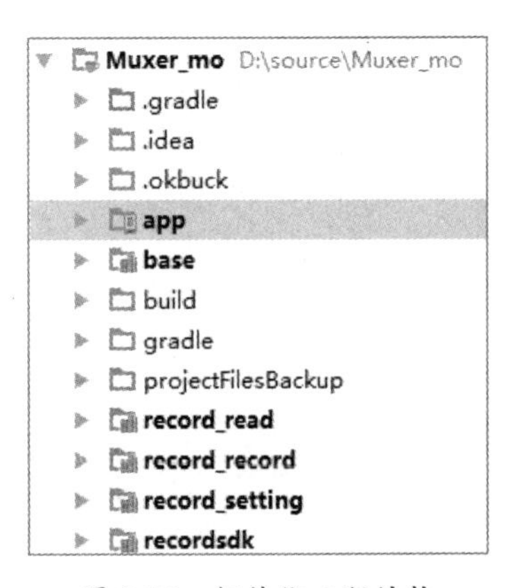

图 2-26　组件化工程结构

[9] https://github.com/cangwang/Muxer_mo。

在这里用一个 PageConfig 来封装这些配置。pageTitles 是封装了三个不同的页面的命名，fragmentNames 用于保存显示的 Fragment 的路径。

```
public class PageConfig {
    public static List<String> pageTitles = new ArrayList<String>();
    public static List<String> getPageTitles(Context context) {
        pageTitles.clear();
        pageTitles.add(context.getString(R.string.action_record));
        pageTitles.add(context.getString(R.string.action_read));
        pageTitles.add(context.getString(R.string.action_settings));
        return pageTitles;
    }

    private static final String RecordFragment =
"cangwang.com.record_record.record.RecordFragment";
    private static final String ReadFragment =
"cangwang.com.record_read.read.ReadFragment";
    private static final String SettingFragment =
"cangwang.com.record_setting.setting.SettingFragment";
    public static String[] fragmentNames = {
            RecordFragment,
            ReadFragment,
            SettingFragment,
    };
}
```

然后通过反射机制创建出 Fragment，并添加到 ViewPager 中。如果 Fragment 所在的 module 被整体移除，因为索引不到 Fragment，则会捕获到异常，而不会造成崩溃，但是不使用的时候还需要移除 fragmentNames 中不存在的项。

```
try {
    //遍历 Fragment 地址
    for(String address:PageConfig.fragmentNames){
        //反射获得 Class
        Class clazz = Class.forName(address);
        //创建类
        Fragment tab = (Fragment) clazz.newInstance();
        //添加到 viewPagerAdapter 的资源
```

```
            pageFagments.add(tab);
        }
    }catch (ClassNotFoundException e){
        Log.e(TAG,"error="+e.toString());
    }catch (IllegalAccessException e){
        Log.e(TAG,"error="+e.toString());
    }catch (InstantiationException e){
        Log.e(TAG,"error="+e.toString());
    }
```

使用反射相对会安全一点，也会降低耦合，但反射会造成一定的效率下降。关于安全解耦性和效率的权衡，需要开发者去斟酌。

在路由跳转的章节中介绍了 ARouter 的使用，ARouter 也提供了跨模块获取 Fragment 对象的操作。

```
    Fragment f = (Fragment) ARouter.getInstance().build("/gank_news/
all_news").navigation();
```

_ARouter.java 会通过反射来初始化 Fragment 并返回给 navigation：

```
    case FRAGMENT:
        Class fragmentMeta = postcard.getDestination();
        try {
            Object instance = fragmentMeta.getConstructor().newInstance();
            if (instance instanceof Fragment) {
                ((Fragment) instance).setArguments(postcard.getExtras());
            } else if (instance instanceof android.support.v4.app.Fragment) {
                ((android.support.v4.app.Fragment) instance).setArguments
(postcard.getExtras());
            }
            return instance;
        } catch (Exception ex) {
            logger.error(Consts.TAG, "Fetch fragment instance error, " +
TextUtils.formatStackTrace(ex.getStackTrace()));
        }
```

使用跨模块获取 Fragment 非常适合在单 Activity+多 Fragment 的 App 架构中使用。因为 Fragment 划分模块作为入口的设计，使用 ARouter 的方式非常适应模块间解耦的要求。

如果想把初始化的方法都解耦到每个 module 中，需要跨 module 调用方法，刚好 ARouter 也提供了跨模块调用对象方法的方案。

（1）扩展 IProvider 接口，创建一个初始化参数的接口。

```
public interface FragmentProvider extends IProvider{
    Fragment newInstance(Activity context, @IdRes int containerId,
FragmentManager manager, Bundle bundle, String tag);
}
```

（2）继承接口并实现初始化 Fragment 的方法。

```
@Route(path = "/gank_news/new_fragment_provider")
public class NewFragmentProvider implements FragmentProvider{
    @Override
    public void init(Context context) {
    }
    @Override
    public Fragment newInstance(Activity context, int containerId,
FragmentManager manager, Bundle bundle, String tag) {
        return
ViewUtils.replaceFragment(context,containerId,manager,bundle,AllNewsFragment
.class,tag);
    }
}
```

（3）通过 ARouter 的 IProvider 接口和路由地址调用初始化 Fragment 的方法。

```
((FragmentProvider)ARouter.getInstance().
    build("/gank_news/new_fragment_provider").navigation()). newInstance
(context,R.id.gank_frame,context.getSupportFragmentManager(),null, TAG);
```

以上介绍了几种 Fragment 业务解耦的方式。当业务模块选用 Fragment 的形式作为业务入口时，需要充分考虑模块间业务跳转的解耦性，以保证业务分离后不会造成 App 崩溃。

2.4.5　动态配置 Application

第 1 章介绍了使用组件化后 Application 产生的替换原则。如果某些功能模块中需要做一些初始化的操作，只能强引用到主 module 的 Application 中，是否有方法可以降低耦合呢？

这里有两种配置 Application 的思路。

第一种是通过主 module 的 Application 获取各个 module 的初始化文件，然后通过反射初始化的 Java 文件来调用初始化方法。

（1）在 Base module 中定义接口 BaseAppInt，里面有两个方法，onInitSpeed 的内容最快被 Application 初始化，onInitLow 的内容可以等其他 Application 都被初始化后再调用。

```
public interface BaseAppInt {
    boolean onInitSpeed(Application application);
    boolean onInitLow(Application application);
}
```

（2）在 module 中使用 BaseAppInt 接口，在类中实现操作。

```
public class NewsInit implements BaseAppInt{

   @Override
   public boolean onInitLow(Application application) {
      /**你的操作**/
      return false;
   }

   @Override
   public boolean onInitSpeed(Application application) {
      /**你的操作**/
      return false;
   }
}
```

（3）在 PageConfig 中添加配置。

```
private static final String NewsInit = "material.com.news.api.NewsInit";
public static String[] initModules = {
      NewsInit
};
```

（4）在主 module 的 Application 中实现两个初始化的方法。

```
public void initModulesSpeed(){
```

```
        for (String init: PageConfig.initModules){
            try {
                Class<?> clazz = Class.forName(init);
                BaseAppInt moudleInit = (BaseAppInt) clazz.newInstance();
                moudleInit.onInitSpeed(this);
            }catch (ClassNotFoundException e){
                Log.e(TAG,"error="+e.toString());
            }catch (IllegalAccessException e){
                Log.e(TAG,"error="+e.toString());
            }catch (InstantiationException e){
                Log.e(TAG,"error="+e.toString());
            }
        }
    }

    public void initModulesLow(){
        for (String init: PageConfig.initModules){
            try {
                Class<?> clazz = Class.forName(init);
                BaseAppInt moudleInit = (BaseAppInt) clazz.newInstance();
                moudleInit.onInitLow(this);
            }catch (ClassNotFoundException e){
                Log.e(TAG,"error="+e.toString());
            }catch (IllegalAccessException e){
                Log.e(TAG,"error="+e.toString());
            }catch (InstantiationException e){
                Log.e(TAG,"error="+e.toString());
            }
        }
    }
```

（5）在 Application 的 onCreate 中调用：

```
public class GankApplication extends Application{
    private static final String TAG = "GankApplication";
    @Override
    public void onCreate() {
        super.onCreate();
        initModulesSpeed();
        /**其他初始化操作**/
```

```
        initModulesLow();
    }
```

使用这种反射的方法完成初始化操作，基本可以满足组件化中的需求和解耦需求。但是反射会带来一定的性能损耗。对于追求 App 秒开体验的需求，可以通过 RxJava 简单地使用非 UI 线程实现，减少对 UI 线程的阻塞，这种初始化操作尽量是非 UI 的操作。

还可以选择初始化延后的方式，因为某些模块的初始化操作不一定在 Application 启动时立刻执行。可以采用延后到 MainActivity 初始化后的方式，保证在相关模块使用前做懒加载。

第二种方式是通过在主 module 的 Application 中继承 Base module 的 Application 来实现的。主 module 的 Application 将注册每个 module 的初始化文件，然后通过 Base module 中的 Application 来对初始化文件做启动封装。

（1）在 Base module 中声明一个的初始化类。

```
public class BaseAppLogic {
    protected BaseApplication mApplication;
    public BaseAppLogic() {}
    public void setApplication(@NonNull BaseApplication application) {
        mApplication = application;
    }
    public void onCreate() {}
    public void onTerminate() {}
    public void onLowMemory() {}
    public void onTrimMemory(int level) {}
    public void onConfigurationChanged(Configuration newConfig) {}
}
```

（2）在 Base module 中添加 Application 的注册和运行逻辑。

```
public abstract class BaseApplication extends Application{
    private List<Class<? extends BaseAppLogic>> logicList = new
ArrayList<>();
    private List<BaseAppLogic> logicClassList = new ArrayList<>();
    @Override
    public void onCreate() {
        super.onCreate();
        initLogic();
        logicCreate();
```

```
    }

    protected abstract void initLogic();  //主module的Application调用

    protected void registerApplicationLogic(Class<? extends BaseAppLogic>
logicClass) {
        logicList.add(logicClass);
    }

    private void logicCreate(){
        for (Class<? extends BaseAppLogic> logicClass:logicList){
            try {
                //使用反射初始化调用
                BaseAppLogic appLogic = logicClass.newInstance();
                logicClassList.add(appLogic);
                appLogic.onCreate();
            } catch (InstantiationException e) {
                e.printStackTrace();
            } catch (IllegalAccessException e) {
                e.printStackTrace();
            }
        }
    }

    @Override
    public void onTerminate() {
        super.onTerminate();
        for (BaseAppLogic logic:logicClassList) logic.onTerminate();
    }
    /*其他BaseAppLogic接口处理*/
}
```

（3）每个module需要初始化时继承此类，然后覆写需要的接口。

```
public class NewsInitLogic extends BaseAppLogic{
    @Override
    public void onCreate() {
        super.onCreate();
```

```
        Log.d("NewsInitLogic","news init logic");
    }
}
```

（4）主 module 的 Application 调用 initLogic 注册所有的 BaseAppLogic class 类。

```
Public class GankApplication extends BaseApplication implements GetActImpl{
    @Override
    protected void initLogic() {
        registerApplicationLogic(NewsInitLogic.class);
    }
}
```

在 2.4.4 节中介绍使用 ARouter 调用 IProvider 接口的形式，可以借鉴在每个模块中实现初始化时使用 IProvider 的方式，这里就不重复介绍了。

本节从反射开始描述，逐步深入地说明反射基础、反射输入、动态代理、jOOR 框架的应用。结合 Android 的特殊性，动态创建 Fragment 解耦，动态初始化 Application。串联这些规则，可以更加深刻地理解使用动态创建的精髓。解耦是动态创建的目的，如何最大限度地完成解耦、复用资源，也是组件化开发的目标。

2.5 数据存储

大脑的意识就是一种操作系统，而记忆就是我们的存储体。我们可以从书中、网络中学习新的知识，可以将想要记录的东西存储到手机里，甚至可以用一些特殊的、只有我们可以识别的字符。

Android 也是一种操作系统，将记忆系统与 Android 的存储系统进行类比，任何一种存储方式都能发挥巨大作用。

2.5.1 数据的存储方式

Android 的数据存储方式有哪些呢？

马上就能想到是五种，包括 SharePreferences、File I/O、SQLite、ContentProvider 与网络。

将这五种存储方式和人对记忆的存储共享方式的行为进行对比，会发现很多有趣的地方。

- 网络存储：类似我们打开淘宝购物，一个固定的路径可以获取到相关信息的资源。
- File I/O（文件存储）：类似录制录像，便于携带和分享。

- SQLite（数据库）：一个整齐排列的小型书库，有条目和行数。通过事前管理的机制，我们可以很容易找到想要的那本书。
- ContentProvider（内容提供者）：书库中的部分图书可以外借给他人阅读，如果有需要你可以来拿。
- SharePreference（配置共享）：在家里可以张贴写有东西的便签，只有我记得在哪里，不是我家里的人看不到便签。

这里的存储需要考虑的是三个维度，安全、效率和量级，如表 2-4 所示。

表 2-4 数据存储的三个维度

存储方式	安 全	效 率	量 级
网络存储	丢包、拦截问题	写入和读取网络环境速度	无限大
File I/O	sd 内存	存储大型数据文件	sd 卡内存
SQLite	App 内	管理数据处理最高效，不用于保存大数据文件	数据表格
ContentProvider	App 外标识符分辨	跨 App 传输数据，速度取决于存储数据的获取的类型和大小	取决于存储体
SharePreference	App 内	配置存储，并非专门用于数据持久化存储	配置 XML

这三个维度决定我们使用哪种存储方式。

安全上

SQLite > SharePreference > ContentProvider > File **I/O >** **网络存储**

SQLite 的数据安全性最高，除了 ContentProvider 和本 App，没有其他访问方式。持有相同的 shareUid、SharePreference 可以被访问。ContentProvider 是只要持有标识符就能共享收据，而 File I/O 保存在 App 内，只要知道 App 内路径都能查看到。网络存储的安全性是最低的。

效率上

SQLite > SharePreferences = File **I/O > ContentProvider >** **网络存储**

SQLite 管理数据列表的综合效率是最好的，SharePreferences 是先打开 XML 然后写入数据，File I/O 也需要打开文件流式操作，所以效率相差无几，选用时要看适用的场景。而 ContentProvider 的速度取决于前三种存储的读取速度，所以较慢。而最慢的网络存储需要建立通道和响应操作，而且受网络环境速度的影响。效率上的比较，还需要考虑增删改查四个方面。

量级上

网络存储 > File **E I/O > ContentProvider = SQLite > SharePreferences**

网络存储在量级上当然是最大的，也是分享资源最大的操作。File I/O 取决于 sd 内存的大小，ContentProvider 取决于提供的数据源。相同的空间大小，SQLite 存储的数据量比 SharePreferences

要多。

下面浅析五种存储方式的基础原理。

网络存储使用HTTP协议或者Socket通信作为传输方式。HTTP底层也是通过短时间的Socket通信来实现的传输。HttpClient很早已经被Android API23废弃，随后替换成HttpURLConnection，而现在提倡使用更高效的OkHttp。我们通过一些流行的如retrofit、volley等网络框架来发送/接收数据，其数据格式一般为XML、JSON格式。

File I/O操作数据通过字节流操作来完成，直接对二进制数据进行处理。

SQLite是轻量级数据库，通过SQLiteOpenHelper来封装入口，然后调用SQLiteDataBase进行操作，SQLiteConnection中包含许多Native方法，通过JNI与SQLite3进行交互，除了在Android提供的SQLite3库的基础上进行优化，也可以基于SQLiteConnection，甚至是完全使用C++来实现数据库的封装，其原理是通过 JNI 对 Native 层的 SQLite3 数据库来进行操作的。SQLite3源码结构如图2-27所示。

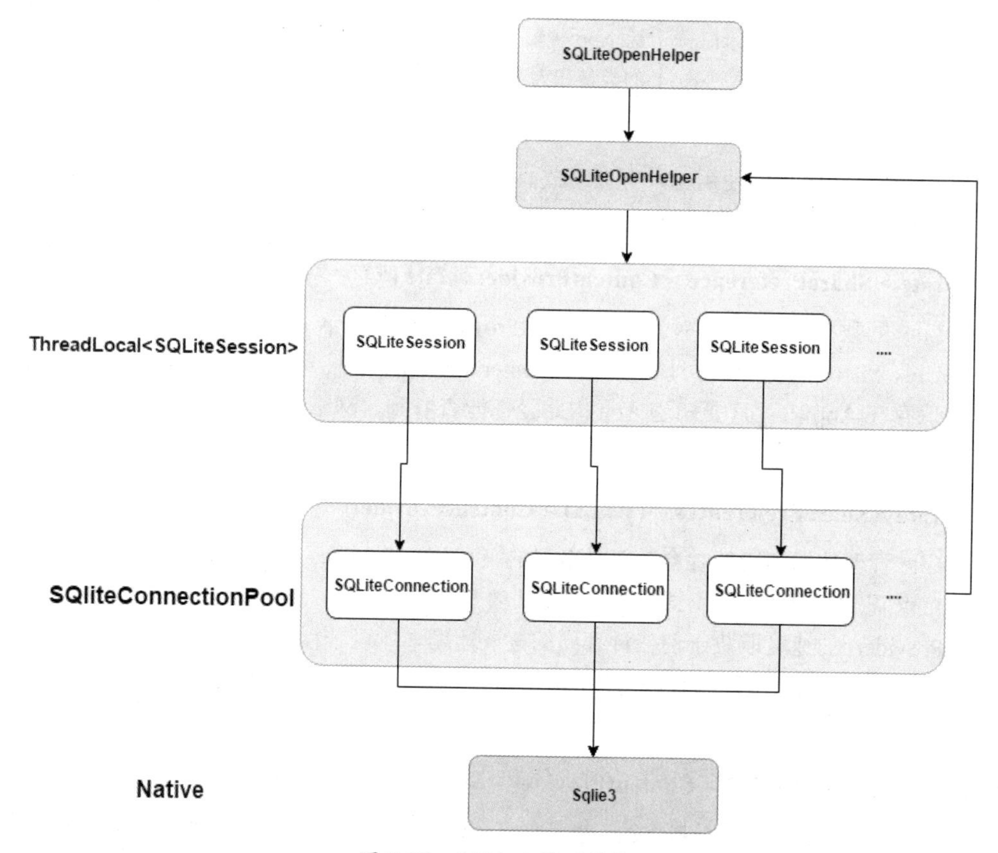

图2-27　SQLite3源码结构

ContentProvider 在不同的应用程序中共享数据时，其数据的暴露方式是采取类似数据库中表的方法。而 ContentResolver 恰好采用类似数据库的方法来从 ContentProvider 中存取数据，它通过 Uri 来查询 ContentProvider 中提供的数据。当调用 ContentProvider 的 insert、delete、update、query 方法中的任何一个时，如果 ContentProvider 所在的进程没有启动，则会触发 ContentProvider 的创建，并伴随着 ContentProvider 所在进程的启动，通过 Binder 机制获取到 Native 层实际执行方法的对象。

SharePreferences 是一种轻量级的数据存储机制，它将一些简单数据类型的数据，包括 boolean 类型、int 类型、float 类型、long 类型和 String 类型的数据，以键值对的形式存储在应用程序的私有 SharePreferences 目录（/data/data/<包名>/shared_prefs/）中。通过将键值以 XML 格式保存到私有的 XML 文件中，其原理是对 XML 文件的拼写修改。

2.5.2　组件化存储

记忆的表达形式是多种多样的，之前提到工具是会不断进化的，而 Android 存储方式的工具也是多样的。

Android 原生的存储体系是全局的，在组件化的开发中，五种原生的存储方式是完全通用的。下面介绍比较热门的 ORM 数据库 greenDao。

greenDAO[10]是一个对象关系映射（ORM）的框架，能够提供一个接口，通过操作对象的方式去操作关系型数据库，它能够让你在操作数据库时更简单、更方便。通过图 2-28 可以看出其原理是将一个实体对象转化成一项数据，然后保存到SQLiteDatabase中，底层还是通过操作SQLiteDatabase来完成数据库操作的。因为底层使用的是SQLiteDatabase，所以无法保存如图片这样大的对象。这也是ORM的内涵——对象—关系映射，实现程序对象到关系数据库的映射。

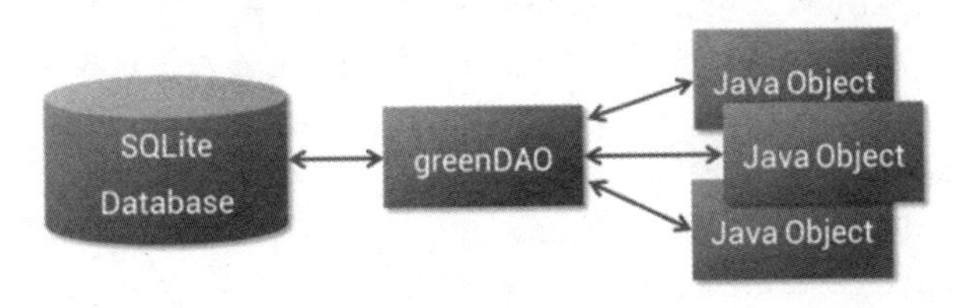

图 2-28　greenDAO 原理

greenDao 是目前众多 ORM 数据库中最稳定、速度最快、编写体验最好的框架，并且支持 RxJava。

[10] https://github.com/greenrobot/greenDAO。

greenDao 的优点：

- 性能高，号称 Android 最快的关系型数据库。
- 内存占用小。
- 库文件比较小，小于 100KB，编译时间低，而且可以避免 65KB 的方法限制。
- 支持数据库加密，greenDao 支持 SQLCipher 进行数据库加密
- 简洁易用的 API。

我们简单地使用三个注解：@Entity 声明实体对象，@Id 声明索引 Id，@Property 声明的是每个变量带有的列名，默认为@Property(nameInDb="name")。

```
@Entity
public class SettingsInfo {
    @Id
    private long id;
    private int width;
    private int height;
    private int density;
    private String recordPath;
}
```

第一次编译会生成 DaoMaster、DaoSession 和数据类名 Dao 文件。

然后通过封装一个简单的 DBManger 单例来操作 Dao 接口。

```
public class DBManager {
    private final static String dbName = "setting_db";
    private DaoMaster.DevOpenHelper openHelper;
    private volatile static DBManager instance;//多线程访问
    private SQLiteDatabase db;
    private DaoMaster daoMaster;
    private DaoSession daoSession;
    private Context context;

    /**
     * double check 单例
     * @return
     */
    public  static DBManager getInstance(){
        if (instance==null){
```

```
            synchronized (DBManager.class){
                if (instance==null){
                    instance = new DBManager();
                }
            }
        }
        return instance;
    }

    public DBManager init(Context context){
        setDataBase(context);
        return this;
    }

    /**
     * 初始数据库
     * @param context
     */
    private void setDataBase(Context context){
        openHelper = new DaoMaster.DevOpenHelper(context,dbName,null);
        db = openHelper.getWritableDatabase();
        daoMaster = new DaoMaster(db);
        daoSession  = daoMaster.newSession();
    }

    public DaoSession getDaoSession(){
        return daoSession;
    }

    public SQLiteDatabase getDb(){
        return db;
    }
}
```

获取 SettingInfoDao 对象：

```
    SettingsInfoDao mSIDao = DBManager.getInstance().init(context).
getDaoSession().getSettingsInfoDao();
```

读取某一项数据：

```
SettingsInfo si = mSIDao.queryBuilder().where(SettingsInfoDao.Properties.
Id.eq(0)).unique();
```

通过 Dao 对象写入基础数据：

```
mSIDao.insert(new SettingsInfo(0, metrics.widthPixels, metrics.heightPixels,
metrics.densityDpi, DEFAULT_PATH));
```

greenDao 运行时的原理如图 2-29 所示。运行时 DaoMaster 会将 XXXDao.class 注册到 daoConfigMap 上，然后通过 DaoSession 创建出需要的数据管理类 XXXDao。在查询的时候，通过 QueryBuidler 对象来读取数据库中的数据并封装成 XXX 的实体对象。增删改等其他操作则可以通过 XXXDao 来直接操作数据。

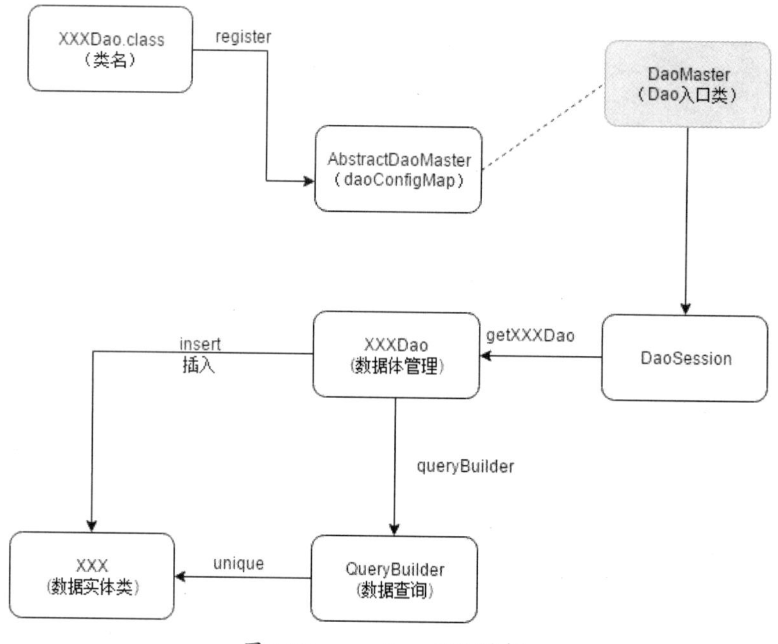

图 2-29　greenDao 原理简析

greenDao3.2 通过编译时注解的方式生成 Java 数据对象和 DAO 对象。关于 greenDao 的编译时注解，我更愿意称其为**编写时注解**，因为其编写了数据实体类后，再编译一次就可以生成 Java 文件，其原理是通过 ftl 模板生成代码文件，第 7 章架构模板会介绍相关原理。

编译时注解是在编译时生成代码，然后和编写的代码一同运行。而编写时注解是通过编译注解的代码后生成一部分新的代码，然后依赖新的代码继续编写。

greenDao 自动生成了 DaoMaster、DaoSession，XXXDao 是其有优势的地方，但也是它劣势的地方。

- 无法侵入性地在这些文件中进行修改，因为每次编译都会重新编译生成（替换）这些文件，无法在其中做任何操作。
- greenDao 每次编译都会替换掉编译时注解生成的文件。

greenDao还有另外一个竞争对手Realm[11]，我们用以下的一组数据来说明Realm的性能，如表 2-5 所示。

表 2-5　Realm 的性能

数据库框架名	添加 10000 条数据时间	查询 10000 条数据时间	删除 10000 条数据时间	添加 1000 条数据时间	查询 1000 条数据时间	删除 1000 条数据时间
greenDao	104666	600	47	11472	71	17
Realm	1597	8	136	327	4	29

从性能上说 Realm 插入和查询速度要优于 greenDao，删除速度 greenDao 会更快。

还需要考量的是 greenDao 的体积远少于 Realm，因为 greenDao 使用 Android 底层的 SQLite3，而 Realm 使用本身的数据查询引擎，需要引入额外的 so 库。Realm 支持 JSON 和流式 API 也是其优势，另外也支持 RxJava。

如何选择数据库呢？

（1）App 对本地数据库依赖的程度。

如果需要本地缓存非常多的数据，例如作为管理型 App，可以考虑使用 Realm，因为速度比 greenDao 快。

（2）App 容量考量。

如果需要让用户包的大小体验更好，那么就不要考虑 Realm 了，Realm 的体量和方法数远大于 greenDao。greenDao 的体积会少于 100KB，而 Realm 绝对超过 1MB。

（3）操作易用性。

greenDao 应该是众多关系映射型数据库中最简便的，对比起来，Realm 稍逊一筹。

2.5.3　组件化数据库

原生的数据库的运用范围是整个 App。但是当组件化使用关系型数据库的时候，就需要考

---

[11] https://github.com/realm/realm-java。

虑解耦的问题。

问题的关键在于 ORM 原理——将实体对象转化为数据映射。原生的数据库的运用是直接对 SQLiteDataBase 进行数据操作，所以需要自身封装对象。之前介绍的事件总线机制等类似的问题，实体类放在本身的 module 中是无法传递的，需要放在一个统一的 module 中来管理这些类的产生和引用，其 greenDao 需要在 Base module 中引入，编写时注解生成的对象也应该在 Base module 中，这样全部的功能模块才能引用到这个数据，如图 2-30 所示。

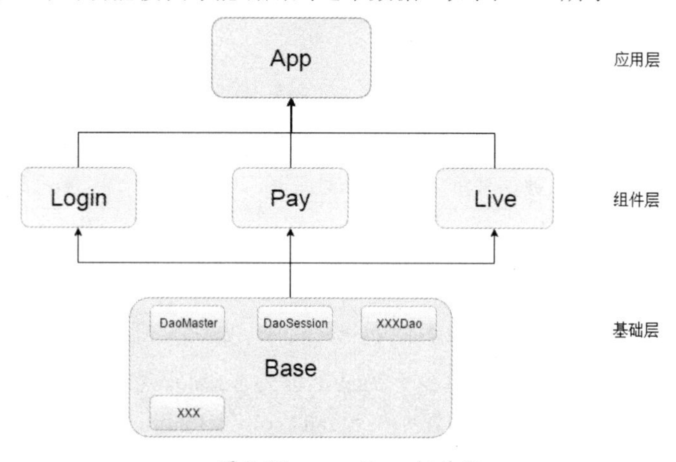

图 2-30 greenDao 组件化

更好的设计应该如图 2-31 所示，将数据库层独立为一个模块作为随后的管理层，数据层的抽离、封装和调用都可以统一在 XXXData 的 module 中完成，这种组件是从 Base 基础层分离出来的组件模块，属于更低的框架层。

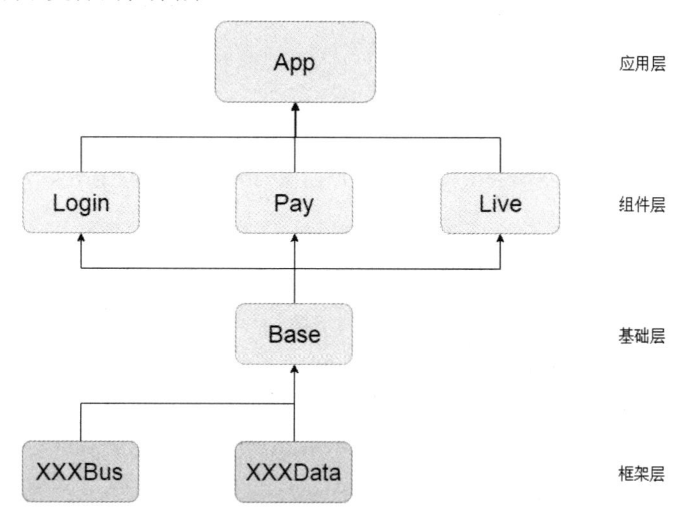

图 2-31 关系型数据库架构

2.6 权限管理

权限设立的目的是保护安全。

我们可以申请到自己需要的权限，有些普通人无法获取权限，是因为权限设立的群体是不对等的。

公司的权限机制越矩形，其权限等级的制度就越复杂。将公司权限机制和 Android 的权限机制相类比，理解 Android 权限机制的意义就很容易了。

2.6.1 权限机制

Android 底层是基于 Linux 系统的，而 Linux 权限访问由进程和文件两部分组成。

系统权限分三种类型：

- Android 所有者权限，相当于拥有 Android Rom 开发权限，可以取得所有权限。
- Android Root 权限，相当于取得 Linux 系统中的最高用户权限，可以任意对文件进行修改。
- Android 应用程序权限，获取权限只能通过在 AndroidManifest 中声明权限，然后由用户授权来获取。

Android 权限全部定义在 frameworks/base/core/res/AndroidManifest.xml 中。

以一个写 sd 卡权限的例子来说明一下：

```
<permission android:name="android.permission.READ_EXTERNAL_STORAGE"
        android:permissionGroup="android.permission-group.STORAGE"
        android:label="@string/permlab_sdcardRead"
        android:description="@string/permdesc_sdcardRead"
        android:protectionLevel="dangerous" />
```

- android:name 是权限名字，在应用中定义 uses-permission 能申请的权限。
- android:permissionGroup 是权限分类，会把某些差不多的功能放到一类。

如果申请同一个组中的某个权限，组中的其他权限也会被同时授权，如图 2-32 所示。

权限组	权限
group:android.permission-group.CONTACTS	permission:android.permission.WRITE_CONTACTS permission:android.permission.GET_ACCOUNTS permission:android.permission.READ_CONTACTS
group:android.permission-group.PHONE	permission:android.permission.READ_CALL_LOG permission:android.permission.READ_PHONE_STATE permission:android.permission.CALL_PHONE permission:android.permission.WRITE_CALL_LOG permission:android.permission.USE_SIP permission:android.permission.PROCESS_OUTGOING_CALLS permission:com.android.voicemail.permission.ADD_VOICEMAIL

图 2-32 权限分组

- android:label——提示给用户的权限名。
- android:description——提示给用户的权限描述。
- android:protectionLevel——分为 normal、dangerous、signature、signatureOrSystem 四类。Normal：风险普通，安装时不会直接提示用户，点击全部才会展示。Dangerous：风险较高，任何应用都可以申请，安装时需要用户确认才能使用。Signature：仅当申请该权限的应用程序与声明该权限的程序使用相同的签名时，才能赋予权限。SignutureOrSystem：仅当申请权限的应用程序位于相同的 Android 系统镜像中，或者申请权限的应用程序和声明该权限的程序拥有相同签名时，才能赋予权限。

Android应用会在自己的进程中运行，系统和应用的安全性通过Linux进程级别来强制实现，运行时 Linux 会给应用程序分配 userId 和 GroupID。

Android 对应用程序的安装授权流程如图 2-33 所示。

（1）进入处理引用程序的授权申请 PackageInasllerActivity 接口函数。

（2）系统会从应用程序的 AndroidManifest.xml 文件中获取应用程序正常运行时需要申请的权限。

（3）显示出权限页，请求用户确认是否满足这些权限需求。同意则正常安装，不同意则会退出安装流程。

Android 4.3～5.1 提供原生 AppOps 动态权限管理，国内厂商基本都有自己定义的动态控制权限机制。

原生的 ROM 中，AppOps 权限设置在系统的 SettingsApp 中，路径为 Settings→权限管理。

在 AppOps 中可以看到安装的应用所要申请的权限列表，可以选择允许权限和禁止权限，还有使用时提示，如图 2-34 所示。

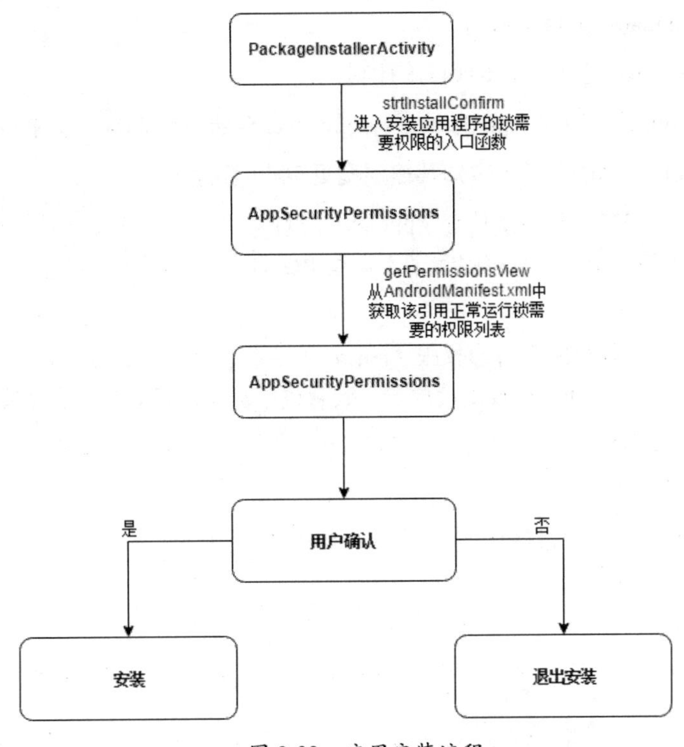

图 2-33　应用安装流程

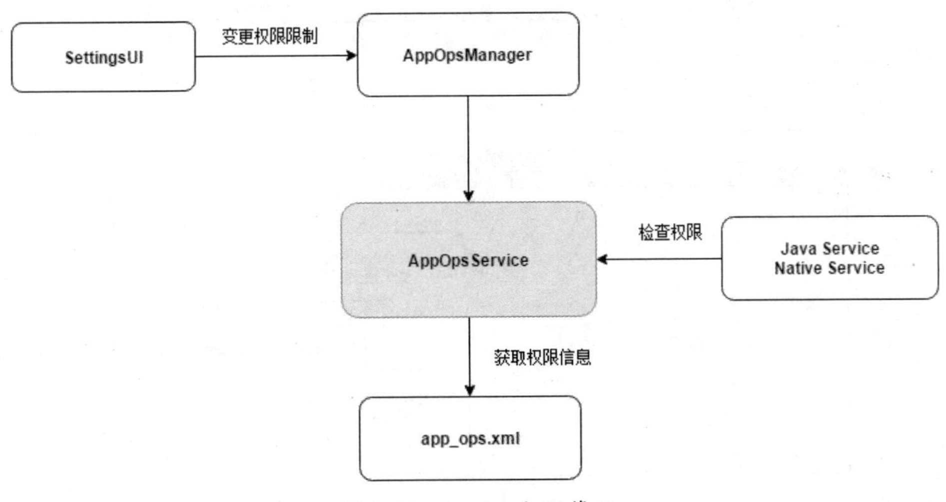

图 2-34　AppOps 权限管理

AppOps 运行原理：

（1）在 SettingsUI 中请求更改调整权限的变更。

（2）AppOpsManager 提供访问的接口。

（3）AppOpsService 提供真正实现权限控制。

（4）app_ops.xml 位于每个 App 的/data/system/中，存储各个 App 的权限设置和操作信息。

（5）连接到其他不同的服务，告知其需要变更响应的设置。

从 Android6.0（API23）开始便具有 AppOps，这样可以让用户在安装时节省时间，而且可以更方便地控制应用的权限（至少权限管理不需要 ROOT 了）。用户可以按照对应用的需求来控制应用的权限。

Android 系统中声明的权限有普通权限（normal）和敏感权限（dangerous）两种，普通权限不涉及用户隐私，系统会自动赋予权限给应用，敏感权限涉及用户隐私，需要获取用户的授权。

如果 App 在 targetSDKVersion 小于 23 的版本中，则系统安装时就会赋予所有需要的权限，这样会规避很多问题。

以下是封装 Google 原生的权限申请的流程，如图 2-35 所示。

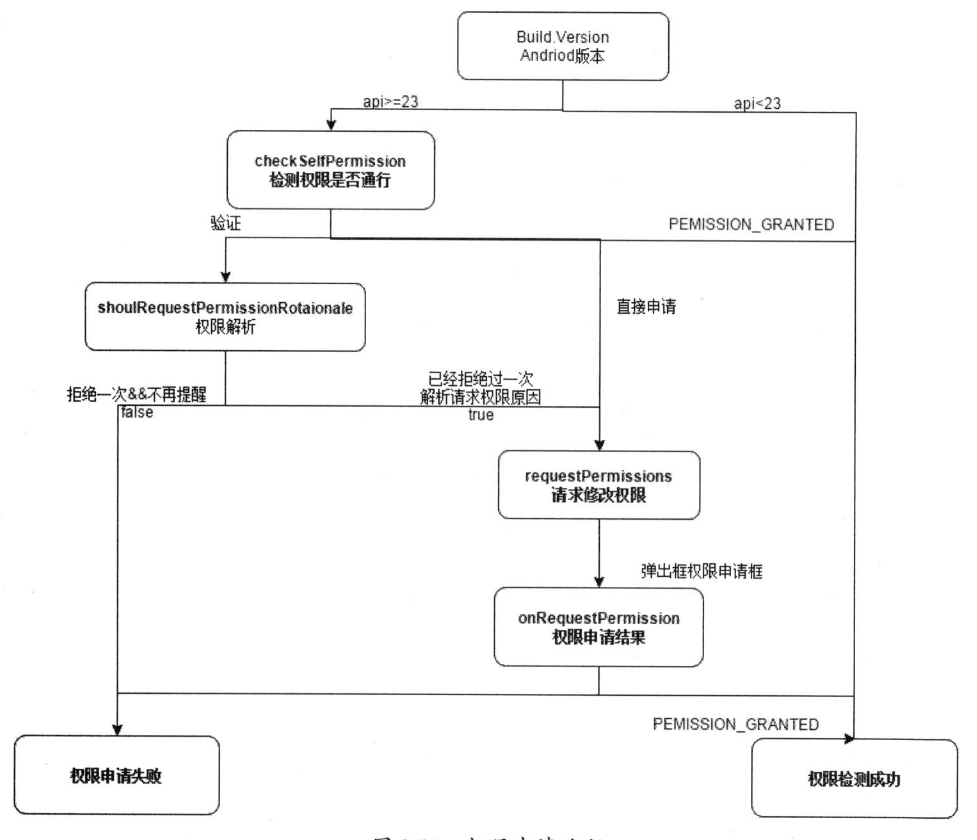

图 2-35 权限申请流程

下面用一个简单的申请照相机权限的例子来说明权限申请。

```
public void requestPermission(){
    //判断 Android API 是否小于 23
    boolean isMinSdkM = Build.VERSION.SDK_INT<Build.VERSION_CODES.M;
    //检测权限是否通行
    if (!isMinSdkM && ContextCompat.checkSelfPermission(this, Manifest.
permission.CAMERA)!= PackageManager.PERMISSION_GRANTED){
        //App 之前请求修改权限，被用户拒绝
     if(ActivityCompat.shouldShowRequestPermissionRationale(this,Manifest.
permission.CAMERA)){
            //显示一些提示需要这个权限的内容
        }else {
            //直接动态请求权限
            ActivityCompat.requestPermissions(this,new String[]{Manifest.
permission.CAMERA},CameraPermission);
        }
    }else {
        //做需要权限实现的工作
        startCamera();
    }
}
```

使用 requestPermissions 后，系统会使用 onRequestPermissionsResult 来回调权限申请的结果：

```
@Override
public void onRequestPermissionsResult(int requestCode, @NonNull String[]
permissions, @NonNull int[] grantResults) {
    super.onRequestPermissionsResult(requestCode, permissions, grantResults);
    //requestCode 是 requestPermissions 最后的参数，grantResult 是同时申请多个权
    //限的数组结果
    if (requestCode == CameraPermission &&grantResults[0] ==
PackageManager.PERMISSION_GRANTED){
        startCamera();
    }
}
```

Android O（API26）权限调整

在 Android O 之前，如果应用在运行时请求权限并且被授予该权限，系统会错误地将属于

同一权限组且在清单中注册的其他权限也一起授予该应用。

对于针对 Android O 的应用，此行为已被纠正。系统只会授予应用明确请求的权限。然而，一旦用户为应用授予某个权限，则所有后续对该权限组中权限的请求都将被自动批准。

例如，假设某个应用在其清单中列出 READ_EXTERNAL_STORAGE 和 WRITE_EXTERNAL_STORAGE。应用请求 READ_EXTERNAL_STORAGE，并且用户授予了该权限。如果该应用针对的是 API 级别为 24 或更低级别，系统还会同时授予 WRITE_EXTERNAL_STORAGE，因为该权限也属于同一 STORAGE 权限组并且也在清单中注册过。如果该应用针对的是 Android O，则系统此时仅会授予 READ_EXTERNAL_STORAGE；不过，如果该应用后来又请求 WRITE_EXTERNAL_STORAGE，则系统会立即授予该权限，而不会提示用户。

2.6.2 组件化权限

第 1 章简单介绍了 AndroidManifest.xml 中的属性。

通过查看 AndroidManifest.xml 文件，可以看到各个 module 中的权限申请，最终会被合并到 full 的 AndroidMainifest 中。

上一节介绍了权限的一些基础属性，protectionLevel 属性决定了权限的级别，正因为 Android 这样的机制，我们可以更加合理地安排权限申请的构成。

根据图 2-36，我们将 normal 级别的权限申请都放到 Base module 中，然后在各个 module 中分别申请 dangerous 的权限。这样分配的好处在于当添加或移除单一模块时，隐私权限申请也会跟随移除，能做到最大程度的权限解耦。

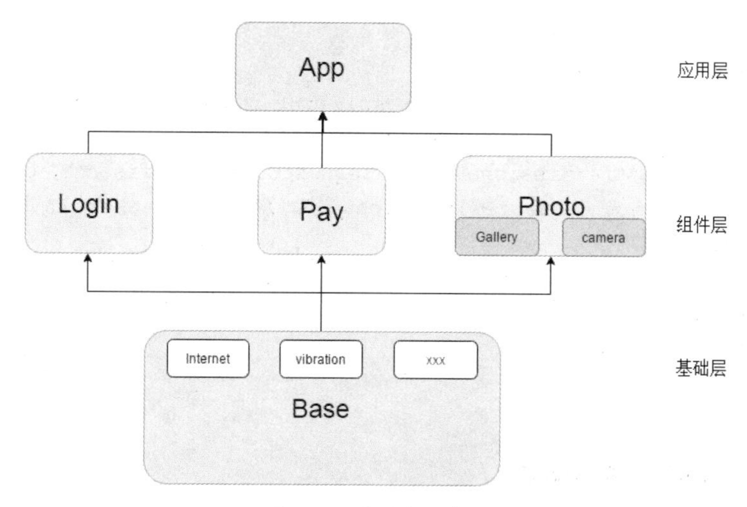

图 2-36 基础权限架构

有人会提议将权限全部转交到每个 module 中，如图 2-37 所示，包括普通权限的声明，达到最大程度的权限解耦，但是这样会增加 AndroidManifest 的合并检测的耗时。

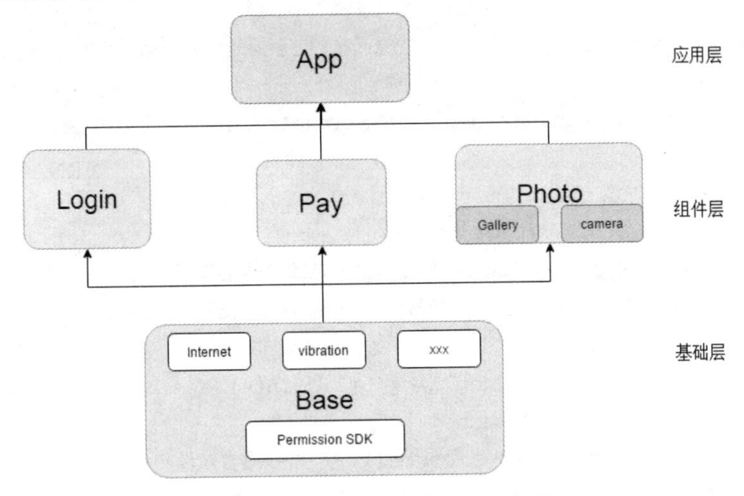

图 2-37　Android6.0 基础权限架构

当项目需要适配到 Android6.0 以上的动态权限申请时，需要在 Base module 中添加自己封装的一套权限申请工具，其他组件层的 module 都可以使用这套工具。

2.6.3　动态权限框架

下面介绍一款封装性强并且实用工具AndPermission[12]。

这里选择介绍 AndPermission，是因为这个框架封装比较完善，使用比较简单，并且最大程度适配国内各大厂商的 ROM。

首先介绍其使用流程。

（1）请求权限使用建造者模式来封装。

```
AndPermission.with(AdviceActivity.this)                    //Activity 对象
        .requestCode(101)                                  //请求权限码
        .permission(Manifest.permission.CAMERA)            //申请权限类型
        .rationale(cameraRationalListener)                 //拒绝一次后重试请求
        .callback(this)                                    //当前对象返回接收
        .start();                                          //请求
```

12　https://github.com/yanzhenjie/AndPermission。

前面在动态权限中介绍过拒绝一次请求后，封装了一个接口回调用户 dialog，提示用户再次申请权限。

```
    private RationaleListener cameraRationalListener = new RationaleListener() {
        @Override
        public void showRequestPermissionRationale(int requestCode, final Rationale
rationale) {
            new AlertDialog.Builder(AdviceActivity.this)
                    .setTitle("权限申请提醒")
                    .setMessage("这里需要相机权限记录你的生活圈！ ")
                    .setPositiveButton("好的", new DialogInterface.OnClickListener() {
                        @Override
                        public void onClick(DialogInterface dialog, int which) {
                            dialog.cancel();
                            rationale.resume();// 用户同意继续申请
                        }
                    })
                    .setNegativeButton("拒绝", new DialogInterface.OnClickListener() {
                        @Override
                        public void onClick(DialogInterface dialog, int which) {
                            dialog.cancel();
                            rationale.cancel(); // 用户拒绝申请
                        }
                    }).show();
        }
    };
```

（2）权限请求返回。

AndPermission 请求时在链式配置 callback(Oject callback)中如果填入 PermssionListner 对象，则直接可以回调到接口中。

```
    private PermissionListener listener = new PermissionListener() {
        @Override public void onSucceed(int requestCode, List<String>
grantedPermissions) {
            // 权限申请成功回调
            // 这里的 requestCode 就是申请时设置的 requestCode
            // 和 onActivityResult()的 requestCode 一样，用来区分多个不同的请求
            if(requestCode == 101) {
```

```
            // TODO ...
          }
        }
      @Override public void onFailed(int requestCode, List<String>
deniedPermissions) {
            // 权限申请失败回调
          if(requestCode == 101) {
            // TODO ... }
          }
      };
```

如果在 callback 中填入此类本身，将通过注解的方式返回此类本身之后的操作。

```
@PermissionYes(101)
private void getCameraYes(){
    //申请权限成功，接下来进行处理
    Toast.makeText(this, "权限获取成功", Toast.LENGTH_SHORT).show();
}

@PermissionNo(101)
private void getCameraNo(){
    //申请权限失败，接下来进行处理
    Toast.makeText(this, "权限获取失败", Toast.LENGTH_SHORT).show();
}
```

这样的设计非常巧妙地兼容了两种返回方式。

（3）提示用户在系统中授权。

当用户拒绝权限授权并勾选了不再提示时，再次申请权限会直接回调申请失败，因此 AndPermission 提供了一个供用户在系统 Setting 中给应用授权的能力。

```
SettingService settingService = AndPermission.defineSettingDialog
(Activity.this, 400);
// 你的 dialog 点击了确定调用：
settingService.execute();
// 你的 dialog 点击了取消调用：
settingService.cancel();
```

跳转到应用程序详情页，然后用户可以选择开启权限。

（4）国内手机适配方案。

部分国内 ROM（如小米、华为）的 Rational 功能，第一次拒绝后，不会返回 true，并且会回调申请失败，因为第一次拒绝后默认勾选不再提示，建议使用 settingDialog，提示用户在系统设置中授权。

部分国内 ROM，申请确定授权后，却回调申请失败，这时已经拥有权限了，建议通过使用 AppOpsManager 进行权限判断。

部分国内 ROM，使用权限提示框选择权限，AppOpsManager 中的权限并未同步。这里判断为运行时拥有权限或 AppOpsManager 拥有权限都可以。

建议在回调成功和失败的方法中都加上这段代码以判断实际权限。

```
if(AndPermission.hasPermission()) {
    // TODO 执行拥有权限时的下一步操作
} else {
    // 使用 AndPermission 提供的默认设置 dialog，用户点击确定后会打开 App 的设置页面
    // 让用户授权
    AndPermission.defaultSettingDialog(this, requestCode).show();
    // 建议：自定义这个 Dialog，提示具体需要开启什么权限，自定义 Dialog 的具体实现见上
    // 面的示例代码
}
```

国内厂商的 ROM 都有差别，不同版本和机型的适配上也有差别。对于 Android 的碎片化问题，如果寻找最好的适配，会使开发者付出额外的时间。AndPermission 是国内暂时适配性最好的动态权限申请框架，它对回调接口的封装和权限适配场景的设计值得参考。

2.6.4 路由拦截

2.3.2 节介绍了路由跳转的原理，在分析其原理时，我们分析了它在组件化使用中的跳转规则，也提及了它的另外一种重要作用就是过滤拦截。

当调用其他模块的功能时，很可能独立跳转到该模块的一个单独页面，此时就是路由拦截起作用的时候了。将路由拦截和权限申请结合在一起，拦截跳转的同时并进行权限申请的验证处理，如图 2-38 所示。

路由机制的原理已经在路由章节介绍过了，这里介绍使用拦截机制的原理。

还是以 ARouter 为例，模块跳转前会遍历 Intercept，然后通过判断跳转路径来找到需要拦截的对象。

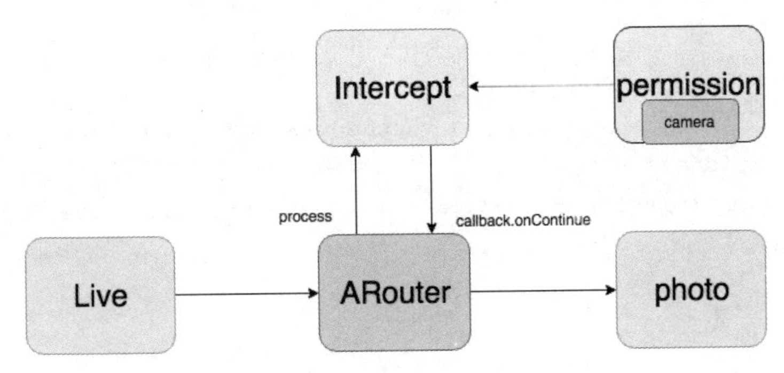

图 2-38 跳转时进行权限拦截验证

使用 ARouter 和 AndPermission 展示一个简单的拦截示例。

```
public class SettingsInterceptor implements IInterceptor{
    private Context context;
    private Postcard postcard;
    private InterceptorCallback callback;
    private static final int CAMERA_PERMISSION_RESULT=101;

    @Override
    public void init(Context context) {
        //context是application对象
        this.context = context;
    }

    @Override
    public void process(Postcard postcard, InterceptorCallback callback) {
        this.postcard = postcard;
        this.callback = callback;
        //通过postcard中的跳转地址过滤
        if (postcard.getPath().equals("/gank_setting/1")){
            AndPermission.with(context)
                    .requestCode(CAMERA_PERMISSION_RESULT)
                    .permission(Manifest.permission.CAMERA)
                    .callback(this)
                    // rationale的作用：用户拒绝一次权限，再次申请时先征求用户意见，
                    // 再打开授权对话框
                    // 这样避免用户勾选不再提示，导致以后无法申请权限
                    // 也可以不设置
```

```
                        .rationale(new RationaleListener() {
                            @Override
                            public void showRequestPermissionRationale(int
requestCode, Rationale rationale) {
            AndPermission.rationaleDialog(BaseApplication.getTopActivity(),
rationale).show();
                            }
                        })
                        .start();
            }else {
                callback.onContinue(postcard);    //不需要拦截，继续跳转
            }
        }
    }
```

当动态权限验证启动后，通过注解的方式返回结果。

```
    @PermissionYes(CAMERA_PERMISSION_RESULT) //获取权限成功
    public void getCameraSuccess(@NonNull List<String> grantedPermissions){
        callback.onContinue(postcard);
    }

    @PermissionNo(CAMERA_PERMISSION_RESULT)   //获取权限失败
    public void getCameraFail(@NonNull List<String> grantedPermissions){
        if (AndPermission.hasAlwaysDeniedPermission(BaseApplication.getTopActivity(),
grantedPermissions)) {   //如果是被一直拒绝，直接跳转到权限页
            //直接跳转到权限页
            AndPermission.defineSettingDialog(BaseApplication.getTopActivity(),
400)。excute();
        }
        callback.onInterrupt(new RuntimeException("权限被拒"));
    }
```

值得注意的是，使用 AndPermission 验证和弹框时，都需要使用 Activity 对象，不然会直接返回 false，导致验证调用失败。

如何让每个组件都能获取一个 Activity 对象呢？

1.4.2 节中介绍过使用 Application 的 registerActivityLifecycleCallbacks 方法可以获取当前最

顶层的 Activity 对象。

在组件化 Application 章节中，介绍了如果业务 module 需要在 Application 中做初始化工作，可以使用反射的方式。但是这种方式是不可行的。

这里的做法是，在 Base module 中自定义一个 BaseApplication 对象：

```
public class BaseApplication extends Application{
    private static Activity context;
    @Override
    public void onCreate() {
        super.onCreate();
        this.registerActivityLifecycleCallbacks(new ActivityLifecycleCallbacks() {
            @Override
            public void onActivityCreated(Activity activity, Bundle bundle) {
                //在创建时设置
                context = activity;
            }
@Override
            public void onActivityResumed(Activity activity) {
    //在 Activity 声明周期时设置顶层 Activity 对象
                context = activity;
            }

            /***省略其他方法***/
        }
    //获取底层 Activity 对象
    public static Activity getTopActivity(){
        return context;
    }
}
```

通过图 2-39 来加深理解。

Application 需要继承 BaseApplication。其他功能模块都可以使用全局方法 getTopActivity() 获取到顶层 Activity 对象。

如果一个 ActivityA 返回到在它之前的 ActivityB 页面后，在生命周期中设置 context 全局对象，ActivityB 调用 destroy 时，ActivityB 对象还被全局 context 引用，将引起内存泄漏。

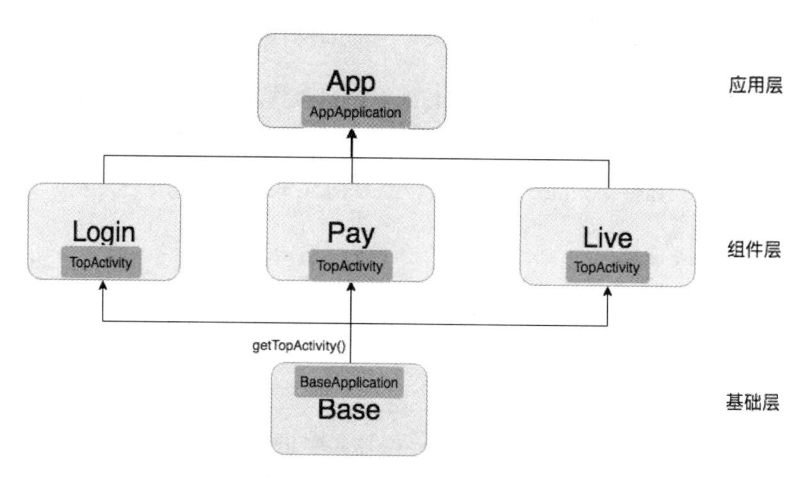

图 2-39 Application 基础架构

ActivityB 返回会先调用 ActivityB onPause 的生命周期，然后再调用 Activity OnStart 和 onResume 的生命周期，稍后 Activity 会调用 onPause 和 onDestroy。

可以肯定的是，ActivityA 的 onResume 肯定会比 ActivityB 的 onDestroy 提前完成。这意味着，在 onResume 已经设定了返回页面的 Activity 对象为顶层 Activity 时，ActivityB 调用 onDestroy，静态的 context 不会强引用 ActivityB 对象，也不会造成泄漏。

造成 Activity 内存泄漏很可能因为不了解生命周期和强引用的机制，当发现 Activity 强引用问题时，可以进行生命周期分析和 Java 引用机制分析，这样有助于我们更快地定位解决泄漏问题。

还可以使用接口的方式实现。

在 Base 模块中定义接口：

```
public interface GetActInterface {
    Activity getTopActivity();
}
```

然后在顶层 App 的 Application 中继承 GetActInterface，并实现之前的 registerActivity-LifecycleCallbacks 方法。

因为路由拦截中持有 Application 对象，那么就能使用强转为 GetActInterface 对象来完成跳转。

```
    AndPermission.hasAlwaysDeniedPermission(((GetActInterface)context).getTo
pActivity(), grantedPermissions)
```

在其他界面控件中也能通过 getApplicationContext 获取 Application 对象。

路由拦截了权限验证，路由拦截还能做登录前和支付前等验证。拦截机制是安全的象征。让程序更加安全的问题，我们都可以通过使用拦截机制来解决，这样也更加容易使程序解耦。

2.7 静态常量

每个人出生的时候，父母都会给我们起一个名字。名字对于外界来说是一种标志，当朋友叫出你的名字后，你知道他在呼唤你。

你的名字就是一个静态常量，你就是这个静态常量所指向的真正意义。

2.7.1 资源限制

在 Application module 中查看 R.java 文件：

```
public final class R {
   public static final class anim {
      public static final int abc_fade_in = 0x7f050000;
      public static final int abc_fade_out = 0x7f050001;
      public static final int abc_grow_fade_in_from_bottom = 0x7f050002;
   }
}
```

在 Lib module 中查看 R.java 文件：

```
public final class R {
    public static final class anim {
        public static int abc_fade_in=0x7f040000;
        public static int abc_fade_out=0x7f040001;
        public static int abc_grow_fade_in_from_bottom=0x7f040002;
   }
}
```

仔细观察后会发现，在 Lib module 中的静态变量并没有被赋予 final 属性。

第 1 章提及各个 module 会生成 aar 文件，并且被引用到 Application module 中，最终合并为 apk 文件。当各个次级 module 在 Application module 中被解压后，在编译时资源 R.java 会被重新解压到 build/generated/source/r/debug(release)/包名/R.java 中，如图 2-40 所示。

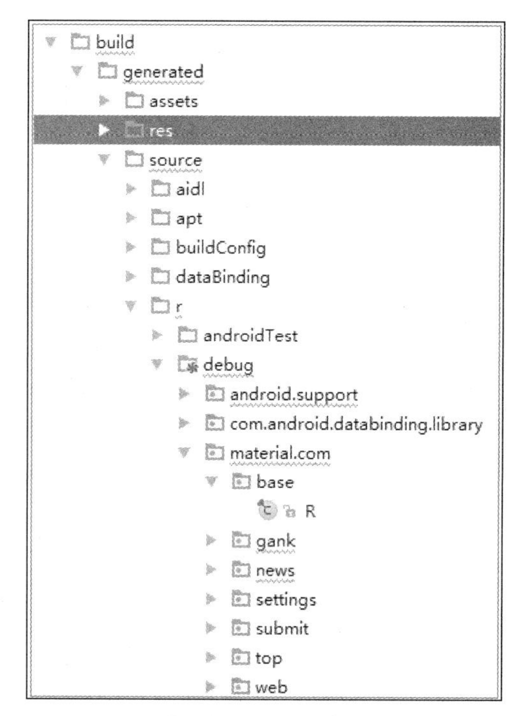

图 2-40 R.java 地址

目录中的 R.java 的 id 的属性会被添加声明为 final 修饰符。

当每个组件中的 aar 文件汇总到 App module 中时，也就是编译的初期解析资源阶段，其每个 module 的 R.java 释放的同时，会检测到全部的 R.java 文件，然后通过合并，最终会合并为唯一的一份 R.java 资源文件。

2.7.2 组件化的静态变量

在 Lib module 中，R.java 文件没有了 final 关键字会导致什么问题呢？

这样会导致凡是规定必须使用常量的地方都无法直接使用 R.java 中的变量，包括 switch-case 和注解。

每个 module 各自生成 aar 文件的时候，AAPT 会单独生成 R.java 文件，在 Application module 中执行 java compile 命令编译 class 文件时会将常量直接替换成具体的值。

不同 module 之间无法保证 R.java 中的变量对应的数值不同，但不同 module 的 R.java 的变量的值可能相同。如果出现相同的值，重复声明常量将出现错误，造成资源冲突。

官方 R.java 文件并不是常量，是否有将其声明为常量的方法呢？

使用 switch case 方法进行判断操作：

```
int id = view.getId();
switch (id) {
    case R.id.button1:
        action1();
        break;
    case R.id.button2:
        action2();
        break;
    case R.id.button3:
        action3();
        break;
}
```

可以使用 Ctrl+L 的快捷键来转换为 if-else 模式，如图 2-41 所示。

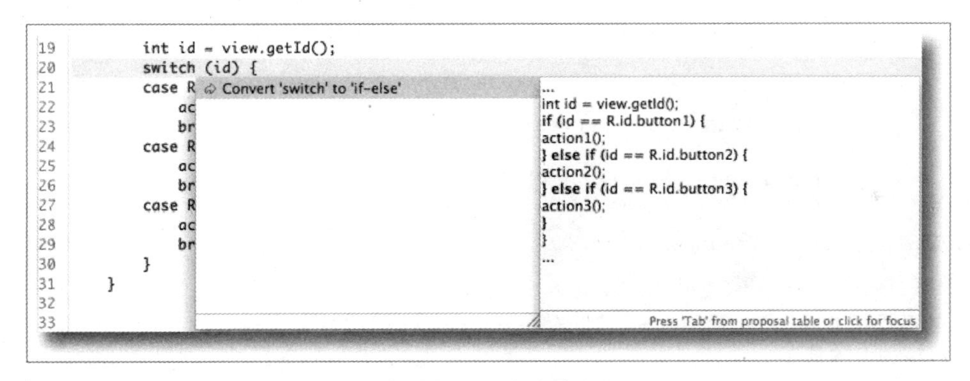

图 2-41 快捷键

转换后，if-else 的判断方式不会强制变为常量：

```
int id = view.getId();
if (id == R.id.button1) {
    action1();
} else if (id == R.id.button2) {
    action2();
} else if (id == R.id.button3) {
    action3();
}
```

2.7.3 R2.java 的秘密

ButterKnife[13]，中文翻译为黄油刀，一个专注于Android View的注入框架，可以大量减少findViewById和setOnClickListener操作的第三方库。

当使用注入 View 绑定时：

```
@BindView(R2.id.submit_toolbar)
public Toolbar mToolBar
```

当编译成 class 文件后，R 值将被替换为常量：

```
@BindView(2131492969)
EditText username;
```

注解中只能使用常量，如果不是常量会提示 attribute value must be constant 的错误。

注解中包含资源的问题如何解决呢？

可以使用替换的方法，原理是将 R.java 文件复制一份，命名为 R2.java，然后给 R2.java 的变量加上 final 修饰符，在相关的地方直接引用 R2 资源。

查看 ButterKnife Gradle 中 ButterKnifePlugin 的源码：

```
//判断是 Library module
is LibraryPlugin -> {
  project.extensions[LibraryExtension::class].run {
//执行 R2 的构建
    configureR2Generation(project, libraryVariants)
  }


private fun configureR2Generation(project: Project, variants:
DomainObjectSet<out BaseVariant>) {
    variants.all { variant ->
//创建 R2 产生的目录地址
      val outputDir = project.buildDir.resolve(
          "generated/source/r2/${variant.dirName}")
      //创建任务
      val task = project.tasks.create("generate${variant.name.capitalize()}R2")
```

[13] https://github.com/JakeWharton/butterknife。

```
    //任务输出路径
        task.outputs.dir(outputDir)
    //向变体中添加一个用于产生 Java 源代码的任务
        variant.registerJavaGeneratingTask(task, outputDir)
        val once = AtomicBoolean()
    //任务输出列表处理
        variant.outputs.all { output ->
          val processResources = output.processResources
          task.dependsOn(processResources)
          // Though there might be multiple outputs, their R files are all the
same. Thus, we only
          // need to configure the task once with the R.java input and action.
          if (once.compareAndSet(false, true)) {
            val rPackage = processResources.packageForR
            val pathToR = rPackage.replace('.', File.separatorChar)
            val rFile = processResources.sourceOutputDir.resolve(pathToR).
resolve("R.java")
            task.apply {
              inputs.file(rFile)
              doLast {
            //构建产生 R2.java
                FinalRClassBuilder.brewJava(rFile, outputDir, rPackage, "R2")
              }
            }
          }
        }
      }
    }
```

继续看一下 FinalRClassBuilder 的写入操作：

```
    public static void brewJava(File rFile, File outputDir, String packageName,
String className)
        throws Exception {
      //JavaParser 解析原 R.java 的源代码
      CompilationUnit compilationUnit = JavaParser.parse(rFile);
      TypeDeclaration resourceClass = compilationUnit.getTypes().get(0);
      //添加 class，添加 public 和 final 属性
      TypeSpec.Builder result =
```

```
        TypeSpec.classBuilder(className).addModifiers(PUBLIC).
addModifiers(FINAL);
      //遍历节点
      for (Node node : resourceClass.getChildNodes()) {
        if (node instanceof ClassOrInterfaceDeclaration) {
          //逐一添加 final 修饰符
          addResourceType(Arrays.asList(SUPPORTED_TYPES), result,
(ClassOrInterfaceDeclaration) node);
        }
      }
      //生成 R2.java 文件
      JavaFile finalR = JavaFile.builder(packageName, result.build())
          .addFileComment("Generated code from Butter Knife gradle plugin. Do not
modify!")
          .build();
      //写入到输出路径中
      finalR.writeTo(outputDir);
    }
```

addResourceType 中的操作都是将 R 中的变量全部加上 final 修饰符，这里就不多介绍了。

R2 与 R 最终在同一个目录中，如图 2-42 所示。

因为 Butterknife 同样使用了编译时注解的机制，通过注解的 BindView 等标识会在 apt 目录下生成一个 XXX_ViewBinding 文件，如图 2-43 所示。

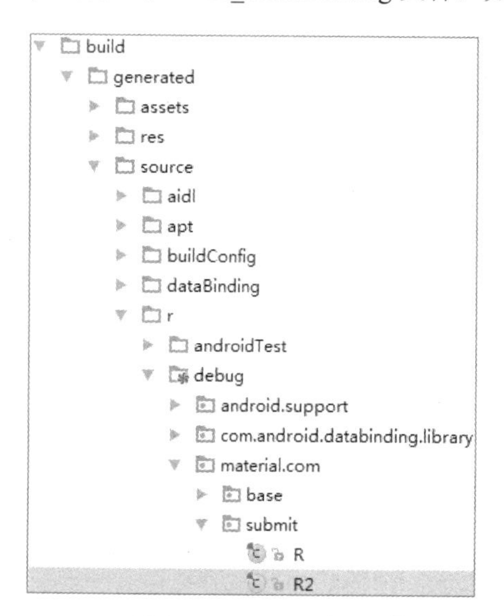

图 2-42　R2.java 地址

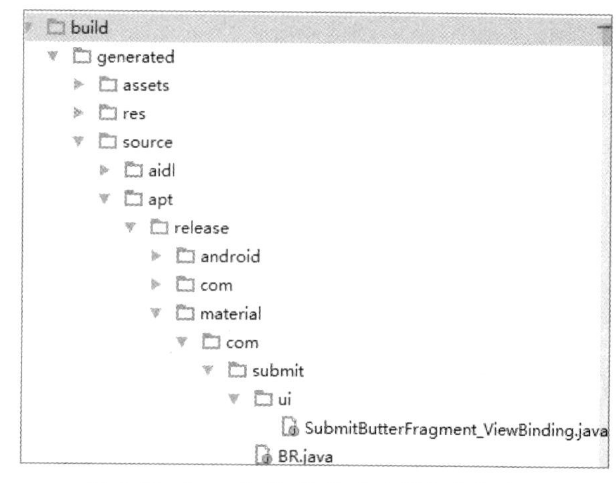

图 2-43　butterknife 编译时注解生成代码

再次查看其中的 SubmitButterFragment_ViewBinding.java 源码：

```
private SubmitButterFragment target;

private View view2131493035;
@UiThread
public SubmitButterFragment_ViewBinding(final SubmitButterFragment target,
View source) {
  this.target = target;

  View view;
  //实际上依然使用 findViewById 绑定 view
  target.mToolBar = Utils.findRequiredViewAsType(source, R.id.submit_toolbar,
"field 'mToolBar'", Toolbar.class);
  target.mUrlTxt = Utils.findRequiredViewAsType(source, R.id.submit_url_txt,
"field 'mUrlTxt'", TextInputEditText.class);
  target.mDescTxt = Utils.findRequiredViewAsType(source, R.id.submit_desc_txt,
"field 'mDescTxt'", TextInputEditText.class);
  //拥有事件触发的 view 会被声明为全局
  view = Utils.findRequiredView(source, R.id.submit_type_btn, "field
'popMenutBtn' and method 'showPopMenu'");
  target.popMenutBtn = Utils.castView(view, R.id.submit_type_btn, "field
'popMenutBtn'", AppCompatButton.class);
  view2131493035 = view;
  view.setOnClickListener(new DebouncingOnClickListener() {
    @Override
    public void doClick(View p0) {
      target.showPopMenu(Utils.<AppCompatButton>castParam(p0, "doClick", 0,
"showPopMenu", 0));
    }
  });
```

注意到 Utils.findRequiredViewAsType 中的 R.id.xxx 索引到 R 文件中，并非 R2 文件。所以它能正常索引到资源。

值得提示的是，如果使用 OnClick 方法：

```
@OnClick(R2.id.submit_btn,R2.id.submit_type_btn)
public void onClick(View view){
    if(view.getId() == R2.id.submit_btn){
```

```
            showPopMenu();
        }else if(view.getId() == R2.id.submit_type_btn){
            submitGank();
        }
    }
```

view.getId()将返回 R.java 中的 id，而非 R2.java 中的 id。但 R2 是 R1 的副本，所以是一致的，能正常识别的。

如果项目已经使用 ButterKnife 维护迭代了一段时间，那么使用 R2 的方案适配成本是比较低的。

但最好的解决方式还是使用原生的 findViewById，不使用这种注解生成机制。

可以使用泛型来封装 findViewById，以减少编写的代码量。

```
@Override
protected void onCreate(Bundle savedInstanceState){
super.onCreate(savedInstanceState);
TextView txt = generateFindViewById(R.id.txt);
}
protected <T extends View> T generateFindViewById(int id) {
      //return 返回 view 时加上泛型 T
    return (T) findViewById(id);
}
```

值得注意的是，library 使用 R2 的方式时，会出现 library 和 Application 切换 R 文件资源的引用问题。这里全部使用 R2 的方式生成引用资源 id，则不会出现此问题。

2.8 资源冲突

生活中总是充满竞争，在资源越稀缺的地方，越会发生资源争夺的情况。需要合适的规则，将资源分配到需要的人手上。这就涉及资源统筹、资源筛选、资源排序、资源分配等问题。

利用好手上的资源，才能在最低的消耗中获得更大的产出。

2.8.1 组件化的资源汇合

组件化中，Base module 和功能 module 的根本是 Library module，编译时会依次通过依赖规则进行编译，最底层的 Base module 会被先编译成 aar 文件，然后上一层编译时因为通过 compile 依赖，也会将依赖的 aar 文件解压到模块的 build 中，如图 2-44 所示。

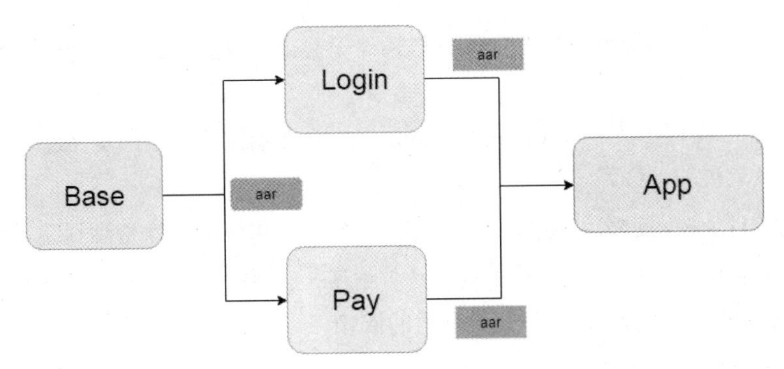

图 2-44　组件化 aar 资源传递

全部的功能 module 都依赖了 Base module，但是 Application module 最终还是得将功能 module 的 aar 文件汇总后，才能开始编译操作。每个 module 都依赖了 Base module，这么多 aar 文件都包含了 Base module，不就会出现非常多的冗余了？但实际上并没有出现这种情况，如图 2-45 所示。

只有一个 Base module 的资源在目录中，并且其他各种依赖包也只有唯一一份。秘密就在于 Gradle 构建流程中。

首先，我们通过 Gradle 命令可以查看 module 的依赖树：

```
gradlew module_name:dependencies
```

产生类似以下的依赖树，如图 2-46 所示。

```
▼ client
  ▼ build
    ▶ generated
    ▼ intermediates
      ▶ assets
      ▶ blame
      ▶ classes
      ▶ data-binding-info
      ▶ data-binding-layout-out
      ▶ dependency-cache
      ▼ exploded-aar
        ▶ com.alibaba
        ▶ com.android.databinding
        ▶ com.android.support
        ▶ com.android.support.constraint
        ▶ com.jakewharton
        ▶ com.squareup.leakcanary
        ▼ Gank
          ▶ advice
          ▶ base
          ▶ news
          ▶ settings
          ▶ submit
          ▶ web
```

图 2-45　aar 引用目录

```
+--- project :submit
|    +--- project :base (*)
|    +--- com.jakewharton:butterknife:8.5.1
|    |    +--- com.jakewharton:butterknife-annotations:8.5.1
|    |    |    \--- com.android.support:support-annotations:25.1.0 -> 25.3.0
|    |    +--- com.android.support:support-annotations:25.1.0 -> 25.3.0
|    |    \--- com.android.support:support-compat:25.1.0 -> 25.3.0 (*)
|    +--- com.android.databinding:library:1.2.1 (*)
|    +--- com.android.databinding:baseLibrary:2.2.1
|    \--- com.android.databinding:adapters:1.2.1 (*)
+--- project :web
|    \--- project :base (*)
+--- project :settings
|    +--- project :base (*)
|    +--- com.android.databinding:library:1.2.1 (*)
|    +--- com.android.databinding:baseLibrary:2.2.1
|    \--- com.android.databinding:adapters:1.2.1 (*)
```

图 2-46　工程引用依赖库

这个命令可以让我们清楚地知道Gradle在构建中会很容易获取到projects中不同module的依赖。

当build.gradle文件更改后，Android Studio立刻会提示需要重新同步文件。同步文件的工程包含了生成目录树的过程。

只要产生了目录树，那么Gradle只需要一次遍历，不重复添加库资源到编译内。

有些传递依赖标注了*号，表示这个依赖被忽略了，这是因为其他顶级依赖中也依赖了这个传递的依赖，Gradle会自动分析并下载最合适的依赖。

也可以将依赖树图打印到txt中：

```
gradle dependencies > dependencies.txt
```

或

```
gradle project:dependencies >> dependencies.txt
```

2.8.2 组件化资源冲突

1. AndroidMainfest冲突问题

关于资源冲突的问题，我们在第1章提及了其中的一种冲突。

AndroidMainfest中引用了Application的app:name属性，当出现冲突时，需要使用tools:replace="android:name"来声明Application是可被替换的。某些AndroidManifest.xml中的属性被替代的问题，可以使用tools:replace来解决冲突。需要注意的是，替换逻辑可以参照1.3.2节AndroidManifest的属性替换。

2. 包冲突

当包冲突出现时，可以先检查依赖报告，使用gradle dependencies的命令查看依赖目录树。

```
+--- project :Gank
| +--- com.android.support:support-v4:22.2.1 ->23.1.1
| +--- com.actionbarsherlock:actionbarsherlock:4.4.0
| +--- pl.droidsonroids.gif:android-gif-drawable:1.1.7
| +--- com.qiniu:qiniu-android-sdk:7.0.6
| | \--- com.loopj.android:android-async-http:1.4.6 -> 1.4.7
| +--- com.nostra13.universalimageloader:universal-image-loader:1.9.1 |
+--- com.loopj.android:android-async-http:1.4.7
```

```
| +--- com.umeng.analytics:analytics:5.4.2
| +--- com.facebook.fresco:fresco:0.10.0
| | +--- com.facebook.fresco:drawee:0.10.0
| | | \--- com.android.support:support-v4: 23.1.1(*)
| | | | --- com.facebook.fresco:fbcore:0.10.0
| | +--- com.facebook.fresco:fbcore:0.10.0
```

依赖标注了*号，表示这个依赖被忽略了。这是因为其他顶级依赖也依赖于这个传递的依赖。

以上 v4 的依赖的版本为 22.2.1→23.1.1，因为 Fresco 中包含了一个 v4 23.1.1 的包，这时会默认使用版本比较高的依赖。

如果想使用优先级比较低的依赖，可以使用 exclude 排除依赖的方式：

```
compile('com.facebook.fresco:fresco:0.10.0') {
      exclude group:'com.android.support', module: 'support-v4'
}
```

然后再次使用命令查看依赖目录树，可以看到此时使用的是旧的 v4 包。

```
+--- project :Gank
| +--- com.android.support:support-v4:22.2.1 (*)
| +--- com.actionbarsherlock:actionbarsherlock:4.4.0
| +--- pl.droidsonroids.gif:android-gif-drawable:1.1.7
| +--- com.qiniu:qiniu-android-sdk:7.0.6
| | \--- com.loopj.android:android-async-http:1.4.6 -> 1.4.7
| +--- com.nostra13.universalimageloader:universal-image-loader:1.9.1
| +--- com.loopj.android:android-async-http:1.4.7
| +--- com.umeng.analytics:analytics:5.4.2
| +--- com.facebook.fresco:fresco:0.10.0
| | +--- com.facebook.fresco:drawee:0.10.0
| | | \--- com.facebook.fresco:fbcore:0.10.0
| | +--- com.facebook.fresco:fbcore:0.10.0
```

只要做到以上两步就可以解决包冲突问题。

3. 资源名冲突

在多 module 开发中，因为无法保证多个 module 中全部资源的命名是不同的。假如出现相同的情况，就有可能造成资源引用错误的问题。这里说有可能，说明有多种情况。

当建立 module 时，默认在 string.xml 中创建一个字段 app_name：

```
<string name="app_name">Gank</string>
```

每个 module 都有这个字段，但 App 最终生成时只会有一个命名，那么选取的规则是怎样的呢？

后编译的模块会覆盖之前编译的模块的资源字段中的内容。

因为无法保证不同 module 中的资源名不同，那么 Gradle 会简单粗暴地使用这种替换策略。Application module 最后汇总在一起时，资源会先被策略逻辑调整，后加载的资源地址会把前面加载的资源地址替换掉，引起资源引用的错误。

解决的办法有两种。

第一种是当资源出现冲突时使用重命名的方式解决。这就要求我们在一开始命名的时候，不同模块间的资源命名都不一样。这是代码编写规范的约束。

第二种是 Gradle 的命名提示机制。使用 resourcePrefix 字段：

```
android {
    resourcePrefix "组件名_"
}
```

所有的资源名必须以指定的字符串作为前缀，否则会报错，而且 resourcePrefix 这个值只能限定 XML 中的资源，并不能限定图片资源，所有图片资源仍然需要手动去修改资源名。

研究资源冲突的问题，首先需要对第 1 章中的 AndroidManifest 汇总机制有透彻的理解，并且需要更加深入地了解 Gradle。后面会介绍组件化的构建流程。

2.9 组件化混淆

特工们都有着很多秘密，如果想更加安全、快速地沟通，就需要设定很多的规则和暗号。

通过这些规则和暗号，可以保证他们的通信更加安全，其他人想反编译这些信息需要非常长的时间。

Android Studio 提供了信息加密的功能，使生成的 App 的代码内容不容易被人识别，这种行为称为混淆。

2.9.1 混淆基础

混淆包括了代码压缩、代码混淆及资源压缩等优化过程。

Android Studio 使用 ProGuard 进行混淆，ProGuard 是一个压缩、优化和混淆 Java 字节码文件的工具，可以删除无用的类、字段、方法和属性，还可以删除无用的注释，最大限度地优化字节码文件。它还可以使用简短并无意义的名称来重命名已经存在的类、字段、方法和属性。

混淆流程针对于 Android 项目，将其主项目及依赖库中未被使用的类、类成员、方法、属性移除，有助于规避 64K 方法数的瓶颈；同时，将类、类成员、方法重命名为无意义的简短名称，增加了逆向工程的难度。

混淆会删除项目无用的资源，有效减小 apk 安装包的大小。

混淆有 Shrinking（压缩）、Optimization（优化）、Obfuscation（混淆）、Preverification（预校验）四项操作。

Build.gradle 的基本配置：

```
buildTypes {
      release {
          minifyEnabled true
          shrinkResources true
          proguardFiles  getDefaultProguardFile('proguard-android.txt'),
'proguard-rules.pro'
      }
  }
```

- minifyEnabled 的值为 true，打开混淆。
- shrinkResources 的值为 true，打开资源压缩。
- proguradFiles 用于设置 proguard 的规则路径。

每个 module 在创建时就会创建出混淆文件 proguard-rules.pro，里面基本是空的。

```
#指定压缩级别
-optimizationpasses 5
#不跳过非公共的库的类成员
-dontskipnonpubliclibraryclassmembers
#混淆时采用的算法
-optimizations !code/simplification/arithmetic,!field/*,!class/merging/*
#把混淆类中的方法名也混淆了
-useuniqueclassmembernames
#优化时允许访问并修改有修饰符的类和类的成员
-allowaccessmodification
#将文件来源重命名为"SourceFile"字符串
```

```
-renamesourcefileattribute SourceFile
#保留行号
-keepattributes SourceFile,LineNumberTable
```

以下是打印出的关键的流程日志：

```
-dontpreverify
 #混淆时是否记录日志
-verbose
#apk 包内所有 class 的内部结构
-dump class_files.txt
#未混淆的类和成员
-printseeds seeds.txt
#列出从 apk 中删除的代码
-printusage unused.txt
#混淆前后的映射
-printmapping mapping.txt
```

以下情况下不能使用混淆。

（1）反射中使用的元素，需要保证类名、方法名、属性名不变，否则混淆后会反射不了。

（2）最好不让一些 bean 对象混淆。

（3）四大组件不建议混淆，四大组件必须在 AndroidManifest 中注册声明，而混淆后类名会发生更改，这样不符合四大组件的注册机制。

```
-keep public class * extends android.app.Activity
-keep public class * extends android.app.Application
-keep public class * extends android.app.Service
-keep public class * extends android.content.BroadcastReceiver
-keep public class * extends android.content.ContentProvider
-keep public class * extends android.app.backup.BackupAgentHelper
-keep public class * extends android.preference.Preference
-keep public class * extends android.view.View
-keep public class com.android.vending.licensing.ILicensingService
```

（4）注解不能混淆，很多场景下注解被用于在运行时反射一些元素。

```
-keepattributes *Annotation*
```

（5）不能混淆枚举中的 value 和 valueOf 方法，因为这两个方法是静态添加到代码中运行，也会被反射使用，所以无法混淆这两种方法。应用使用枚举将添加很多方法，增加了包中的方法数，将增加 dex 的大小。

```
-keepclassmembers enum * {
   public static **[] values();
   public static ** valueOf(java.lang.String);
}
```

（6）JNI 调用 Java 方法，需要通过类名和方法名构成的地址形成。

（7）Java 使用 Native 方法，Native 是 C/C++编写的，方法是无法一同混淆的。

```
-keepclasseswithmembernames class * {
   native <methods>;
}
```

（8）JS 调用 Java 方法。

```
-keepattributes *JavascriptInterface*
```

（9）WebView 中 JavaScript 的调用方法不能混淆。

```
-keepclassmembers class fqcn.of.javascript.interface.for.Webview {
  public *;
}
-keepclassmembers class * extends android.webkit.WebViewClient {
   public void *(android.webkit.WebView, java.lang.String, android.
graphics.Bitmap);
   public boolean *(android.webkit.WebView, java.lang.String);
}
-keepclassmembers class * extends android.webkit.WebViewClient {
   public void *(android.webkit.WebView, jav.lang.String);
}
```

（10）第三方库建议使用其自身混淆规则。

（11）Parcelable 的子类和 Creator 的静态成员变量不混淆，否则会出现 android.os.BadParcelableExeception 异常。

Serializable 接口类反序列化：

```
-keep class * implements android.os.Parcelable {
  public static final android.os.Parcelable$Creator *;
}
-keepclassmembers class * implements java.io.Serializable {
    static final long serialVersionUID;
    private static final java.io.ObjectStreamField[] serialPersistentFields;
    private void writeObject(java.io.ObjectOutputStream);
    private void readObject(java.io.ObjectInputStream);
    java.lang.Object writeReplace();
    java.lang.Object readResolve();
}
```

（12）Gson 的序列号和反序列化，其实质上是使用反射获取类解析的。

```
-keep class com.google.gson.** {*;}
-keep class sun.misc.Unsafe { *; }
-keep class com.google.gson.stream.** { *; }
-keep class com.google.gson.examples.android.model.** { *; }
-keep class com.google.** {
    <fields>;
    <methods>;
}
-dontwarn com.google.gson.**
```

（13）使用 keep 注解的方式，哪里不想混淆就“keep”哪里，先建立注解类。

```
package com.demo.annotation;
//@Target(ElementType.METHOD)
public @interface Keep {
}
```

@Target 可以控制其可用范围为类（class）、方法（METHOD）、变量（FIELD）等。然后在 proguard-rules.pro 中声明：

```
-dontskipnonpubliclibraryclassmembers
-printconfiguration
-keep,allowobfuscation @interface android.support.annotation.Keep
```

```
-keep @android.support.annotation.Keep class *
-keepclassmembers class * {
    @android.support.annotation.Keep *;
}
```

support-annotation 中已经提供了@Keep 的注解，可以保持类不被混淆。

只要认真记住一个混淆原则：**混淆改变 Java 路径名，那么保持所在路径不被混淆就是至关重要的**。

下面介绍一些混淆生成的文件，如图 2-47 所示。

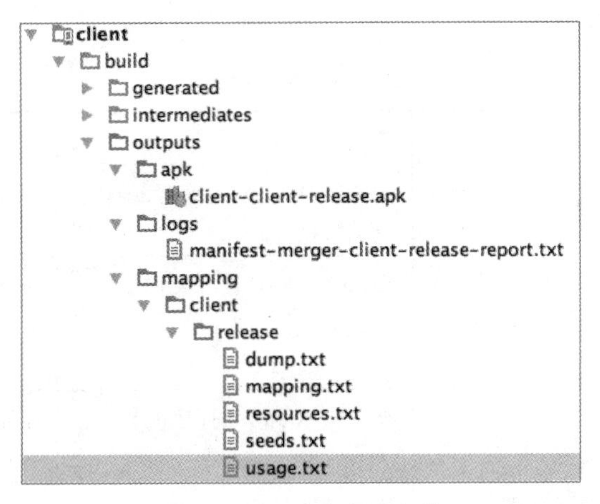

图 2-47　混淆生成的文件

logs 中的 manifest-merger-client-release-report.txt 是 AndroidManifest.xml 文件，记录的是多个 AndroidManifest 合成替换的信息。

- dump.txt：包含目录内所有 class 文件的结构。
- mapping.txt：记录混淆后路径和原路径的映射关系。当线上出现问题，获得用户的日志信息后，定位出现问题的文件非常有用。
- resources.txt：记录资源文件信息。
- seeds.txt：未混淆的类和成员，验证是否持有不想混淆的类。
- usage.txt：列出 apk 被删除的代码。

2.9.2　资源混淆

是否有更深层次的混淆呢？ProGuard 是 Java 混淆工具，而它只能混淆 Java 文件，事实上还可以继续深入混淆，可以混淆资源文件路径。

资源混淆，其实也只是资源名的混淆。可以采取的方式有三种。

（1）源码级别上的修改，将代码和 XML 中的 R.string.xxx 替换为 R.string.a，并将一些图片资源 xxx.png 重命名为 a.png，然后再交给 Android 进行编译。

（2）所有的资源 ID 都编译为 32 位 int 值，可以看到 R.java 文件保存了资源数值。直接修改 resources.arsc 的二进制数据，不改变打包流程，在生成 resources.arsc 之后修改它，同时重命名资源文件。

（3）直接处理安装包。解压后直接修改 resources.arsc 文件，修改完成后重新打包。

表 2-6 是三种方案的对比。

表 2-6　方案对比

	方案一	方案二	方案三
简单描述	编译前修改资源命名，再通过 ProGuard 打包	编译时修改 resources.arsc 二进制数据	重新修改已经打包过的 apk 的 resources.arsc 文件
修改内容	Java XML res/	resources.arsc 资源文件	resources.arsc 资源文件
优点	简单 不修改编译流程	不改变 Android 打包流程	不依赖源码与编译过程 可以使用 zip 压缩
缺点	依赖源码和编译过程	依赖编译过程	zip 压缩不支持 v2 签名

美团网早期的混淆方式就是使用类似第二种混淆方案，而微信使用的是第三种混淆方案。

这里推荐使用微信AndResGuard[14]的混淆机制。

需要在根目录中引入 classpath：

```
buildscript {
    repositories {
        jcenter()
    }
    dependencies {
        classpath 'com.tencent.mm:AndResGuard-gradle-plugin:1.2.3'
    }
}
```

[14] https://github.com/shwenzhang/AndResGuard。

在 Application module 中添加引用和配置：

```
apply plugin: 'AndResGuard'
andResGuard {
    // mappingFile = file("./resource_mapping.txt")
    mappingFile = null
    // 当使用 v2 签名时，7zip 压缩是无法生效的
    use7zip = true
    useSign = true
    // 打开这个开关，会"keep"住所有资源的原始路径，只混淆资源的名字
    keepRoot = false
    // 白名单列表
    whiteList = [
            // for your icon
            "R.drawable.icon",
            // for fabric
            "R.string.com.crashlytics.*",
            // for google-services
            "R.string.google_app_id",
            "R.string.gcm_defaultSenderId",
            "R.string.default_web_client_id",
            "R.string.ga_trackingId",
            "R.string.firebase_database_url",
            "R.string.google_api_key",
            "R.string.google_crash_reporting_api_key"
    ]
// 主要用来指定文件重打包时是否压缩指定文件,默认重打包时保持输入 apk 每个文件的压缩方式
    compressFilePattern = [
            "*.png",
            "*.jpg",
            "*.jpeg",
            "*.gif",
            "resources.arsc"
    ]
    //压缩引用
    sevenzip {
        artifact = 'com.tencent.mm:SevenZip:1.2.3'
```

```
            //path = "/usr/local/bin/7za"
        }
    }
```

GitHub 官网的文档有一点误导，其引用了 AndResGuard 插件会产生插件自定义的命令，如图 2-48 所示。

选择命令后，在默认的 apk 生成目录中生成混淆后的 apk，如图 2-49 所示。

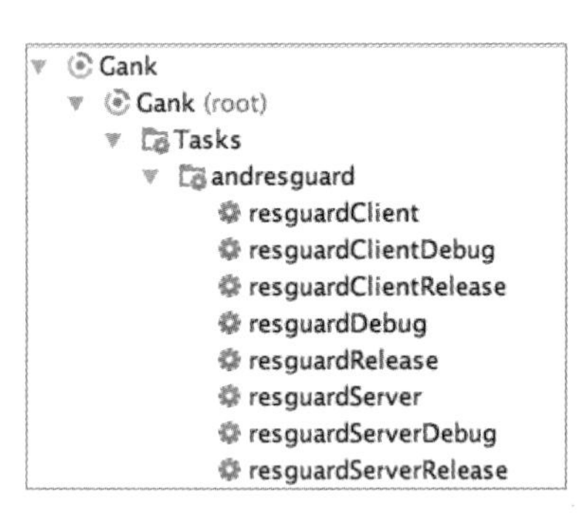

图 2-48　AndResGuard 命令

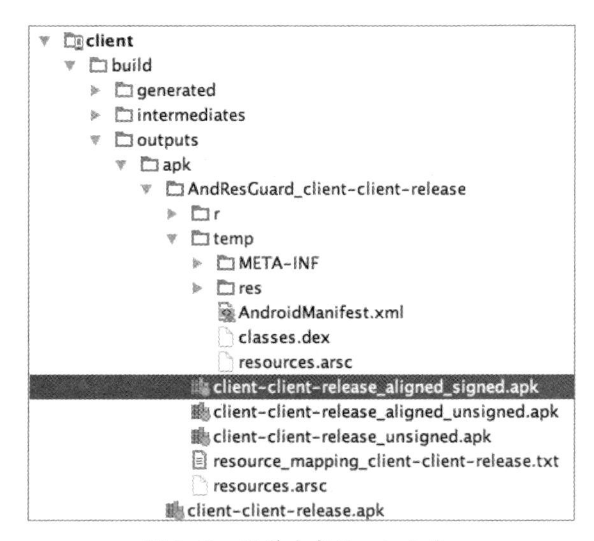

图 2-49　混淆生成的 apk 文件

这里说明一下，AndResGuard 早期使用 Java 命令运行混淆，其配置也是使用一个 config.xml 文件进行部署。之后使用了 plugin 插件的方式，更加契合 Android 开发。

AndResGuard 支持 zip 格式的压缩，但是 zip 格式并不支持 v2 签名（关于签名下一章会介绍）。

AndResGuard 的流程如图 2-50 所示。

有关 resources.arsc 的反编译过程，需要了解 resources.arsc 的区块分割，以及修改资源所要涉及的区块，这里就不做深入分析了。

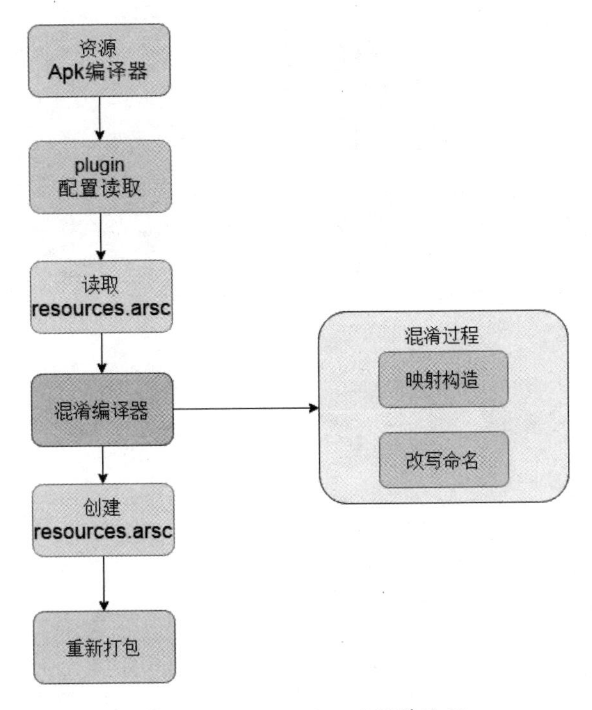

图 2-50 AndResGurad 混淆流程

2.9.3 组件化混淆

每个 module 在创建之后，都会自带一个 proguard-rule.pro 的自定义混淆文件。每个 module 也可以有自己混淆的规则。

但在组件化中，如果每个 module 都使用自身混淆，则会出现重复混淆的现象，造成查询不到资源文件的问题。

解决这个问题的关键是，需要保证在 apk 生成的时候有且只有一次混淆。

第一种方案是最简单也是最直观的，只在 Application module 中设置混淆，其他 module 都关闭混淆。那么混淆的规则就都会放到 Application module 的 proguard-rule.pro 文件中，如图 2-51 所示。

这种混淆方式的缺点是，当某些模块移除后，混淆规则需要手动移除。虽然理论上混淆添加多了不会造成崩溃或编译不通过，但是不需要的混淆过滤还是会对编译效率造成影响。

第二种方案，当 Application module 混淆的时候，启动一个命令将引用的多个 module 的 proguard-rule.pro 文件合成，然后再覆盖 Application module 中的混淆文件，如图 2-52 所示。

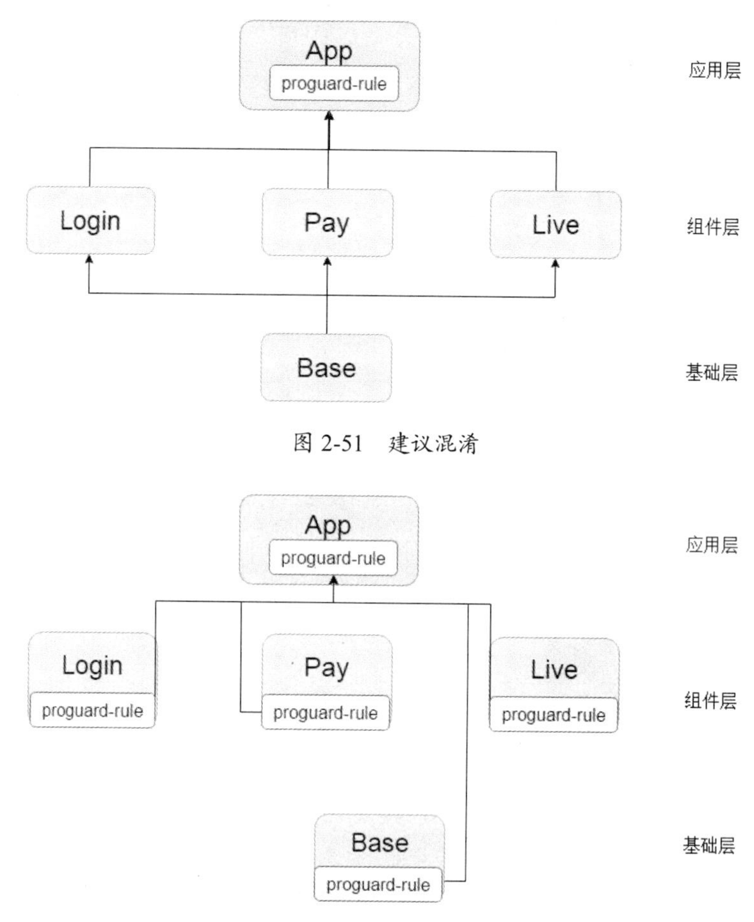

图 2-51　建议混淆

图 2-52　进阶混淆

这种方式可以将混淆条件解耦到每个 module 中，但是需要编写 Gradle 命令来配置操作，每次生成都会添加合成操作，也会对编译效率造成影响。

第三种方案，Library module 自身拥有将 proguard-rule.pro 文件打包到 aar 中的设置，如图 2-53 所示。

添加一个属性到 Library module 的 build.gradle 文件中：

```
defaultConfig {
    consumerProguardFiles 'proguard-rules.pro'
}
```

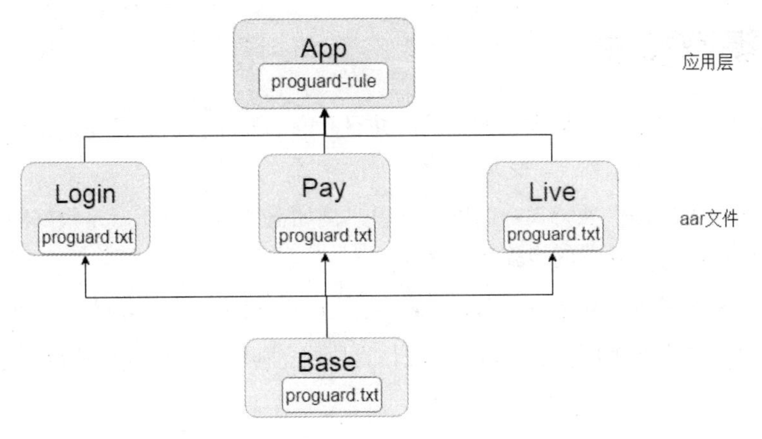

图 2-53　组件化混淆

在 aar 中添加 proguard.txt 文件，如图 2-54 所示。

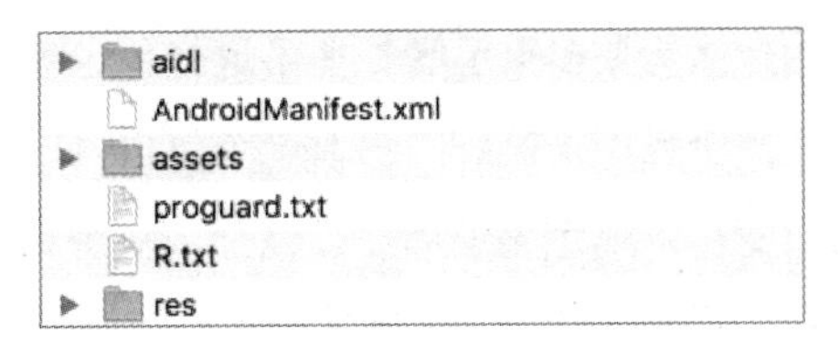

图 2-54　aar 包含 proguard.txt

consumerProguardFiles 的属性：

开源库中可以依赖此标志来指定库的混淆方式，consumerProguardFiles 属性会将*.pro 文件打包进 aar 中，库混淆时会自动使用此混淆配置文件。

需要注意的是，以 consumerProguardFiles 方式加入的混淆具有以下特性：

- porguard.txt 文件会包含在 aar 文件中；
- 这些 proguard 配置会在混淆时使用；
- 此配置针对此 aar 进行混淆配置；
- 此配置只对库文件有效，对应用程序无效。

当 Application module 将全部的代码汇总混淆的时候，Library module 会被打包为 release aar，然后被引用汇总，通过 proguard.txt 规则各自混淆，保证只混淆一次。

这里将固定的第三方库混淆放到 Base module proguard-rule.pro 中，每个 module 独有的引用库混淆放到各自的 proguard-rule.pro 中。最后在 App module 的 proguard-rule.pro 文件中放入 Android 基础属性混淆声明，例如四大组件和全局混淆（引用 Base module 基类）等一些配置。这样将可以最大限度地完成混淆解耦工作。

2.10 多渠道模块

工厂生产一种饮料，会召集大量的批发商并召开商品发布会，包括电商平台、批发平台、零售平台等。

某些平台希望工厂提供独特口味的同类饮料，例如蓝色百事可乐就是很好的例子。工厂加工这些特殊的产品，有其独特的步骤和工序。

多渠道的意思是通过不同平台发布商品，各渠道同时有多种不同版本的产品。

将开发工具看作生产工厂，让代码和资源作为原料，利用最少的代价消耗去构建不同渠道、不同版本的产品。

2.10.1 多渠道基础

这里首先要明确的是，为什么需要多渠道呢？多渠道打包也被称为批量打包。

为什么需要多渠道打包，一个包不是挺好的吗？一个包也可以发布到各个应用市场嘛！

当需要统计哪个渠道用户变多，哪个渠道用户黏性强，哪个渠道又需要更加个性化的设计时，通过 Android 系统的方法可以获取到应用版本号、版本名称、系统版本、机型等各种信息，唯独应用商店（渠道）的信息是没有办法从系统中获取到的，我们只能人为地在 apk 中添加渠道信息。那么多渠道就对用户导向的需求有着更加深刻的意义了。

多渠道打包中我们需要关注的有两件事情：

（1）将渠道信息写入 apk 文件。

（2）将 apk 中的渠道信息传输到后台。

打包必须经过签名这个步骤，而 Android 的签名有两种不同的方式。

（1）Android7.0 以前，使用 v1 签名方式，是 jar signature，源自于 JDK。

（2）Android7.0 以后，引入 v2 签名方式，是 Android 独有的 apk signature。

使用区别：

- 使用 v2 方式打包，7.0 以下版本安装失败。
- 使用 v1 方式打包，7.0 和 7.0 以下的版本都没问题。

Android Studio 可以同时选择两种签名方式，7.0 以下版本使用 v1 的签名方式，7.0 以后的版本就使用 v2 的签名方式。

下面是 apk 安装签名验证的流程，如图 2-55 所示。

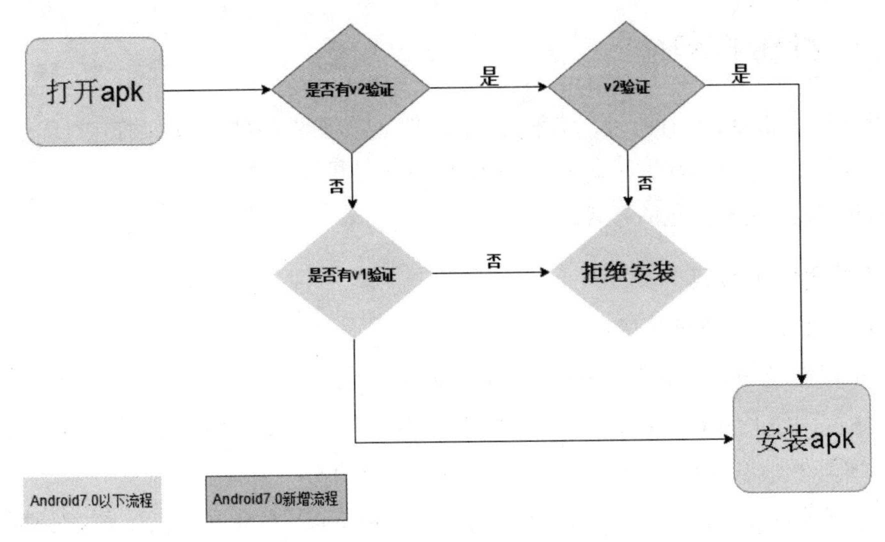

图 2-55　Android 7.0 安装验证流程

禁用 v2 签名，可以使用 Gradle 直接配置：

```
signingConfigs {
    release {
        v2SigningEnabled false
    }
}
```

原理上的差异在于 Android7.0 的签名本质。

apk 本身是 zip 格式文件。

v2 签名和之前签名的差异如图 2-56 所示。

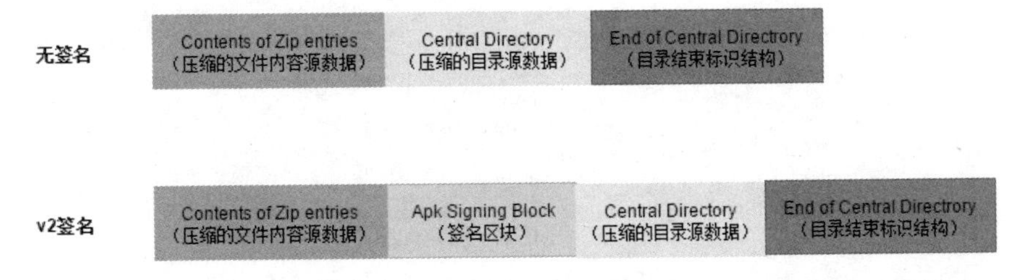

图 2-56　v1 签名和 v2 签名的对比

v2 签名与普通 zip 格式打包的不同在于普通的 zip 文件有三个区块，而 v2 签名的 apk 拥有四个区块，多出来的区块用于 v2 签名验证。如果其他三个区块被修改了，都逃不过 v2 验证，直接导致验证失败，所以这是 v2 签名比 v1 更加安全的原因。

2.10.2 批量打包

使用原生的 Gradle 进行打包，工程大，打多渠道包将非常耗时，如果打包过程中发现错误需要继续修复问题，那么速度将会倍增。因此，批量打包技术就开始盛行。

下面介绍几种批量打包的方式。

1. 使用 Python 打包

（1）下载安装 Python 环境。

这里推荐使用AndroidMultiChannelBuildTool[15]。

将 ChannelUtil.Java 代码集成到工程中，在 App 启动时获取渠道号并传送给后台（AnalyticsConfig.setChannel(ChannelUtil.getChannel(this))）。

（2）把生成好的 apk 包（项目/build/outputs/release.apk）放到 PythonTool 文件夹中。

（3）在 PythonTool/Info/channel.txt 中编辑渠道列表，以换行隔开。

（4）PythonTool 目录下有一个 MultiChannelBuildTool.py 文件，双击运行该文件，就会开始打包。完成后在 PythonTool 目录下会新出现一个 output_app-release 文件夹，里面就是打包好的渠道包了。

这里需要说明的是，使用 Python 打包只能支持 v1 的签名，无法兼容 v2 签名。

其原理是：

（1）在 META-INF 中放置一个类似 channel_xxx 的空文件来标识市场，如图 2-57 所示。

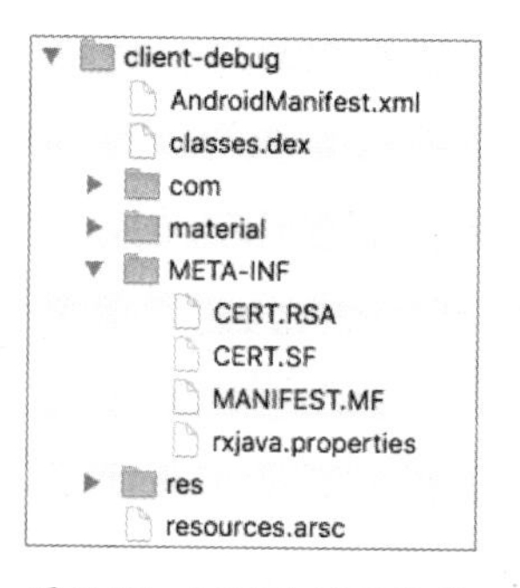

图 2-57 META-INF 配置

每打一个渠道包只需复制一个 apk，在 META-INF 中添加一个使用渠道号命名的空文件。

（2）在 Java 代码中解析这个文件名以获取渠道信息。

---

15 https://github.com/GavinCT/AndroidMultiChannelBuildTool。

```
/**
 * 从 apk 中获取版本信息
 * @param context
 * @param channelKey
 * @return
 */
private static String getChannelFromApk(Context context, String channelKey) {
    //从 apk 包中获取
    ApplicationInfo appinfo = context.getApplicationInfo();
    String sourceDir = appinfo.sourceDir;
    //注意：默认放在 meta-inf/中，所以需要再拼接一下
    String key = "META-INF/" + channelKey;
    String ret = "";
    ZipFile zipfile = null;
    try {
        zipfile = new ZipFile(sourceDir);
        Enumeration<?> entries = zipfile.entries();
        while (entries.hasMoreElements()) {
            ZipEntry entry = ((ZipEntry) entries.nextElement());
            String entryName = entry.getName();
            if (entryName.startsWith(key)) {
                ret = entryName;
                break;
            }
        }
    } catch (IOException e) {
        e.printStackTrace();
    } finally {
        if (zipfile != null) {
            try {
                zipfile.close();
            } catch (IOException e) {
                e.printStackTrace();
            }
        }
    }
    String[] split = ret.split("_");
    String channel = "";
```

```
        if (split != null && split.length >= 2) {
            channel = ret.substring(split[0].length() + 1);
        }
        return channel;
    }
```

下面介绍 Python 打包原理，如图 2-58 所示。

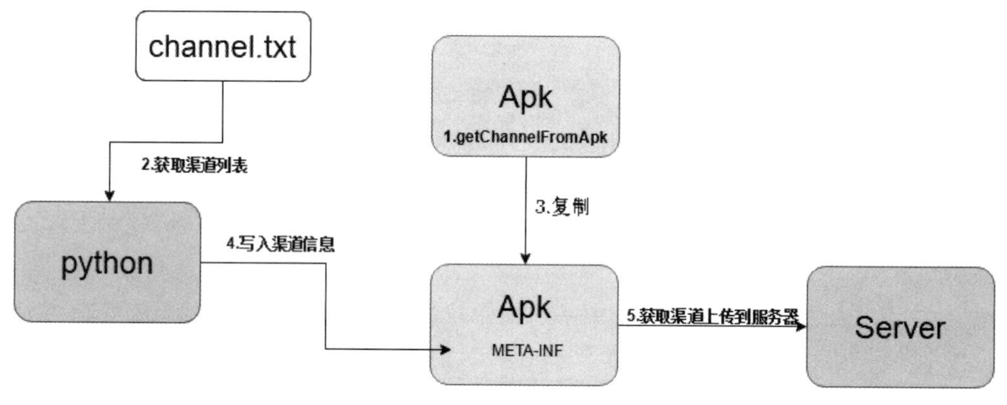

图 2-58　Python 打包原理

（1）将 ChannelUtil.Java 代码集成到工程中，在 App 启动时获取渠道号并传送给后台（AnalyticsConfig.setChannel(ChannelUtil.getChannel(this))）。

（2）在 PythonTool/Info/channel.txt 中编辑渠道列表，以换行隔开。Python 会遍历每个渠道的数据。

（3）复制一个 apk 文件并解压。

（4）以渠道信息为文件名，创建一个空文件，写入 META_INF 中。

```
    # 遍历渠道号并创建对应渠道号的 apk 文件
    for line in lines:
    # 获取当前渠道号，因为从渠道文件中获得带有\n，需要分割获取信息
    target_channel = line.strip()
    # 拼接对应渠道号的 apk target_apk = output_dir + src_apk_name + "-" +
target_channel + src_apk_extension
    # 复制并建立新 apk
     shutil.copy(src_apk, target_apk)
    # zip 获取新建立的 apk 文件
     zipped = zipfile.ZipFile(target_apk, 'a', zipfile.ZIP_DEFLATED)
    # 初始化渠道信息
```

```
    empty_channel_file = "META-INF/cztchannel_{channel}".format(channel = 
target_channel)
    # 写入渠道信息
    zipped.write(src_empty_file, empty_channel_file)
    # 关闭 zip 流
    zipped.close()
```

（5）解析这个空文件，必要时上传渠道信息到服务后台。

2. 使用官方提供的方式实现多渠道打包

（1）在 AndroidManifest.xml 中加入渠道区分标识，写入一个 meta 标签。

```
<meta-data android:name="channel" android:value="${channel}" />
```

（2）在 App 目录的 build.gradle 中配置 productFlavors。

```
productFlavors {
    qihu360 {} // 360 手机助手
    yingyongbao {} // 腾讯应用宝
    wandoujia {} // 豌豆荚
    baidu {} // 百度
    miui {} // 小米
    productFlavors.all {
      flavor -> flavor.manifestPlaceholders = [channel: name]
    }
}
```

（3）在 Android Studio Build→Generate signed apk 中可以选择设置渠道，如图 2-59 所示。

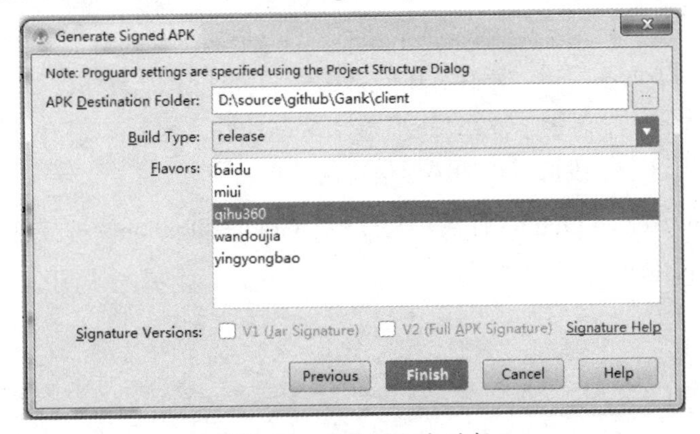

图 2-59　多渠道打包选择

这样就可以打包不同渠道的包了。

在配置了 Android Studio 左下角的 Build Variants 之后，还可以选择编译为 Debug 版本或者 Release 版本，如图 2-60 所示。

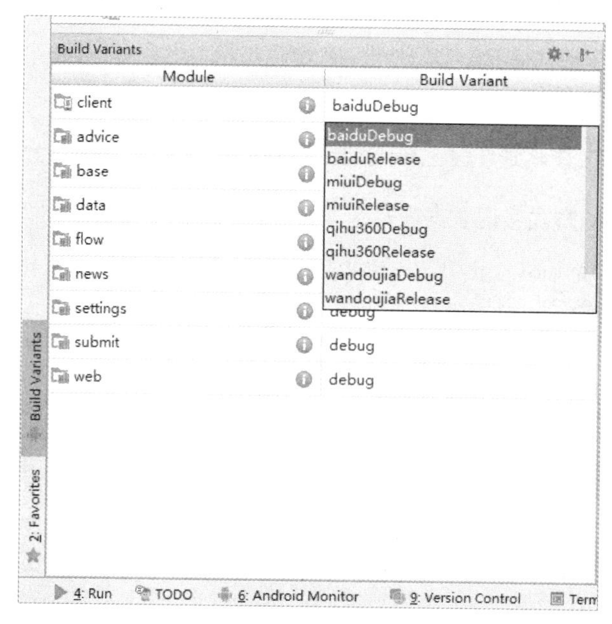

图 2-60　多渠道编译选择

一次打出全部的包，只需要使用 Gradle 命令：

```
./gradlew build //执行检查并编译打包，打出所有 Release 和 Debug 的包
```

3. 在 apk 文件后添加 zip Comment

apk 文件本质上是一个带签名信息的 zip 文件，符合 zip 文件的格式规范。在多渠道中介绍过签名的 apk 文件拥有四个区块，签名区块的末尾就是 zip 文件注释，包含 Comment Length 和 File Comment 两个字段，前者表示注释长度，后者表示注释内容，正确修改这个部分不会对 zip 文件造成破坏。利用这个字段可以添加渠道信息的数据。

这里推荐使用packer-ng-plugin[16]打包，其提供了Gradle和Python两种打包方式。

Gradle 中的核心代码：

```
//遍历渠道
```

---

[16] https://github.com/mcxiaoke/packer-ng-plugin。

```
for (String channel : channels) {
//新建apk
    File tempFile = new File(outputDir, "tmp-${channel}.apk")
    try {
        Helper.copyFile(apkFile, tempFile)
        //写渠道信息
        Bridge.writeChannel(tempFile, channel)
        //拼接apk名字
        String apkName = buildApkName(channel, tempFile, template)
        File finalFile = new File(outputDir, apkName)
        if (Bridge.verifyChannel(tempFile, channel)) {
            println("Generating: ${apkName}")
        //重命名channel
            tempFile.renameTo(finalFile)
            logger.info("Generated: ${finalFile}")
        } else {
            throw new PluginException("${channel} APK verify failed")
        }
    } catch (IOException ex) {
        throw new PluginException("${channel} APK generate failed", ex)
    } finally {
        tempFile.delete()
    }
}
```

在 Bridge.writeChannel(tempFile, channel)这个方法中，其底层会调用 PayLoadWriter 的 writeApkSigningBlock 方法改写 zip 文件的签名区块描述信息。

```
static void writeApkSigningBlock(final File apkFile, final ApkSigningBlockHandler
handler) throws IOException {
        RandomAccessFile raf = null;
        FileChannel fc = null;
        try {
            raf = new RandomAccessFile(apkFile, "rw");
            fc = raf.getChannel();
            final long commentLength = ApkUtil.findZipCommentLength(fc);
            final long centralDirStartOffset = ApkUtil.findCentralDirStartOffset
(fc, commentLength);
```

```
            // Find the APK Signing Block. The block immediately precedes the
Central Directory.
            final Pair<ByteBuffer, Long> apkSigningBlockAndOffset = ApkUtil.
findApkSigningBlock(fc, centralDirStartOffset);
            final ByteBuffer apkSigningBlock2 = apkSigningBlockAndOffset.
getFirst();
            final long apkSigningBlockOffset = apkSigningBlockAndOffset.
getSecond();

            if (centralDirStartOffset == 0 || apkSigningBlockOffset == 0) {
                throw new IOException(
                        "No APK Signature Scheme v2 block in APK Signing Block");
            }
            final Map<Integer, ByteBuffer> originIdValues = ApkUtil.findIdValues
(apkSigningBlock2);
            // Find the APK Signature Scheme v2 Block inside the APK Signing Block.
            final ByteBuffer apkSignatureSchemeV2Block = originIdValues.get
(V2Const.APK_SIGNATURE_SCHEME_V2_BLOCK_ID);

            if (apkSignatureSchemeV2Block == null) {
                throw new IOException(
                        "No APK Signature Scheme v2 block in APK Signing Block");
            }
            final ApkSigningBlock apkSigningBlock = handler.handle(originIdValues);
            // read CentralDir
            raf.seek(centralDirStartOffset);
            final byte[] centralDirBytes = new byte[(int) (fc.size() -
centralDirStartOffset)];
            raf.read(centralDirBytes);

            fc.position(apkSigningBlockOffset);

            final long length = apkSigningBlock.writeTo(raf);

            // store CentralDir
            raf.write(centralDirBytes);
            // update length
            raf.setLength(raf.getFilePointer());
```

```
        // update CentralDir Offset
        // End of central directory record (EOCD)
        // Offset     Bytes   Description[23]
        // 0           4      End of central directory signature = 0x06054b50
        // 4           2      Number of this disk
        // 6           2      Disk where central directory starts
        // 8           2      Number of central directory records on this disk
        // 10          2      Total number of central directory records
        // 12          4      Size of central directory (bytes)
        // 16          4      Offset of start of central directory, relative
to start of archive
        // 20          2      Comment length (n)
        // 22          n      Comment

        raf.seek(fc.size() - commentLength - 6);
        // 6 = 2(Comment length) + 4
        // (Offset of start of central directory, relative to start of archive)
        final ByteBuffer temp = ByteBuffer.allocate(4);
        temp.order(ByteOrder.LITTLE_ENDIAN);
        temp.putInt((int) (centralDirStartOffset + length + 8 -
(centralDirStartOffset - apkSigningBlockOffset)));
        // 8 = size of block in bytes (excluding this field) (uint64)
        temp.flip();
        raf.write(temp.array());

    } finally {
        V2Utils.close(fc);
        V2Utils.close(raf);
    }
}
```

使用代码获取渠道号，其内部最后也会调用 PayLoadWriter 解读签名区块内的渠道信息。

```
public static String getChannel(final File file) {
    try {
        return PackerCommon.readChannel(file);
    } catch (Exception e) {
```

```
        return EMPTY_STRING;
    }
}
```

获取的原理如图 2-61 所示。

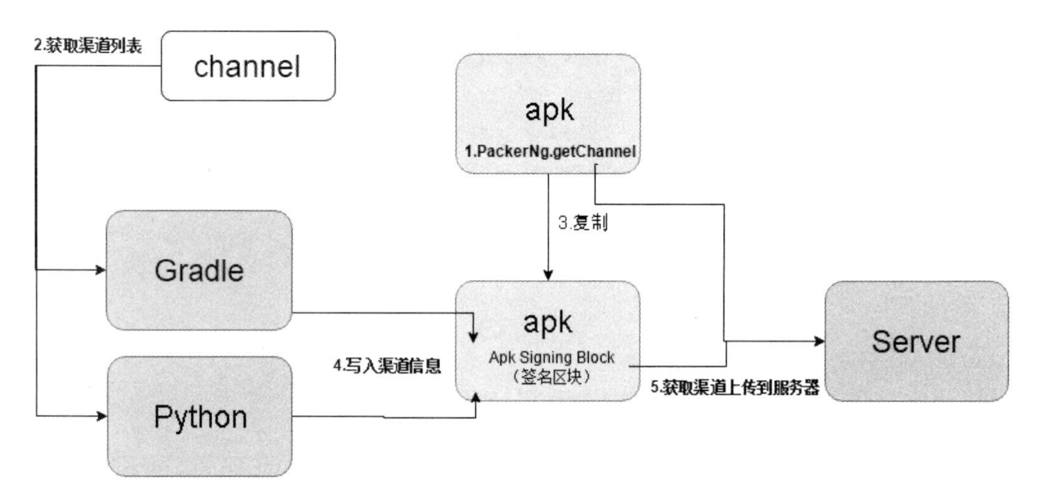

图 2-61 zip comment 打包原理

4. 美团网批量打包工具walle[17]

美团网选取的并不是 zip comment 描述，而是选择修改 v2 内容区域。这里我们要了解一下 v2 的内容区域，如图 2-62 所示。

图 2-62 签名区块

v2 签名以一组 ID-value 的形式保存在这个区块中，可以自定义一组 ID-value 并写入到这个区域。

```
    public long writeApkSigningBlock(final DataOutput dataOutput) throws IOException {
        long length = 24; // 24 = 8(size of block in bytes—same as the very first field (uint64)) + 16 (magic "APK Sig Block 42" (16 bytes))
```

---

17 https://github.com/Meituan-Dianping/walle。

```
        for (int index = 0; index < payloads.size(); ++index) {
            final ApkSigningPayload payload = payloads.get(index);
            final byte[] bytes = payload.getByteBuffer();
            length += 12 + bytes.length; // 12 = 8(uint64-length-prefixed) + 4
(ID (uint32))
        }

        ByteBuffer byteBuffer = ByteBuffer.allocate(8); // Long.BYTES
        byteBuffer.order(ByteOrder.LITTLE_ENDIAN);
        byteBuffer.putLong(length);
        byteBuffer.flip();
        dataOutput.write(byteBuffer.array());

        for (int index = 0; index < payloads.size(); ++index) {
            final ApkSigningPayload payload = payloads.get(index);
            final byte[] bytes = payload.getByteBuffer();

            byteBuffer = ByteBuffer.allocate(8); // Long.BYTES
            byteBuffer.order(ByteOrder.LITTLE_ENDIAN);
            byteBuffer.putLong(bytes.length + (8 - 4)); // Long.BYTES -
Integer.BYTES
            byteBuffer.flip();
            dataOutput.write(byteBuffer.array());

            byteBuffer = ByteBuffer.allocate(4); // Integer.BYTES
            byteBuffer.order(ByteOrder.LITTLE_ENDIAN);
            byteBuffer.putInt(payload.getId());
            byteBuffer.flip();
            dataOutput.write(byteBuffer.array());

            dataOutput.write(bytes);
        }
    ...
    }
```

获取渠道信息：

```
ChannelInfo channelInfo= WalleChannelReader.getChannelInfo
```

```
(this.getApplicationContext());if (channelInfo != null) {
      String channel = channelInfo.getChannel();
      Map<String, String> extraInfo = channelInfo.getExtraInfo();
   }// 或者直接根据 key 获取 String value = WalleChannelReader.get(context,
    // "buildtime");
```

walle 打包原理如图 2-63 所示。

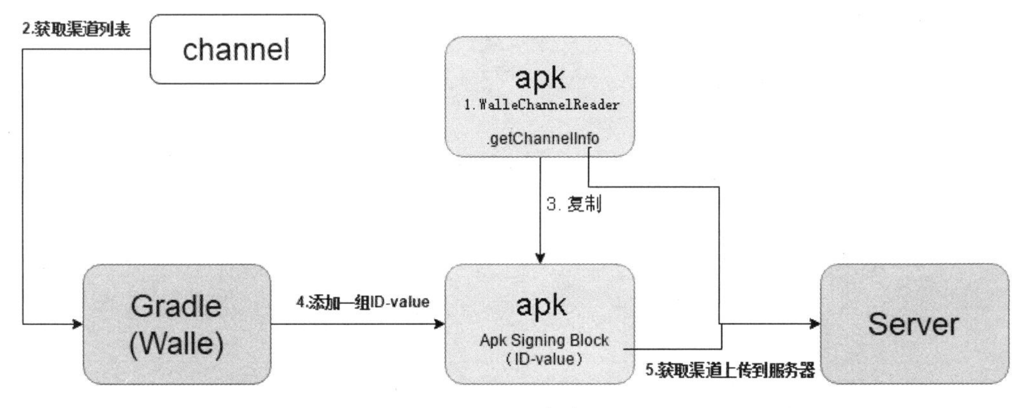

图 2-63 walle 打包原理

以上四种打包方式在速度和兼容性上，zip comment 和美团网的批量打包方式，无须重新编译，只是做解压、添加渠道信息再打包的操作，理论上 1 分钟内可以打出几百个兼容包，并且两种方式都兼容 v1 和 v2 的打包。兼容性最好的当然是原生的 Gradle 打包了，编译打包是回避不了原生打包的。Python 打包方式很早运用在批量打包上，缺点是不兼容 v2 打包，但是 packer-ng-plugin 提供了兼容 v2 的方案。

这里更重要的是要了解 apk 文件的实质、v1 和 v2 签名的差异、多渠道打包的原理。

2.10.3 多渠道模块配置

当需要生成用户端和管理端，或者个性化深度定制的 VIP App 时，又或者某些版本不需要使用百度支付、银联支付、微博分享等，我们也没必要嵌入这些模块，这样可以减少业务量和包容量。

这些个性化定制需要输出多个 App，维护和开发成本会提升。如何降低开发成本，并且合理解耦呢？

可以选择多模块的方式。

上一节介绍的 Gradle 原生的打包方式的速度比其他批量打包方式的速度慢，但是当需要多渠道或者多场景定制一些需求的时候，就必须使用原生的 Gradle 来构建 App 了。

下面使用多模块演示一个用户版本和管理版本，在根目录的 build.gradle 中编写一些属性：

```
productFlavors {
   //用户版
   client{
       manifestPlaceholders=[
              channel:"10086",      //渠道号
              verNum:"1",           //版本号
              app_name:"Gank"       //App 名
       ]
      }
    //服务版
    server{
    //设置不同的 appId
       applicationId project.ext.applicationId+'.server'
       manifestPlaceholders=[
              channel:"10087",   //渠道号
              verNum:"1",        //版本号
              app_name:"Gank 服务版"   //App 名
       ]
    }
}
dependencies {
     clientCompile project(':settings')    //引入客户版特定 module
     clientCompile project(':submit')
     serverCompile project(':server_settings')   //引入服务版特定 module
}
```

这里通过 productFlavors 属性来设置多渠道，而 manifestPlaceholders 设置不同渠道中的不同属性，这些属性需要在 AndroidMainfest 中声明才能使用。设置 xxxCompile 用来配置不同渠道需要引用的 module 文件。

这里设置为 productFlavors，Android Studio 还提供了非常好用的界面操作，如图 2-64 所示。

productFlavors 中设置了 client 和 server 两种渠道，分别提供 Debug 和 Release 两种版本的生成方式。

这里有一个小提示，点击 client 旁边的叹号按钮，会出现当前版本对其他 module 的引用。这里的引用是实时的，并且比 Project Structure 直观，依赖目录树如图 2-65 所示。

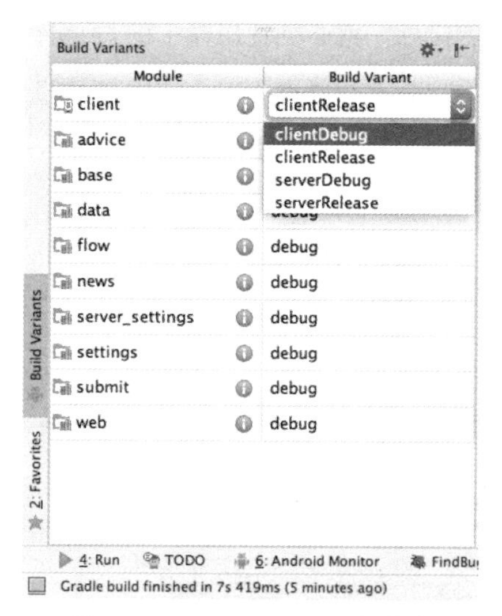

图 2-64　productFlavors 多渠道

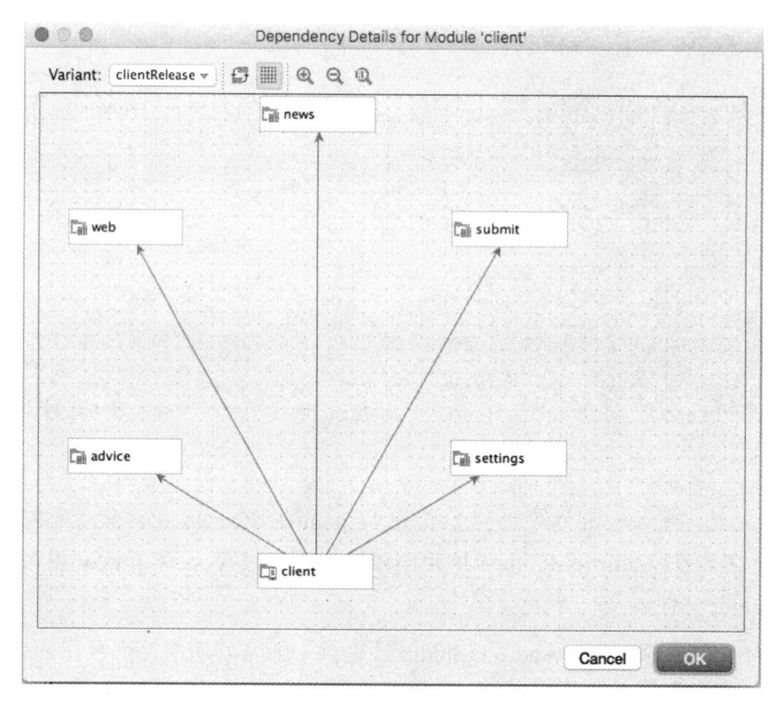

图 2-65　依赖目录树

接下来在 App module 的 AndroidManifest.xml 中声明：

```
<application
```

```
    android:name=".app.GankApplication"
    android:allowBackup="true"
    android:excludeFromRecents="true"
<!-app 名引用-->
    android:label="${app_name}"
    tools:replace="label"
    android:supportsRtl="true">
<!-版本号声明-->
    <meta-data android:name="verNum" android:value="${verNum}"/>
<!-渠道名声明-->
    <meta-data android:name="channel" android:value="${channel}"/>
    …
/>
```

android:label 属性用于更改签名，${XXX}会自动引用 manifestPlaceholders 对应 key 的值。在之前的介绍 Application 组件化中提到，最后替换的属性名需要添加 tools:replace 属性，提示编译器需要替换的属性，例如 label、style、theme 等都在其范围内。

声明 meta-data 用于某些额外自定义的属性，这些属性都可以通过代码读取包信息来获取。

```
public class AppMetaUtil {
    public static int channelNum=0;

    /**
     * 获取 meta-data 值
     * @param context
     * @param metatName  key 名
     * @return
     */
    public static Object getMetaData(Context context, String metatName){
        Object obj= null;
        try {
            if (context !=null){
                String pkgName = context.getPackageName();
                ApplicationInfo appInfo = context.getPackageManager().
getApplicationInfo(pkgName, PackageManager.GET_META_DATA);
                obj = appInfo.metaData.get(metatName);
            }
        }catch (Exception e){
```

```
            Log.e("AppMetaUtil",e.toString());
        }finally {
            return obj;
        }
    }

    /**
     * 获取渠道号
     * @param context
     * @return
     */
    public static int getChannelNum(Context context){
        if (channelNum <= 0){
            Object obj = AppMetaUtil.getMetaData(context,"channel");
            if (obj!=null && obj instanceof Integer){
                return (int)obj;
            }
        }
        return channelNum;
    }
}
```

使用 getApplicationInfo 方法来获取应用信息，然后读取 meta-data 中不同的 key 值来进一步获取渠道号。

```
/**
 * 跳转到设置页面
 */
public void navigationSettings(){
    String path = "/gank_setting";
    if (channel == 10086) {
        path +="/1";
    }else if (channel == 10087){
        path +="_server/1";
    }
    ARouter.getInstance().build(path).navigation();
}
```

这里通过获取渠道号来判定操作逻辑，实例中使用的是跳转逻辑。

使用以上方式引入 module 中的类资源，肯定是可以直接调用的。

如果需要更加完整地考虑调用规则，就必须有更优秀的解耦规则来完成多模块中相同作用的类的调用。

以上是值调用的实例，如果需要使用某个类调用，则可以直接将路径以值的形式来传递，然后使用反射的方式就能完成对象的创建。

```
productFlavors {
   client {
      manifestPlaceholders = [
            channel : "10086",  //渠道号
            verNum  : "1",      //版本号
            app_name: "Gank",   //App 名
            setting_info: "material.com.settings.SettingInfo" //设置数据文件
      ]
   }
   server {
      if (!project.ext.isLib) {
         applicationId project.ext.applicationId + '.server' //appId
      }
      manifestPlaceholders = [
            channel : "10087",   //渠道号
            verNum  : "1",       //版本号
            app_name: "Gank 服务版",   //App 名
            setting_info: "material.com.server_settings.ServerSettingInfo"
   //设置数据文件
      ]
   }
}
```

声明一个用于传递类名的 meta-data:

```
<meta-data android:name="setting_info" android:value="${setting_info}"/>
```

通过之前封装好的 setMetaData 获取需要调用的类:

```
/**
 * 获取设置信息类路径
 * @param context
```

```
     * @return
     */
    public static String getSettingInfo(Context context){
        if (settingInfo ==null){
            Object obj = AppMetaUtil.getMetaData(context,"setting_info");
            if (obj!=null && obj instanceof Integer){
                return (String)obj;
            }
        }
        return settingInfo;
    }
```

然后还需要一个公用的方法调用，可以使用接口的形式，在 Base module 中声明一个接口，在功能 module 中扩展使用。

```
public interface SettingImpl {
    void setData(String data);
}
```

在 client 和 server 中各自继承这个接口实现方法：

```
public class SettingInfo implements SettingImpl {
    @Override
    public void setData(String data) {
        //进行数据处理
    }
}

public class ServerSettingInfo implements SettingImpl {
    @Override
    public void setData(String data) {
        //进行数据处理
    }
}
```

接下来就可以在 Base module 中再次封装并获取调用方法。

```
/**
 * 全局调用设置数据接口
```

```
     * @param context 上下文
     * @param data 数据
     */
    public static void settingData(Context context,String data){
        if (getSettingInfo(context)==null){
            Log.e("AppMetautil","setting_info is not found");
        }
        try{
            Class<?> clz = Class.forName(getSettingInfo(context));
            SettingImpl impl = (SettingImpl) clz.newInstance();
            impl.setData(data);
        }catch (ClassNotFoundException e){
            Log.e("AppMetautil","getSettingInfo error ="+ e.toString());
        }catch (InstantiationException e){
            Log.e("AppMetautil","getSettingInfo error ="+ e.toString());
        }catch (IllegalAccessException e){
            Log.e("AppMetautil","getSettingInfo error ="+ e.toString());
        }
    }
```

利用反射的方式来初始化接口，把接口做成共性的调用的方式。更深层次的运用需要在实际的需求中调整。

这里可以使用的场景包括多模块定制的登录、支付与统计、统一入口封装，等等。

Context 上下文的对象可以传入 Application 为全局对象，不需要每次都传入 context 对象了。

2.11 小结

本章介绍了组件化研发的基础，以及对众多工具的运用和原理分析。

从时间和空间的角度衡量了工具的使用效率。

在架构上，除了时间和空间这两个基础维度可以影响效率，还需要添加安全维度，2.9 节介绍的混淆和 2.10 节介绍的签名，解析了安全维度的重要性。

组件化的架构方式从基础原理出发，在不同的工具领域中，需要适配不同的方式并融入到工序中。稳固架构效率的同时有效地分隔模块的独立性。

工具在进化，架构在进化，究其原因是编程者在进化。

效率和适配，这两个因素是工具选型的关键。

如何选出平衡点？

（1）选型时尽量理解可选方案和方案运行原理。

（2）评估出每个方案的效率。

（3）通过表格的方式罗列出原理、效率（时间+空间）、适配性。

（4）通过判断衡量重要性的条件得分来合计最高分项。

方案选型需要对项目有预见性的判断，判断高复用性和高可变性。

通过方案的选型，编程的实践，逐渐理解架构并培养自身思维方式和思维习惯。

第3章 组件化优化

上一章介绍了很多开源的开发工具，使用这些工具可以使开发更加高效。但是事物越是显而易见，就越容易受人忽略。一些优化设置因素和环境调整因素很容易因为没有深入了解Android运行的规则而忽略了。

从根本出发，理解整个工序流程，研究整个工序运转的原理，会对优化设置有更深刻的理解，也知道如何去优化判断事物优劣的策略，以及拓展思考事物的广度。

上一章提及效率，效率以时间和空间的结合来作为考量。将效率作为优化的对象，那么应该优化的就是时间和空间的配置。

将优化的主体再拓展，应该是人对效率的思考方式和组织方式。

人的思考方式和组织方式被优化了，就能在反复调整时间和空间的转换中找到平衡点，用更长远的眼光去探索现阶段效率的瓶颈。

工具不仅可以用于协助组织开发和提高生产效率，还可以通过工具管理生产、规范生产，甚至约束人的生产行为规则。

本章分析多个模块依赖上衍生的开发机制上的优化，以及多人协作上开发和规范的优化。

3.1 Gradle 优化

优美舒适的工作环境能提高人工作的效率。例如养一些绿色植物，放一些小饰物，调整连续工作的时间等方式，都可以让工作的环境和人的心情更加美好。对自身需求的认知，人们能够主动寻求改变并调整身边的各种环境要素。

Gradle 是 Android 项目开发环境的一部分，Android Studio 每次配置编译时都需要使用 Gradle，可以说 Gradle 是项目的构建者。本节的内容是使用 Gradle 来改善构建的质量，以适应不同的构建环境。

3.1.1 Gradle 基础

Gradle 本质上是一个自动化构建工具，使用基于 Groovy 的特定领域语言（DSL）来声明项目设置。使用 Groovy 最大的原因就是 Groovy 基本语法和 Java 一样，最大程度地适应 Java 的开发。当利用 Groovy 编写自定义插件时，语法并没太大差异，仅仅是配置机制需要调整。

Android Studio 构建工程时，就是利用 Gradle 编写的插件来加载工程配置和编译文件。

工程根目录的 build.gradle 是配置整个工程引用的 Gradle 文件，能够配置获取 Gradle 插件引用仓库的地址。

```
buildscript { //构建脚本引用
    repositories {   //插件仓库配置
        jcenter()    //JCenter 本质上是一个 Maven 仓库
    }
    dependencies {   //依赖插件
        //Google 的 Android Gradle 插件
        classpath 'com.android.tools.build:gradle:2.3.1'
    }
}

allprojects {  //全部项目的配置
    repositories {   //全部项目引用的基础仓库配置
        jcenter()
    }
}

task clean(type: Delete) {    //声明任务
```

```
        delete rootProject.buildDir     //删除主路径 buildDir 文件夹
    }
```

根目录的 build.gradle 文件会影响工程中其他模块的 build.gradle 文件的引用仓库的路径。

当创建出一个新的 module 时，每个 module 都会有一个 build.gradle 文件。以一个 Application module 为例：

```
    apply plugin: 'com.android.application'  //引入编译构建 Gradle 插件

    android {
        compileSdkVersion 25  //编译的 SDK
        buildToolsVersion "25.0.3"   //编译的工具对应版本

        defaultConfig {            //默认配置
            minSdkVersion 15       //最低支持版本
            targetSdkVersion 25    //支持的目标版本
            versionCode 1          //版本号
            versionName "1.0"      //版本名

            testInstrumentationRunner
"android.support.test.runner.AndroidJUnitRunner"  //测试脚本
        }
        buildTypes {  //构建类型
            release {   //release 版本配置
                minifyEnabled false   //不使用混淆
                proguardFiles  getDefaultProguardFile('proguard-android.txt'),
'proguard-rules.pro'   //混淆文件
            }
        }
    }
```

build.gradle 的第一行代码重点引用了构建需要用到的 Gradle 插件工具库。对比编写 Java 代码，可以理解为相当于“import”了一个 Java 工具库。

下面是需要反复阅读并深刻理解的内容。

每个 build.gradle 自身是一个 Project 对象，project.apply()会加载某个工具库到 project 对象中。

apply plugin:"xxx"的方法会将 project 对象传递入工具库，然后再通过插件中的 Groovy 文件来操作 project 对象的属性，以完善配置初始化信息。

其中 android{}和 dependencies{}是函数方程式，使用闭包函数的编写方式。如果没有理解闭包的概念，会将其理解为一个列表数据填充，其真实调用相当于 project.android(){}和 project.dependecies(){}方法。方法中会设置 project 的属性。

每个 Project 中包含很多 Task 的构建任务，每个 Task 中可以包含很多 Action 动作，每个 Action 相当于一个代码块，包含很多需要被执行的代码，如图 3-1 所示。

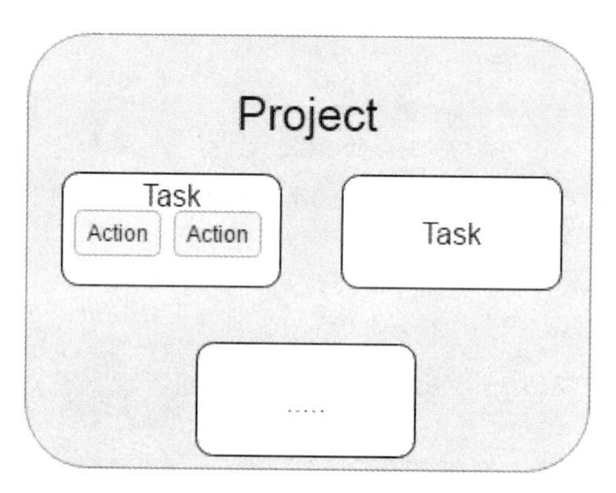

图 3-1　Project 的构成

将整个 build.gradle 看作类似于 Java 中的类文件，而不是简单的配置文件，可以更加清晰地理解其闭包函数的概念，以便修改 build.gradle 中的配置属性。

还有一个 Gradle 对 Android 工程配置的地方，是主目录中的 settings.grade 的文件。

```
include ':advice', ':base', ':app'
```

当添加一个新的 module 时，Gradle 会自动添加一个文件路径到 include 函数中。声明这些文件夹并以一个模块的形式存在，将此模块引用到 Gradle 中进行编译构建。如果移除其中一项，对应的文件夹将不会被 Gradle 插件识别，Android Studio 也不会认为此文件夹是一个 module 目录。

每个 Gradle 文件都是一个 project 对象，Gradle 管理着这个 project 对象的生命周期。

Gradle 的生命周期分为三个不同的阶段，如图 3-2 所示。

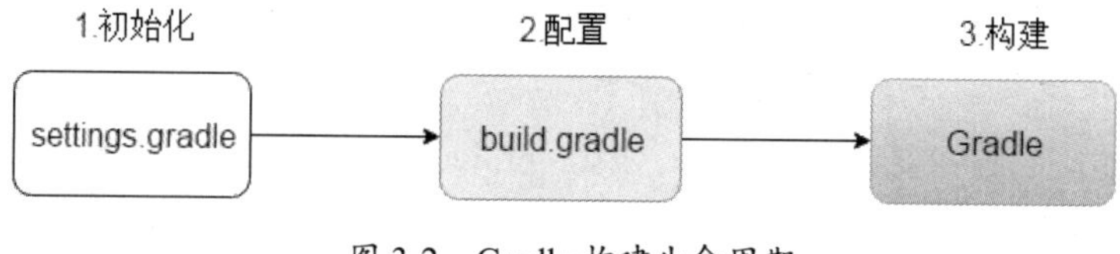

图 3-2　Gradle 构建生命周期

（1）初始化阶段会读取根目录中 setting.gradle 的 include 信息，决定哪些工程会加入构建过程，并且创建 project 实例。

（2）配置阶段会按引用树去执行所有工程的 build.gradle 脚本，配置 project 对象，一个对象由多个任务组成。此阶段也会去创建、配置 Task 及相关信息。

（3）运行阶段会根据 Gradle 命令传递过来的 Task 名称，执行相关依赖任务。

在 2.10.3 节的多渠道模块中介绍过 build.gradle 可以关联到项目中的 AndroidManifest.xml 文件的属性。

```
server{
    //设置不同的 appId
        applicationId project.ext.applicationId+'.server'
        manifestPlaceholders=[
                channel:"10087",   //渠道号
                verNum:"1",        //版本号
                app_name:"Gank 服务版"   //App 名
        ]
```

多个 AndroidManifest.xml 的合并过程通过 Gradle 的 Task 任务去完成。记录保存到 manifestPlaceholders 属性中，完成在工程中合并 AndroidManifest.xml 的任务，再覆盖掉其${}中的值。在之后介绍运行 Task 优先级时，会详细介绍 Gradle 的属性替换逻辑。

3.1.2 版本参数优化

每个 module 的 build.gradle 文件都拥有一些必要的属性，同一个 Android 工程中，在不同模块中要求这些属性一致，例如 complieSdkVersion、buildToolVersion 等。如果引用不一致，属性不会被合并引入到工程中，这样一方面会造成资源的重复、包量增大，另一方面会降低编译效率。

那么就必须有一个统一的、基础的 Gadle 配置，这里提供几种优化的方案。

第一种方式是使用共同参数的方式进行配置。

（1）创建一个 common_config.gradle 文件，如图 3-3 所示。

（2）在 common_config.gradle 中编写一些简单的变量信息。

```
project.ext {
    compileSdkVersion = 25
    buildToolsVersion = "25.0.2"
```

```
        minSdkVersion = 14
        targetSdkVersion = 25
        applicationId = "material.com.gank"
    }
```

图 3-3　comm_config 文件

project.ext 相当于一个变量类，其中属性可以看作类中的静态变量。

（3）在 module 的首行 build.gradle 中添加 common_config 文件，并通过类似引用静态变量的方式来引用属性。

```
apply from: "${rootProject.rootDir}/common_config.gradle"  //引用额外配置
apply plugin: 'com.android.application'          //Android Gradle 插件库

android {
    compileSdkVersion project.ext.compileSdkVersion
    buildToolsVersion project.ext.buildToolsVersion

    defaultConfig {
        applicationId project.ext.applicationId
        minSdkVersion project.ext.minSdkVersion
        targetSdkVersion project.ext.targetSdkVersion
...
    }
}
```

在 lib module 中也需要添加此配置，这样就可以简单地统一参数变量配置。好处在于工程中不会引用到额外的其他参数和添加额外的库，以及引用多个不同版本的 Android 工具库，可以避免增加 apk 容量。

第二种方式是使用 Android 对象配置。

因为 apply from 引用了 common_build.gradle，所以可以引用到 build.gradle 中的 Android 对象。android{}中提供了 android 这个变量，那么可以进一步简化 android{}的参数编写来简化代码。在 common_config.gradle 的 project.ext 中添加一个闭包方法来指定 project 对象的变量。

```
    setDefaultConfig = {
        extension ->   //闭包参数 extension 相当于 android 对象
            extension.compileSdkVersion compileSdkVersion
            extension.buildToolsVersion buildToolsVersion
            extension.defaultConfig {
                minSdkVersion minSdkVersion
                targetSdkVersion targetSdkVersion

                testInstrumentationRunner "android.support.test.runner.
AndroidJUnitRunner"
            }
            extension.dataBinding{
                enabled = true
            }
    }
```

然后在 build.gradle 中就可以使用 setDefaultConfig 了，类似属性设置一样，实质上是函数调用。

```
android {
    project.ext.setDefaultConfig android  //调用配置函数
   …
}
```

使用闭包函数输入 android 这个对象到函数中。如果 Base module 中引入了 Databinding，那么就必须在每个 module 中都配置 databinding 的引用，因为 databinding 是基于编译时注解的，每个模块都需要独自引入 apt 模块，无法通过 compile 引用来传递。

第三种方式是使用 project 对象配置。

上一节介绍了每个 build.gradle 都会构建出一个 Project 对象，当然也可以在函数中通过使用 project 对象来完善配置。下面是最终优化的版本：

```
//设置 App 配置
setAppDefaultConfig = {
    extension->
        //引用 Applicaiton 插件库
        extension.apply plugin: 'com.android.application'
        extension.description "app"
        setAndroidConfig extension.android
        setDependencies extension.dependencies
}

//设置 Lib 配置
setLibDefaultConfig = {
    extension ->
        extension.apply plugin: 'com.android.library'  //引用 lib 插件库
        extension.description "lib"
        setAndroidConfig extension.android
        setDependencies extension.dependencies
}

//设置 Android 配置
setAndroidConfig ={
    extension->
        extension.compileSdkVersion 25
        extension.buildToolsVersion "25.0.2"
        extension.defaultConfig {
            minSdkVersion 14
            targetSdkVersion 25

            testInstrumentationRunner "android.support.test.runner.
AndroidJUnitRunner"
            javaCompileOptions {
                annotationProcessorOptions {  //路由每个模块的名称
                    arguments = [ moduleName : extension.project.
getName() ]
                }
            }
        }
```

```
            extension.dataBinding{  //开启 databiding，可以选用
                enabled = true
            }
        }

        //设置依赖
        setDependencies = {
            extension->
                extension.compile fileTree(dir: 'libs', include: ['*.jar'])
    //每个 module 都需要引用路由的 apt 插件库才能生成相应代码，这里无须重复编写每个 module
                extension.annotationProcessor
'com.alibaba:arouter-compiler:1.1.1'
        }
    }
```

在 build.gradle 中只需要传入 project 对象到闭包函数中即可。

```
//Application module 配置
apply from: "${rootProject.rootDir}/common_config.gradle"
project.ext.setAppDefaultConfig project

/Library module 配置
apply from: "${rootProject.rootDir}/common_config.gradle"
project.ext.setLibDefaultConfig project
```

因为组件化会用到 Application module 和 Library module，所以需要分开编写共性的方法，可以为一些公用的库添加引用，例如路由参数配合、apt、databinding 库等引用。这样可以最大限度地抽取 build.gradle 的共性逻辑，减少统一修改的地方。

如果想进一步优化，就需要研究 Project 对象的函数和规则，才能解决构建配置中的各种问题。

下面介绍调试版查看编译流程和发现问题的最基础的方法，如图 3-4 所示。

这是必要的技能，在编译器出现问题后，信息板中只有极少量的 log。而在 Gradle Console 中可以完整地看到编译过程中出现的问题。

本节只简单介绍表层参数的优化，如果是更加深入的封装 Gradle 参数和 Task 运用，可以自定义 Gradle plugin（Gradle 插件）来实现。Gradle plugin 的作用是可以使用 Groovy 脚本来配置 module 中的参数，以及使用 Transform 的方法修改 class 文件，并且可以将 Gradle plugin 发布到 maven 仓库，这是进一步优化封装的方法。

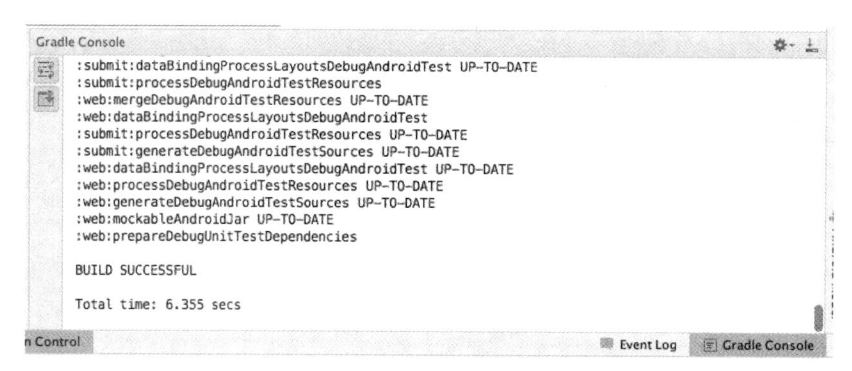

图 3-4　Gradle 调试板

3.1.3　调试优化

下面介绍组件化一大利器——业务模块调试，将单一模块做成 App 启动，然后用于调试测试。这样保证了单独模块可以分离调试。

需要变更的地方：

（1）业务模块是 Library module，独立调试需要将模块做成 Application module 才能引入 App 构建流程。

```
com.android.libraray -> com.android.application
```

上一节引入的 common_config.gradle 中，介绍了配置 Application 和 Library module 的两个函数方法。如果选用这个 Gradle 文件，只需要替换对象就可以。

（2）每个 Application 都需要配置 ApplicationId。

可以使用直接配置属性：

```
applicationId project.ext.applicationId
```

也可以在 common_config 中添加函数配置：

```
setAppDefaultConfig = {
    extension->
        …
        extension.android.defaultConfig{
            applicationId applicationId+"."+extension.getName()
        }
        …
}
```

这里的 extension.getName()相当于 project.getName()，在默认的 ApplicationId 后添加 module 名字，用于区分不同 module 产生的单独的 App。

（3）在 src 中建立 debug 文件夹，如图 3-5 所示。

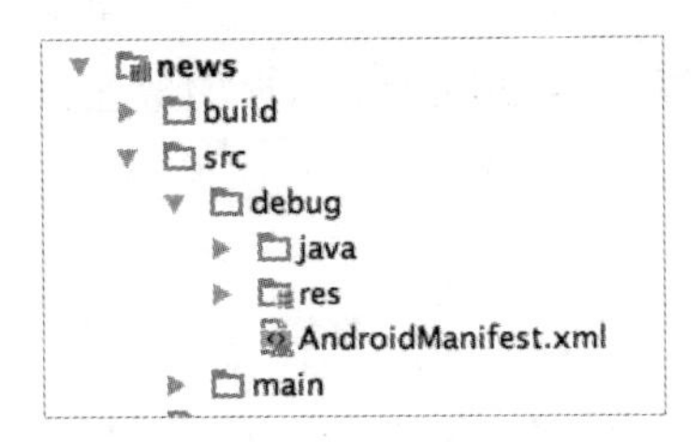

图 3-5　debug 文件夹

debug 文件夹同 main 文件夹中的目录类似，用于放置调试需要的 AndroidManifest.xml 文件、Java 文件、res 资源文件。

AndroidManifest 文件中需要设置默认启动的 Activity 文件。

```
<activity android:name=".NewsActivity"
    android:theme="@style/AppTheme.Base">
    <intent-filter>
        <action android:name="android.intent.action.MAIN" />
        <category android:name="android.intent.category.LAUNCHER" />
    </intent-filter>
</activity>
```

需要注意的是，不能给启动的 Activity 设置 Default 属性，否则会导致安装后 Activity 被启动的问题。

（4）在 common_config 中需要声明单独模块调试变量。

例如，设置一个 isNewDebug 变量。

```
project.ext {
    …
    isNewsDebug = false;
…
}
```

在模块的 build.gradle 中将变量 isNewsDebug 作为开关。

```
if (project.ext.isNewsDebug){
```

```
    project.ext.setLibDefaultConfig project  //设置 Lib 配置
}else {
    project.ext.setLibDefaultConfig project  //设置 App 配置
}
```

在 sourceSets 资源配置中，配置 AndroidManifest 的地址和 res 资源的地址：

```
sourceSets {
    main {
        if (project.ext.isNewsDebug) {
            manifest.srcFile 'src/debug/AndroidManifest.xml'
            res.srcDirs = ['src/debug/res','src/main/res']
        } else {
            manifest.srcFile 'src/main/AndroidManifest.xml'
            resources {
                //排除 Java/debug 文件夹下的所有文件
                exclude 'src/debug/*'
            }
        }
    }
```

编译构建时 Gradle 会选取 debug 内的资源。

（5）原 App module 需要移除已经单独调试的模块的依赖。

```
dependencies {
    if (!project.ext.isNewsDebug) {
        compile project(':news')
    }
}
```

调试的模块已经从 Library module 变更为 Application module，该 Application module 不能被其他 Application module 依赖，只能依赖 Library module，这是 Android Gradle 设计的规则。通过 isNewsDebug 变量开关来判断引用。

3.1.4 资源引用配置

Gradle 有多种资源引用的方式。

（1）使用 sourceSets 的方式来指定文件的路径。sourceSets 还可以指定更多的资源属性的路径。

```
sourceSets {
    main {
        manifest.srcFile 'AndroidManifest.xml'   //AndroidManifest
        java.srcDirs = ['src']                   //Java 文件路径
        resources.srcDirs = ['src']              //全部资源文件路径
        aidl.srcDirs = ['src']                   //aidl 文件路径
        renderscript.srcDirs = ['src']           //rederscript 文件路径
        res.srcDirs = ['res']                    //res 资源文件路径
        assets.srcDirs = ['assets']              //asset 资源文件路径
    }
}
```

sourceSets 可以指定不同资源引用的文件夹。[]里面是列表，可以通过“,”来分隔资源地址。

（2）可以动态添加 res 资源，在 buildtype 和 productFlavor 中定义 resValue 变量。

```
resValue "string", "app_name", "serverGank"
```

resValue 只能动态添加资源，无法替换资源。如果资源名称重复，Gradle 会提示重复定义资源。

（3）可以指定特定尺寸的资源，也可以在 buildType 和 productFlavor 中定义。

```
resConfigs "hdpi", "xhdpi", "xxhpdi"
```

（4）在 2.10.3 节中介绍过可以通过 build.gradle 定义 manifestplaceholderd 的变量，再通过 AndroidManifest 的 meta-data 的方式间接让 Java 代码读取 AndroidManifest 的变量。通过 build.gradle 编译生成的 BuildConfig 文件，可以直接让代码读取到 BuildConfig 中的值。

```
productFlavors {
    client {
        buildConfigField "String","advice_url","\"https://github.com/
cangwang\""
    }
    server {
        buildConfigField "String","advice_url","\"https://github.com/
cangwang/Gank\""
```

```
    }
}
```

编译时，在 BuildConfig 文件中可以看到添加了如下内容：

```
public final class BuildConfig {
  public static final boolean DEBUG = Boolean.parseBoolean("true");
  public static final String APPLICATION_ID = "material.com.gank";
  public static final String BUILD_TYPE = "debug";
  public static final String FLAVOR = "client";
  public static final int VERSION_CODE = 1;
  public static final String VERSION_NAME = "1.0";
  // Fields from product flavor: client
  public static final String advice_url = "https://github.com/cangwang";
}
```

BuildConfig 会默认填写一些基础属性，在基础属性的后面，会添加上面自定义的属性作为静态变量，可以看到其注释提示。

因为是编译时生成的代码，所以编译后可直接使用。

Gradle 加载优先级

Gradle 资源加载优先级别如图 3-6 所示。

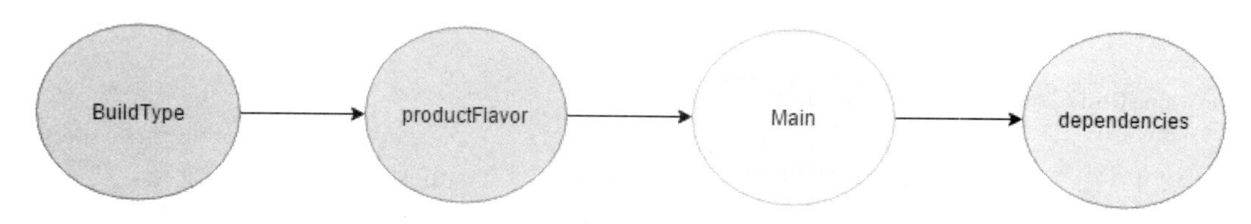

图 3-6　Gradle 资源加载优先级

在 build.gradle 中有四个函数，这四个函数决定了资源的加载优先级别，优先级是最左边为最高，越靠右边的函数优先级越低，优先级高的会在优先级低的之后合成资源。

3.1.5　Gradle 4.1 依赖特性

当升级到 Android Studio 3.0 之后，Gradle 版本也随之升级到 4.1 版本。

新建一个工程时，build.gradl 依赖方式默认变为 implementation，而不是 compile。

implementation 的作用依然是提供依赖，但有别于 compile，implementation 并不能跨模块传递依赖。这样做能很好地隐蔽内部接口的实现，保持封装的隐蔽性。implementation 依赖关系如图 3-7 所示。

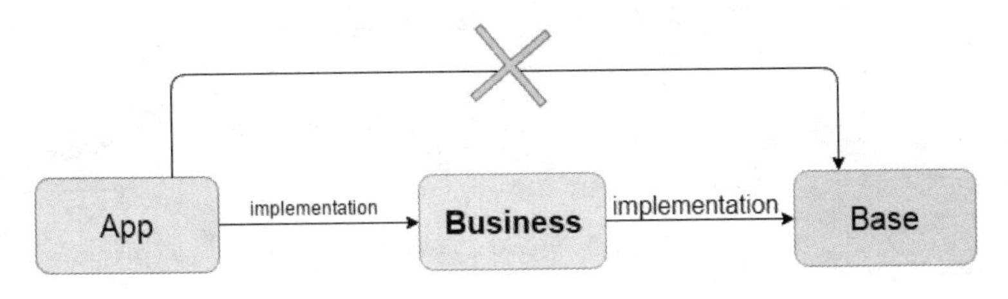

图 3-7 implementation 依赖关系

这种依赖关系优势在于，底层代码变更时不需要修改上层依赖。通过跨模块隔离完全隔离代码逻辑的依赖。新建项目后，将默认使用 implementation 的方式引入依赖。

当然，工程原来使用 Gradle 4.1 以下的版本，并不一定能够马上迁移成新的 implementation 隔离的方式。Gradle 4.1 依然提供同 compile 一样功能的引用接口，就是 API 引用，用于用户使用原有依赖逻辑，其使用方式和 compile 相同。API 依赖关系如图 3-8 所示。

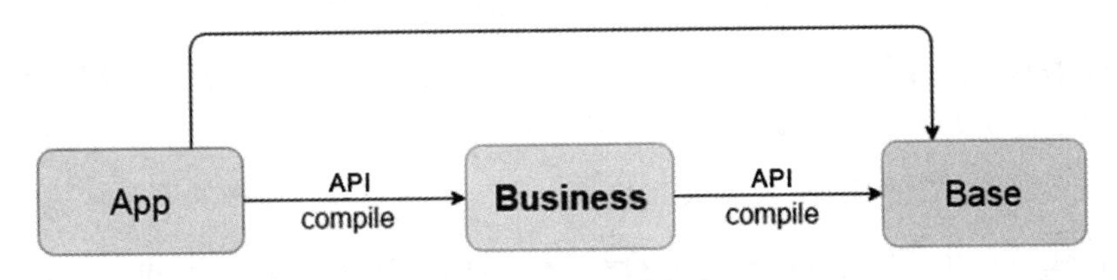

图 3-8 API 依赖关系

Gradle 4.1 对依赖函数接口做了很多的变更。

Gradle 4.1 以下版本使用 provided 依赖，4.1 版本改为 compileOnly 函数，使用方式也是一样的。

组件化中，因为 App 能随意使用 Base module 的接口方法，在 Base module 中建议使用 API 依赖第三方的库，而在 Business 业务模块中依赖时也使用 API 的方式。虽然这样牺牲了编译速度，但是省却一部分的调用封装，也能保证兼容 Gradle 4.1 以下的组件化项目。

如果要完全做到 App 和 Base module 之间的解耦，需要定制一个独立给 App 提供底层支持的接口 module，其功能是封装基础的 base 接口给 App module 使用。

Gradle 4.1 组件化依赖如图 3-9 所示。

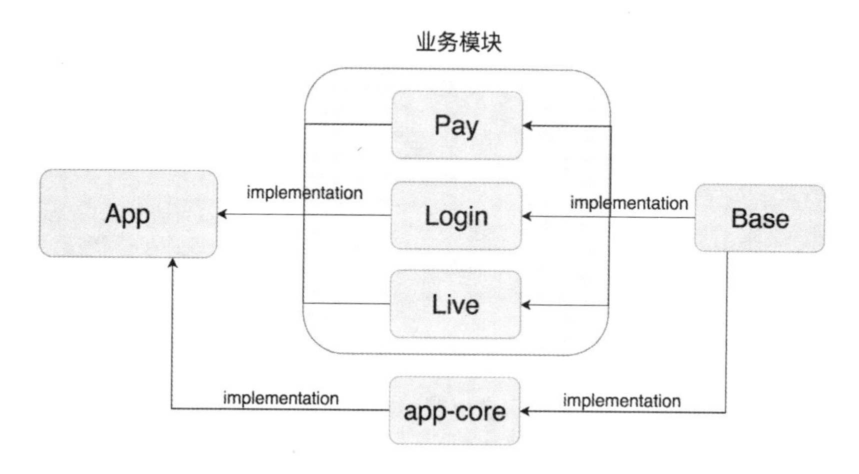

图 3-9 Gradle 4.1 组件化依赖

3.2 Git 组件化部署

在玩策略游戏时，你和陌生人组队，如果不了解同伴采取的战斗策略，就只能各自为战。那么有没有办法能更好地统筹战队，让每个人都各司其职呢？

这时就需要管理机制和策略平台，Git 就相当于一个统筹项目管理的平台。

使用组件化多人开发时，选择 Git 可以快捷完成部署，它背后的 GitHub 是世界上最大的开源项目平台。

3.2.1 submodule 子模块

Git 模块框架的优势：

- 用文件系统将代码隔离。
- 功能模块可以独立编译，并且最终聚合编译。
- 可以自由组合自己需要的模块。
- 编译速度加快。

Git 环境

进入Git官网[1]，下载一个Git客户端。

[1] https://git-scm.com/downloads。

安装客户端，注意一定要选择安装 Git Bash，如图 3-10 所示。

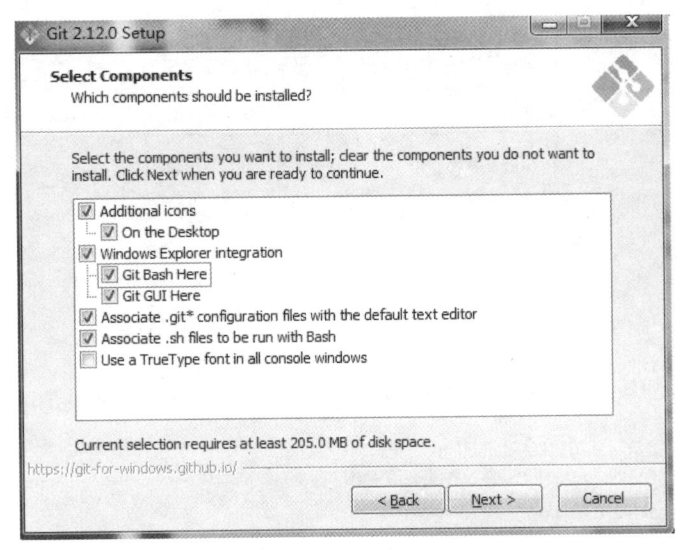

图 3-10　安装 Git

然后一直点击“Next”进行安装，最后在桌面上可以看到 Git Bash，安装完成，如图 3-11 所示。

图 3-11　Git Bash

本地 Git 账号验证和服务器验证需要读者自行配置，这里就不介绍了。

Submodule 结构如图 3-12 所示。

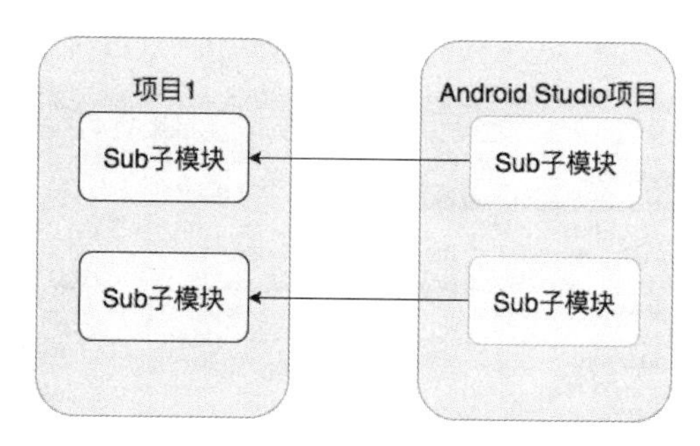

图 3-12　submodule 结构

创建子模块

这里以 GitHub 为例，当然本地使用 Git 服务器创建一个项目目录也是可以的。

创建一个项目仓库，如图 3-13 所示。

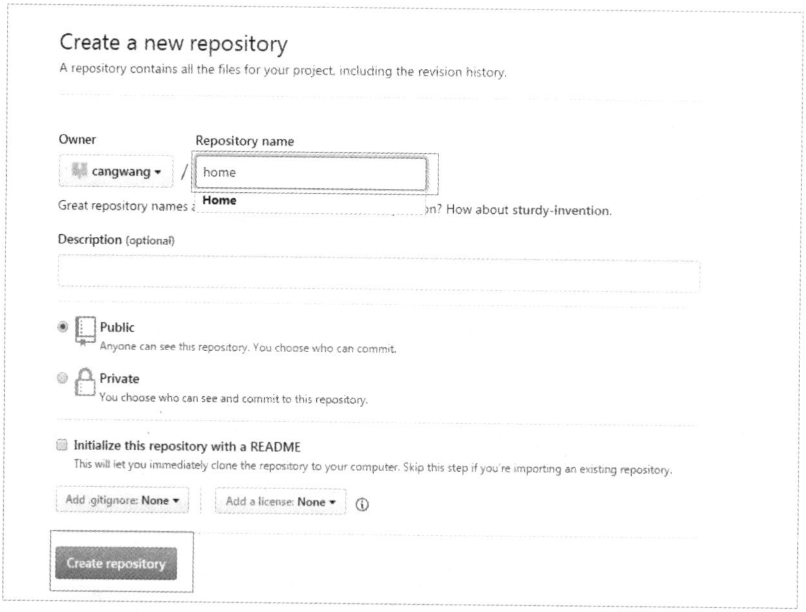

Create a new repository
A repository contains all the files for your project, including the revision history.

Owner　Repository name
cangwang ▾ / home
Home
Great repository names a... ...n? How about sturdy-invention.

Description (optional)

Public
Anyone can see this repository. You choose who can commit.

Private
You choose who can see and commit to this repository.

Initialize this repository with a README
This will let you immediately clone the repository to your computer. Skip this step if you're importing an existing repository.

Add .gitignore: None ▾　Add a license: None ▾

Create repository

图 3-13　新建仓库项目

在 Git Bash 工具中使用 Git 命令打开目录。

这里的 Gank（sub）是主工程，相当于 App module，应该在 GitHub 上配置此项目。

添加子模块到 Gank（sub）项目中可使用如下命令：

```
git submodule add 需要依赖的 module 的 Git 地址
```

例如，git submodule add https://github.com/cangwang/home。

Git 会在 Gank 文件夹中将指定的项目仓库的内容复制到本地，并且会有一个.gitmodules 文件记录存储的 submodule 的情况，如图 3-14 所示。

名称	修改日期	类型	大小
.git	2017/6/14 12:45	文件夹	
.gradle	2017/6/13 20:39	文件夹	
.idea	2017/6/14 12:43	文件夹	
advice	2017/6/14 11:40	文件夹	
base	2017/6/14 11:40	文件夹	
build	2017/6/14 11:39	文件夹	
client	2017/6/14 11:40	文件夹	
gradle	2017/6/13 20:27	文件夹	
home	2017/6/13 20:38	文件夹	
news	2017/6/14 11:40	文件夹	
settings	2017/6/14 11:40	文件夹	
submit	2017/6/14 11:40	文件夹	
web	2017/6/14 11:40	文件夹	
.gitattributes	2017/6/13 20:27	文本文档	1 KB
.gitignore	2017/6/14 11:42	文本文档	1 KB
.gitmodules	2017/6/13 21:03	文本文档	1 KB
build.gradle	2017/6/13 20:27	GRADLE 文件	1 KB
common_config.gradle	2017/6/13 20:27	GRADLE 文件	1 KB
Gank.iml	2017/6/13 20:39	IML 文件	1 KB
gradle.properties	2017/6/13 20:27	PROPERTIES 文件	1 KB
gradlew	2017/6/13 20:27	文件	6 KB
gradlew.bat	2017/6/13 20:27	Windows 批处理...	3 KB
local.properties	2017/6/13 20:27	PROPERTIES 文件	1 KB
settings.gradle	2017/6/13 20:27	GRADLE 文件	1 KB

图 3-14　submodule 的目录

gitmodule 文件会保存每个 submodule 的一些信息，如图 3-15 所示。

```
[submodule "home"]
	path = home
	url = https://github.com/cangwang/home
```

图 3-15　submodule 的信息

这样就可以将业务 module 以 submodule 的形式引用到工程中。

在 Git Bash 中使用 git commit 或者 git push 命令就能提交。注意，使用 git commit 必须填写描述信息，使用 git push 可以直接提交，如图 3-16 所示。

```
Administrator@YY-20140928UMNL MINGW64 /d/source/github/Gank (sub)
$ git push
Counting objects: 3, done.
Delta compression using up to 4 threads.
Compressing objects: 100% (3/3), done.
Writing objects: 100% (3/3), 635 bytes | 0 bytes/s, done.
Total 3 (delta 1), reused 0 (delta 0)
remote: Resolving deltas: 100% (1/1), completed with 1 local object.
To https://github.com/cangwang/Gank.git
   c79edb4..e7f7051  sub -> sub
```

图 3-16　git push 命令

在GitHub上，子模块文件夹的显示和其他文件夹是有区别的。在主项目中，点击子模块会跳转到子模块的网页链接[2]，如图 3-17 所示。

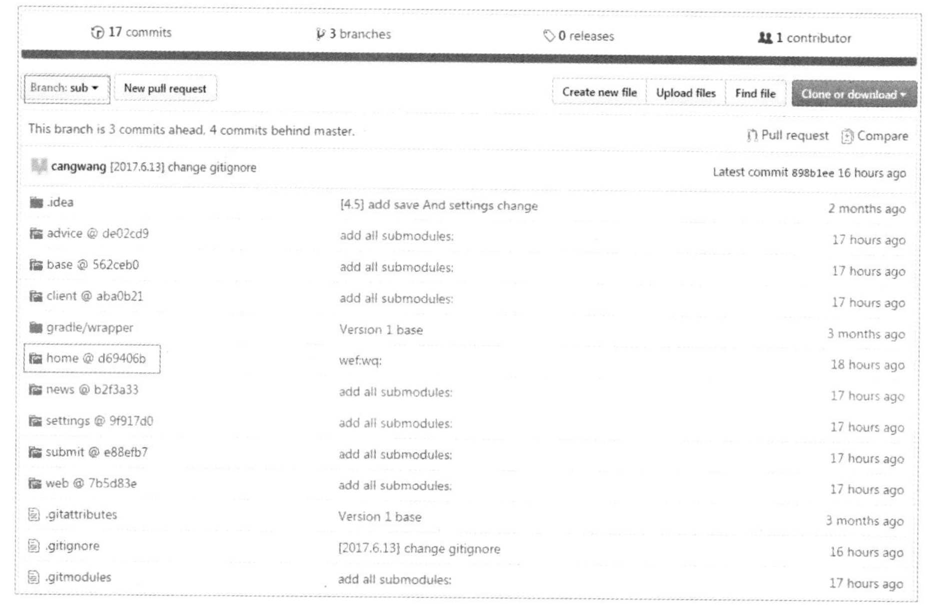

图 3-17 GitHub 目录

子模块配置

首先创建一个本地的 Android 项目。

使用 Git Bash 下载子模块的项目到本地 Android 项目的主目录中，如图 3-18 所示。

图 3-18 home 模块开发目录

---

[2] https://github.com/cangwang/Gank/tree/sub。

将 Library module 的代码复制到本地子模块目录中，如图 3-19 所示。

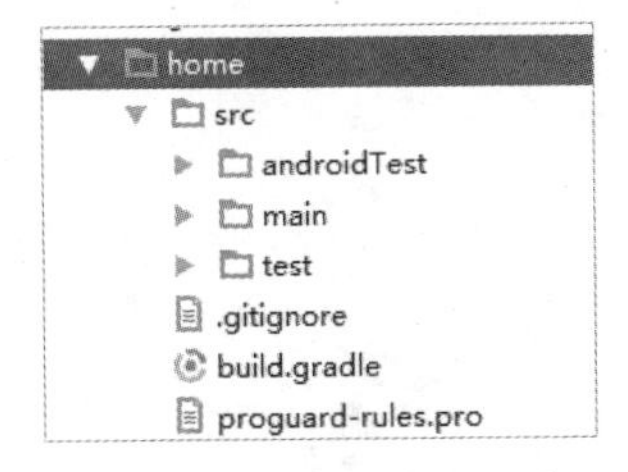

图 3-19　home 模块目录

将子模块作为 Library module 配置到 setting.gradle 中，如图 3-20 所示。

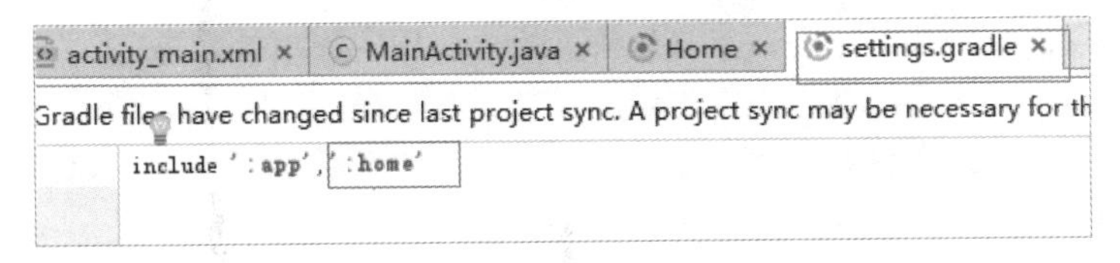

图 3-20　设置引用模块

功能模块需要依赖于 base 模块，需要重复以上 Git 的操作来引入 base 模块，如图 3-21 所示。

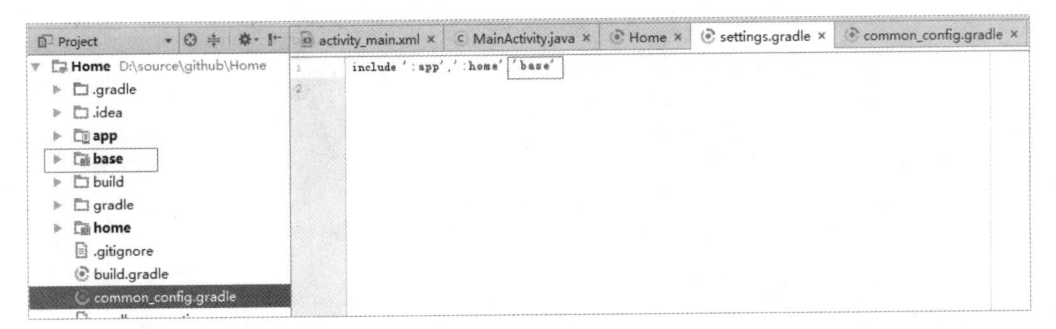

图 3-21　引用 base 模块

在 Git Bash 中使用 git clone 命令复制 base 模块到子模块的工程中，如图 3-22 所示。

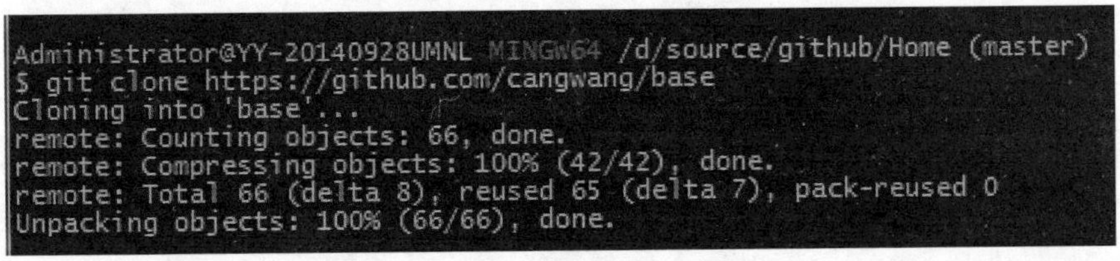

```
Administrator@YY-20140928UMNL MINGW64 /d/source/github/Home (master)
$ git clone https://github.com/cangwang/base
Cloning into 'base'...
remote: Counting objects: 66, done.
remote: Compressing objects: 100% (42/42), done.
remote: Total 66 (delta 8), reused 65 (delta 7), pack-reused 0
Unpacking objects: 100% (66/66), done.
```

图 3-22　git clone 操作

结合 3.1 节中 Gradle 优化所介绍的配置内容，业务模块就可以作为单一的功能模块来进行开发。

当主工程中需要更新最新代码时可使用如下命令：

```
git submodule update
```

因为有缓存的存在，所以并不一定能更新成功。可以使用以下命令直接从远端检测每个子模块的代码并重新全部获取代码。

```
git submodule update -remote
```

工程同步

第一次下载带有子模块的工程，子模块中并没有代码，如图 3-23 所示。

图 3-23　工程索引

需要使用 Git 命令拉取各个工程的代码：

```
git submodule update -init -resursive
```

有可能提示错误：

```
Plugins Suggestion
Unknown  features  (Run  Configuration[AndroidRunConfigurationType],
```

```
Facet[android, android-gradle]) covered by disabled plugin detected. Enable
plugins... Ignore Unknown Features
```

这是因为 Android Support 没有被勾选导致的，勾选一下重启 Android Studio 即可：File→Setting→Plugins，勾选 Android Support，点击 Apply，然后重启。

注意事项

（1）需要完全删除子模块，并且重新拉取代码时，使用下面两句代码：

```
git rm -r -cached 子模块名称
rm -rf .git/modules/子模块名称
```

如果不使用此命令，拉取的代码依然是本地 Git 仓库缓存的内容。

（2）当切换分支时，可以使用 Git Bash 命令。

```
git checkout 分支名字
```

切换前一定要将额外的修改提交完毕，才能切换成功。

（3）Android Studio 和 Git 的机制决定了使用 git submodule 命令“add”地址时，Git 项目是一个完整的项目，才能“add”到指定的项目中。不能只“add”某个项目的文件夹。

（4）额外配置 xxx.gradle、gradle.properties 文件有两种方式：

- 使用特殊代码手动提交到总工程。
- 在 Base module 中编写通用的 xxx.gradle、gradle.properties，各个子模块配置各自的 build.gradle、gradle.properties 时，需要引用 Base module 中通用的文件。

（5）如果多个子模块之间存在关联性，那么就可以同时使用一个 Android Studio 工程复制其他子模块到工程中，然后进行业务关联开发。如果业务代码更新，则需要使用 update 命令。

3.2.2 subtree

使用 submodule 的形式管理模块能够更好地管理业务逻辑和代码解耦。但是 submodule 也有不灵活的地方，代码同步只能是单向的，从子模块同步到主项目。Git 在之后提供了 subtree 的管理机制。

submodule 和 subtree 的操作对比

submodule

- 允许仓库以 commit 的形式嵌入到其他仓库的子目录中。

- 仓库复制需要 init 和 update。
- 使用.gitmodule 文件记录 submodule 的版本信息。
- 因为 git submodule 有缓存信息等问题，删除时会比较麻烦。
- 下载一个包含 submodule 的工程时，submodule 代码可能不存在。

subtree

- 不存在上面所说 submodule 的问题。
- Subtree 使用 merge 合并的形式来嵌入到项目中，相当于文件夹嵌入到项目中。
- 如果子项目中有修改，submodule 需要调用 init 和 update 命令来更新仓库。如果忘记“update”而直接“add”，就会出问题。
- 支持 1.5.2 以上的 Git 版本。

subtree 的结构如图 3-24 所示。

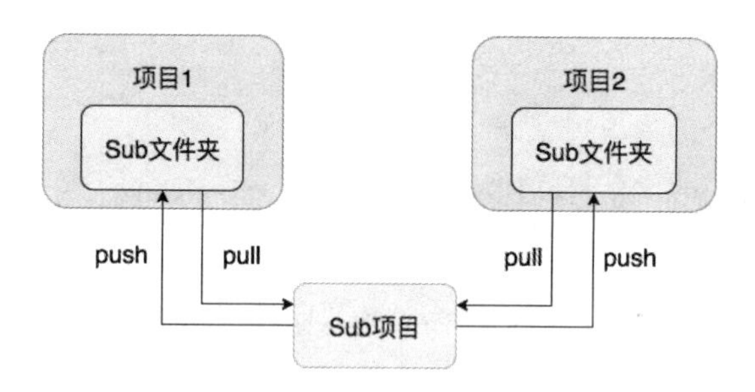

图 3-24　subtree 结构

举一个Gank的tree分支[3]的例子来简要说明。

1. 关联 subtree

参照图 3-24 的逻辑，使用以下命令来关联 subtree：

```
cd 项目 1 的路径
git checkout 项目分支名
git subtree add -prefix=<Sub 项目的相对路径> <Sub 项目的 git 地址> <分支> --squash
```

Sub 项目的相对路径是在项目 1 中指定的，或者新建一个文件夹，用于关联 Sub 项目的代码。

分支需要填写 master，意思是提交当前项目 1 的当前分支。

[3] https://github.com/cangwang/Gank/tree/tree。

--squash 的意思是把 subtree 的改动合并成一次 commit，这样就不用拉取子项目完整的历史记录。--prefix 之后的=（等号）可以用空格代替。

如果需要关联其他 Sub 项目，需要先使用 git commit 命令来提交代码。

```
git commit -a -m "提交描述信息"
```

2. 更新代码

项目 1、项目 2 提交时使用 commit 命令。

3. 提交更改子项目

在项目 1、项目 2 的路径中使用如下命令：

```
git subtree push -prefix=<Sub 项目的相对路径> <Sub 项目的个\Git 地址> <分支>
```

Git 会遍历步骤 2 中提交的所有 commit，然后找出针对 Sub 项目的更改，将更改记录提交到 Sub 项目的 Git 服务器上，并保留步骤 2 中相关的提交记录到 Sub 仓库中。

Sub 项目的 Git 地址一定要带上.git 仓库后缀，网页地址读取时是不会带有.git 的仓库后缀的。

4. 更新其他项目

在项目 2（其他项目）的路径中使用以下更新命令：

```
git subtree pull -prefix=<Sub 项目的相对路径> <Sub 项目 Git 地址> <分支> --squash
```

5. 组件化设计

组件化 subtree 结构如图 3-25 所示。

App 主项目应该拥有全部子模块项目。子模块开发的独立项目需要拥有 base 模块和相应的子模块项目，因为它们有依赖关系。

因为 subtree 是双向关联的，修改时，代码同步分为三个阶段：

提交子模块开发的项目代码→代码同步到子项目模块→代码同步到其他项目中。

subtree 提交和同步机制也是比较安全的。但是出于代码的严谨性考量，submodule 的单向管理更加严谨，其使用顺序是先在子模块中提交，其他项目再手动更新。

subtree 可以双向提交，在项目或子项目中，其提交都可以同步进行。当项目已经到达主工程发版阶段时，小的修改可以直接在主项目中先修改，延迟到项目发布后再同步到子项目中。

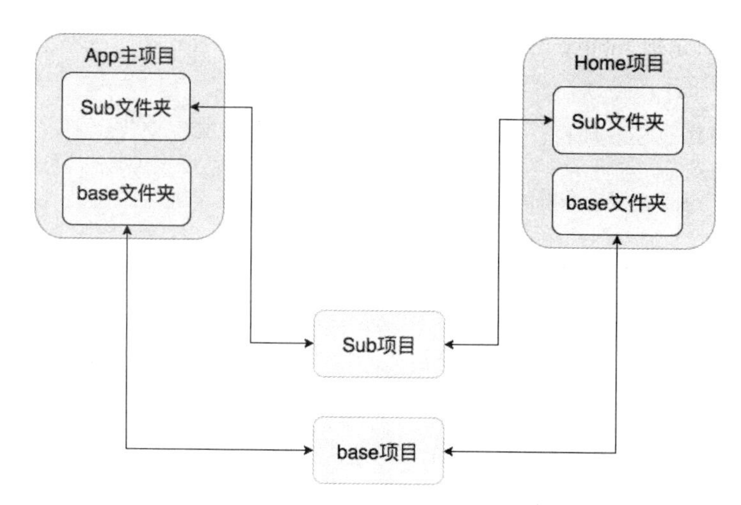

图 3-25 组件化 subtree 结构

使用 submodule，其修改是单向的，修改目录后是单向提交的代码，只能在子模块中修改后，再同步到主分支。

3.3 小结

改善工作环境是为了调整人的状态。人的状态提升了，效率也会提升。调整项目中的开发环境，对工程开发结构进行深入调整，通过结构的调整来解决项目中代码解耦后遇到的问题。

Git 组件化机制为多人协作提供了环境基础，可以使开发人员更好地考虑业务的解耦度和项目稳定性。Git 组件化是从子模块的角度来规范开发行为，进而改变人对开发规范的思考。

优化并不适用于全部场景，熟悉项目的量级、代码规范、工程结构、人员配置，才能在实际环境条件下选择适用的开发和优化方式。

项目优化的过程：

（1）明确优化的对象。

（2）分解对象的特征和内容。

（3）收集问题和解决方案。

第 4 章 组件化编译

各种 App 在带给人们便利和快乐的同时，还可以让使用者节省生活成本，比如共享单车，其实质就是让人们用更低的成本节省更多的时间，带来更好的体验。但是软件开发人员的时间也是很宝贵的，如何为软件开发人员节省更多的研发时间呢？

在软件研发过程中，耗费最多时间的并不是编写代码，而是代码编译和代码不断调试的过程。

软件调试试错的时间是低廉又昂贵的。低廉是指它对于现实消耗和整个用户群体来说，试错的时间成本和代价非常小。昂贵是指编译过程至少占用了项目研发一半以上的时间，随着工程越来越大，其消耗的时间会越来越长。

在之前章节中不断提及时间和空间是优化效率的关键，运算时间转化为空间的优化，或者利用更大的空间缓存降低优化再次运算时间的消耗。

在高中学习物理的时候，学习了串联和并联的电路原理，可以参考并联串联的思想来进行优化。将存在先后顺序的事件采取串联的策略进行处理，对于非关联性的事件使用并联的方式进行处理，这就是优化处理的高效策略之一，也是空间换取时间的策略之一。

生产过一次的成品，尽量复用，这是内容缓存的策略，也是空间换取时间的另一种高效的策略机制。

在应用环境中，应该正确理解时间和空间相互转化的条件，并且选择适合生产环境的软件算法。

更大程度的优化是引用外界低成本的高效运算资源和低成本的缓存空间策略。

深入分析时间和空间的维度，需要不断地思考选择优化对象的粒度。

引入粒度的概念，用不同粒度来看待物体的外观和构造，剖析其原理，才能找到更好的策略优化。

4.1 Gradle 编译

上一章介绍了 Gradle 的使用基础。Gradle 本质上是一个 Android Studio 的自动化构建工具，每个 module 中的 Project 对象在编译时会运行内部所有的构建 Task。

Gradle 就如工厂合成产品的工具一样，很大程度上已经制定了基本流程，但是生产时总有不同的问题，比如需要配置不同的原料（Gradle 参数），加入特定的工序（加入 Task 任务）等。

4.1.1 Android 基础编译流程

Android 工程的构建打包是一个非常复杂的流程，涉及工程源代码、资源文件、AIDL 文件，以及工程所依赖的库文件的编译转换。

官方提供的构建流程[1]如图 4-1 所示。

图 4-1 介绍了编译打包的四个流程。但很多详细的步骤并没有介绍，并且 Android Studio 引入 module 结构后，其编译流程有了很大的变化。

介绍一下编译构建的四个步骤：

代码编译 → 代码合成 → 资源打包 → 签名和对齐

（1）Java 编译器对工程的代码资源进行编译，代码资源包括 App 的源代码、apt 编译生成的 R 文件和 AIDL 文件生成的 Java 接口文件。通过 Java 编译器编译生成 xxx.class 文件。

---

[1] https://developer.android.com/studio/build/index.html?hl=zh-cn。

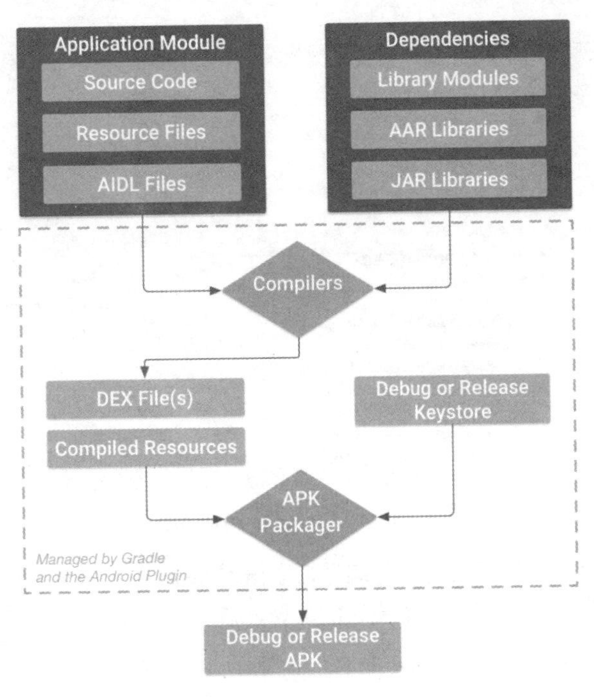

图 4-1　编译流程

（2）通过 dex 工具，将 xxx.class 文件和工程依赖的第三方库文件生成虚拟机可执行的.dex 文件，如果使用了 MultiDex，会产生多个 dex 文件，包含编译后的所有 class 文件，也包括自身的.class 文件和依赖库的.class 文件。

（3）apkbuilder 工具将.dex 文件、apt 编译后的资源文件、依赖中的第三方库内的资源文件打包生成签名对齐的 apk 文件。

（4）使用 Jarsigner 和 Zipalign 对文件进行签名和对齐操作，最终生成 apk 文件。

通过 Gradle 工具可以看到每个运行的 Task 的情况，还可以看到 Gradle 编译的流程，详细地显示出每个任务的 Task 耗时，如图 4-2 所示。

- Run init scripts：初始化描述。
- Configure settings：检查 settings.gradle 的模块配置。
- Configure build：检查 build.gradle 中引入的 classpath。
- Calculate task graph：计算出每个模块的依赖。
- Run tasks：开始构建任务。

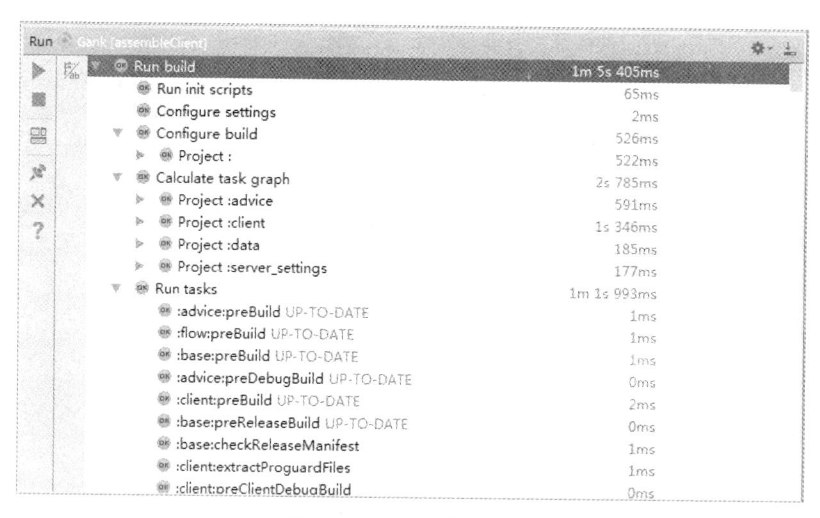

图 4-2　Gradle 编译流程

在组件化编译时，如果开启了并行编译，会出现 tasks 任务被并行操作的情况，图 4-2 中显示的顺序是乱的。如果需要查看每个模块的编译步骤，可以调整为不开启并行编译。

以下是 Gradle 编译一个 App module Debug 版的 Task 链。

```
:app:preBuild                        //开始预编译
:app:preDebugBuild                   //开始 Debug 版本与编译
:app:checkDebugManifest              //开始检查 AndroidManifest
:app:prepareDebugDependencies        //检查 Debug 版本的依赖
:app:compileDebugAidl                //编译 Debug 版本的 AIDL 文件
:app:compileDebugRenderscript        //编译 Rednderscript 文件
:app:generateDebugBuildConfig        //生成 BuildConfig 文件
:app:generateDebugAssets             //生成 Assets 文件到文件夹
:app:mergeDebugAssets                //合并 Assets 文件
:app:generateDebugResValues          //生成 res value 文件
:app:generateDebugResources          //生成 resource 文件
:app:mergeDebugResources             //合并 resource 文件
:app:processDebugManifest            //处理 AndroidManifest 文件
:app:processDebugResources           //处理 resource 文件
:app:generateDebugSources            //合成资源文件
:app:compileDebugJavaWithJavac       //使用 Javac 编译 Java 文件
:app:compileDebugNdk                 //NDK 编译
:app:compileDebugSources             //编译资源文件
:app:transformClassesWithDexForDebug        //将.class 文件转换成.dex 文件
```

```
:app:mergeDebugJniLibFolders                    //合并 JNI 文件夹
:app:transformNative_libsWithMergeJniLibsForDebug //转换 JNI 文件
:app:processDebugJavaRes                        //处理 Java 资源
:app:transformResourcesWithMergeJavaResForDebug   //转换 Java 资源文件
:app:validateDebugSigning                       //验证签名
:app:packageDebug                               //打包
:app:zipalignDebug                              //zip 压缩
:app:assembleDebug                              //完成
```

如果想要查看Task的依赖树，这里推荐使用一个Gradle框架gradle-task-tree[2]，需要配置根目录的build.gradle：

```
buildscript {
    repositories {
        maven {
            url "https://plugins.gradle.org/m2/"
        }
    }
    dependencies {
        classpath 'com.android.tools.build:gradle:2.3.1'
        classpath "gradle.plugin.com.dorongold.plugins:task-tree:1.3"
    }
}

allprojects {
    apply plugin: "com.dorongold.task-tree"
}
```

配置完成后，在 Teminal 中使用 Gradle 命令：

```
gradle assembleDebug taskTree --no-repeat
```

这个命令会在 Teminal 中打印出 Task 的依赖树，如图 4-3 所示。

[2] https://github.com/dorongold/gradle-task-tree。

```
Terminal
|    \--- :page_view:transformNativeLibsWithSyncJniLibsForDebug
|         \--- :page_view:transformNativeLibsWithStripDebugSymbolForDebug
|              +--- :annotation:jar *
|              +--- :base:bundleRelease *
|              +--- :core:bundleRelease *
|              +--- :page_view:prepareDebugDependencies *
|              \--- :page_view:transformNativeLibsWithMergeJniLibsForDebug
|                   +--- :page_view:compileDebugNdk *
|                   \--- :page_view:mergeDebugJniLibFolders
|                        +--- :page_view:generateDebugAssets *
|                        \--- :page_view:prepareDebugDependencies *
\--- :page_view:compileDebugSources
     +--- :page_view:compileDebugJavaWithJavac *
     \--- :page_view:compileDebugNdk *
```

图 4-3　Task 依赖树

需要注意以下几点：

（1）一定要使用--no-repeat，不然会一直重复打印。

（2）Gradle 配置需要 3.3 版本以上。

（3）工程中全部引用的 module 都需要配置 apply plugin: "com.dorongold.task-tree"。

这里提供了另外一个可视化工具gradle-visteg[3]，在根目录的build.gradle中配置如下代码：

```
buildscript {
    repositories {
        jcenter()
    }
    dependencies {
        classpath 'cz.malohlava:visteg:1.0.3'
    }
}

allprojects {
    apply plugin: 'cz.malohlava.visteg'
}

visteg {
    enabled = true
```

[3] https://github.com/mmalohlava/gradle-visteg。

```
    colouredNodes = true
    colouredEdges = true
    destination = 'build/reports/visteg.dot'
    exporter = 'dot'
    colorscheme = 'spectral11'
    nodeShape = 'box'
    startNodeShape = 'hexagon'
    endNodeShape = 'doubleoctagon'
}
```

同步 Gradle 后，运行 gradle build 命令，编译完成后会产生 visteg.dot 文件，如图 4-4 所示。

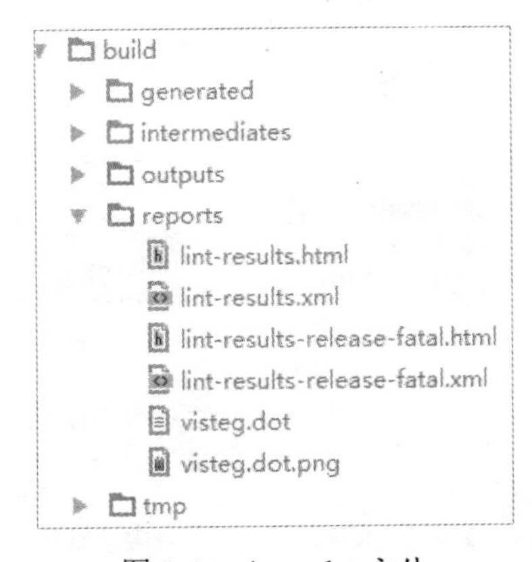

图 4-4 visteg.dot 文件

dot是一种描述文件，可以通过WPS等工具浏览。使用Graphviz[4]工具可以生成png图，命令如下：

```
cd 项目/build/reports
dot -Tpng ./visteg.dot -o ./visteg.dot.png
```

png图是一张非常大的图示，用连线来表示网络关联，由于图片太大，所以放到了GitHub[5]上。

了解了 Gradle 构建 Task 任务的基础流程，才能在编译任务中嵌入额外的任务操作，下面是 Task 任务嵌入的简单命令。

- xxx.dependsOn yyy 的意思是，yyy 会被先执行，然后再调用 xxx。
- xxx.finalizeBy yyy 的意思是，在 xxx 调用后，yyy 再被调用。

---

4 http://www.graphviz.org/。

5 https://github.com/cangwang/SAnimator/blob/master/app/visteg.dot.png。

- xxx.mustRunAfter yyy 的意思是，yyy 一定要比 xxx 先执行，只是安排执行优先级，并不是调用执行。

4.1.2 Instant Run

Android Studio 2.0 推出了Instant Run[6]，意为瞬间编译。在编译开发时能够减少应用部署和构建的时间。Gradle需要使用 2.0.0 以上版本，支持minSdkVersion 15 以上版本。

Instant Run 的整个构建流程如图 4-5 所示。步骤如下：

代码变更→编译→应用构建→应用部署→App 重启→Activity 重启→完成修改变更。

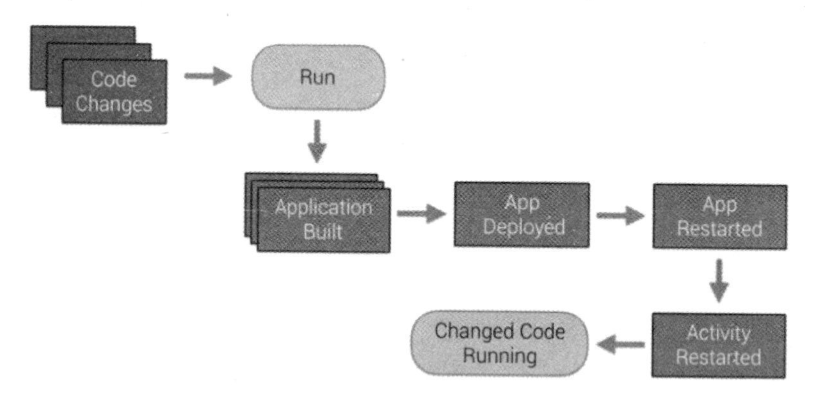

图 4-5　Instant Run 的构建流程

Instant Run 实现即时运行的机制是修改代码后，增量构建（产生增量 dex 的形式），然后通过判断更新资源的复杂度去选择执行热更新、温更新或者冷更新，如图 4-6 所示。

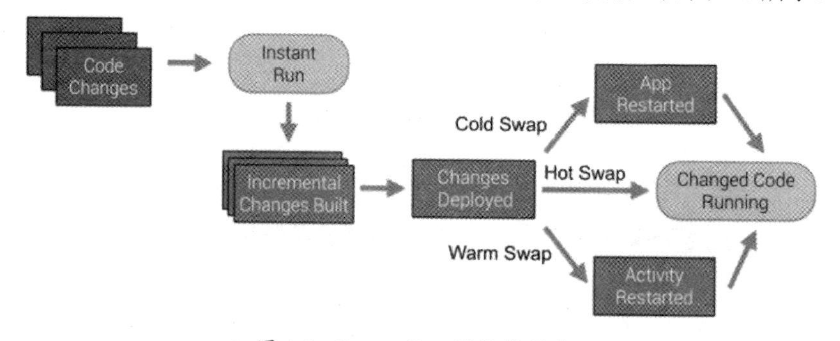

图 4-6　Instant Run 的更新形式

热部署：当代码变更后传输到 App 内，生效时不需要重启应用，也不需要重建当前 Activity。

---

[6] https://developer.android.com/studio/run/index.html?hl=zh-cn#instant-run。

适合多数简单的修改。例如，方法实现的修改，变量值的修改。

温部署： 需要 Activity 重启后才能看到更新。例如，代码修复需要变更当前页面的资源文件。

冷部署： App 需要完全重启，但并不是重新安装。例如，一些继承规则、方法签名等变更的情况。

Instant Run 的运行原理

Instant Run 的运行原理如图 4-7 所示。

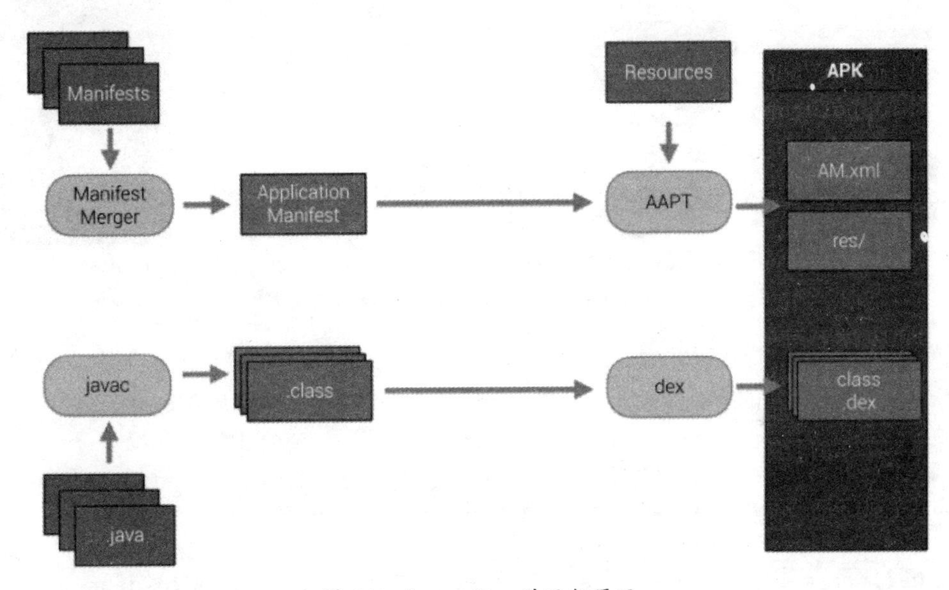

图 4-7 Instant Run 的运行原理

（1）使用 manifest-merger 整合项目的 Manifest，通过 AAPT 工具将合成的 AndroidManifest.xml 与 res 资源编译到增量 apk 中。

（2）代码修改后，通过 javac 将.java 文件编译成.class 文件，然后打包为 dex 文件，同样放置在增量 apk 中。

首次运行 Instant Run 时需要进行一定的部署，流程如图 4-8 所示。

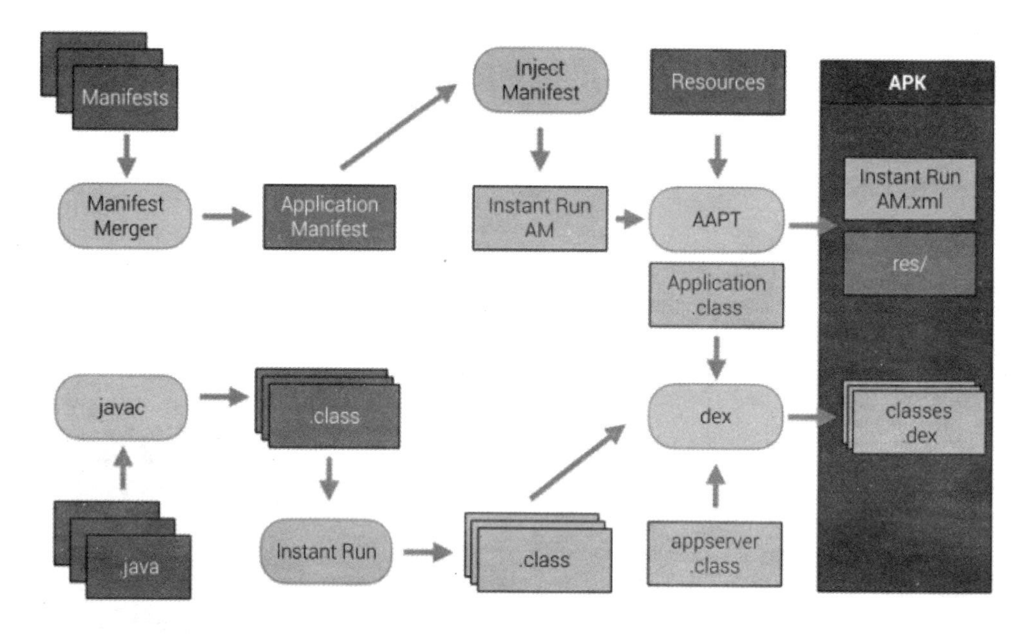

图 4-8 Instant Run 首次运行

（1）通过 javac 编译代码并生成.class 文件，Instant Run 会进一步编译.class 文件，为每个.class 文件添加一个$change 的成员变量和一个 IncremetalChange 的接口，然后在每个方法中插入类似的逻辑。

```
    IncrementalChange localIncrementalChange = $change;
    if (localIncrementalChange != null) {
    localIncrementalChange.access$dispatch( "onCreate.(Landroid/os/Bundle;)V
", new Object[] { this, ... });
    return;
    }
```

当$change 不为空时，执行 Increemetalchange 方法，此方法用于热部署。

（2）在合成 dex 文件时，添加上一个 Instant Run 的 appserver.class 文件和 Bootstrap-Application.class 文件到 dex 中，新的 Application 类会代理代码中自定义的 Application 类。

（3）合成 AndroidManifest 后，Instant Run 会将 AndroidManifest.xml 的 Application 信息替换。

（4）Instant Run 会将一个自定义的类加载器（ClassLoader）放进 App 中使用。

（5）Android Studio 会检查是否已经连接 App Server 服务，确保信息对应且 App 运行在前台，然后 Instant Run 的按钮才会正确显示，App Server 决定究竟使用哪种更新方式来进行修改。

（6）Instant Run 运行后，通过代码资源决策使用哪种部署方式来协助缩短构建程序的时间。

热部署流程

热部署流程如图 4-9 所示。

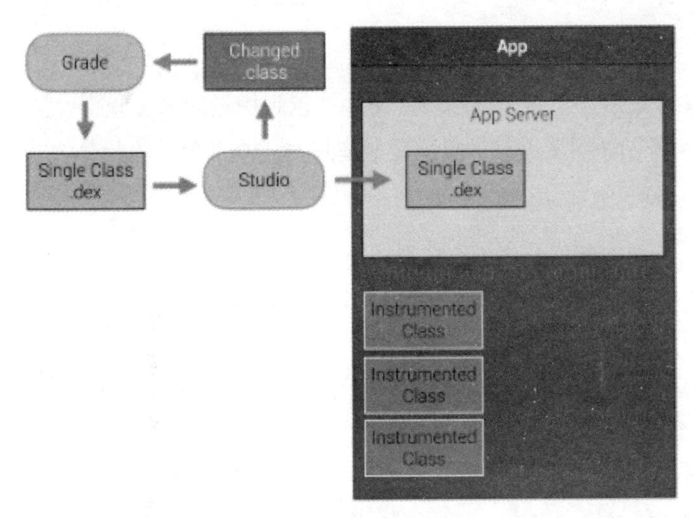

图 4-9　传输增量包到 App

Gradle 运行时会生成一个增量的 class.dex.3 文件，只包含修改的类，Android Studio 会提取 class.dex.3 文件并发送到 App 运行的 Server 服务中，App Server 通过 socket 和 Android Studio 进行远程通信，然后通过自定义的 IncremetalClassLoader 将 dex 文件加载到 dexList 中。增量包替换如图 4-10 所示。

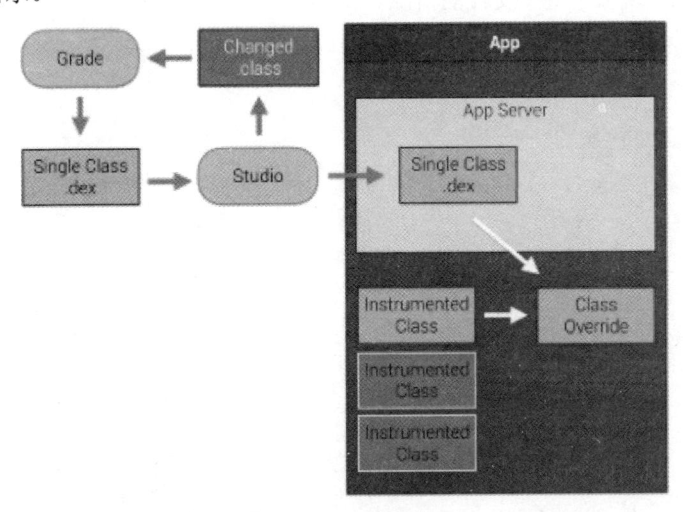

图 4-10　增量包替换

增量的 dex 文件只包含修改的 Java 文件，而修改的类后都带有@override，并且继承 incremetalChange 接口。App Sever 会夹杂$override 的类，并且将原来类中的$change 设置为对应实现 IncremetalChange 接口的类。然后运行 restart 函数，通过判断不同的 updateMode 模式来进行重启，让三种部署模式生效。

温部署流程

修改了资源文件之后，会将新增的资源文件打包到增量的 dex 里面，然后 AppServer 服务会将资源文件加入到 App 原来的资源目录中，运行 restart 函数，重启 Activity。

冷部署流程

应用部署时，会把工程拆分成十个部分，每部分都拥有自己的.dex 文件，所有的类会根据包名被分配给相应的.dex 文件。当冷拔插开启时，修改过的类所对应的.dex 文件会重组生成新的.dex 文件，然后打包成 patch 包。

冷部署是将 patch 的.dex 文件写到私有目录中，然后等待整个 App 重启，重启后使用之前的 IncremetalClassLoader 加载.dex 文件。市场上很多 App 都有线上热更新框架，其原理参照 Instant Run 的冷部署。

Instant Run 的源码可以通过 jd-gui 反编译来获取。

Instant Run 调试技巧

如果开启了 MultiDex，SDK 最低版本需要 21 才能使用 Instant Run。

SDK 大于 21 以后，使用 ART 管理 runtime 和系统服务技术，ART 天然支持 MultiDex 文件，在应用部署时，会出现多个.dex 文件的情况。

使用 Gradle 配置构建不同环境时，需要使用 productFlavors 来进行调整。

```
android{
   productFlavors{
instant{
  minSdkVersion 21
     }
      app{
        minSdkVersion 17
     }
   }
}
```

选择 App 生成时将 App 括号中的 minSdkVersion 调整为需要的编译兼容的最低版本，当使用 instantRun 进行调试运行时选择 instant，配置 minSdkVersion 为 21。

这里需要注意的是，不同的 Android Studio 的版本对 Instant run 的优化都有差别，这里无法概括所有的差别，只简单阐明其核心原理。

4.1.3 更优的 Gradle 构建策略

从更大的粒度分析，引入更优的 Gradle 优化策略，从硬件角度考虑，就需要增强电脑配置，高配置会让工程的编译速度有质的提升。同时，Android Studio 也提供了一些其他优化项供我们选择。

Properties 配置

缩小考量粒度，Gradle 编译过程中很大程度上是依赖 JVM 的运算的，那么可以考虑使用更新、更快的虚拟机，或者提升 Java 版本等。

再进一步缩小粒度，可以对 Android Studio 环境配置机制进行优化。

在项目工程的 gradle.properties 中进行设置。

开启并行编译：

```
org.gradle.parallel=true
```

使用编译缓存：

```
android.enableBuildCache=true
```

保证 JVM 编译命令在守护进程中编译 apk，daemon 可以大大减少加载 JVM 和 classes 的时间。

```
org.gradle.daemon=true
```

为了在大型多项目中更快地进行构建，可以配置以下的参数：

```
org.gradle.configureondemand=true
```

加大编译时 Android Studio 使用的内存空间：

```
org.gradle.jvmargs=-Xmx3072M -XX\:MaxPermSize\=512m
```

尽管设置了 Gradle 这些配置项，但是优化时间并不十分明显。

Task 耗时测量

Gradle 使用 Instant run 是有局限性的，这里继续缩小粒度，观察 Gradle 的编译流程 Project 和 Task。

3.1.1 节已经介绍了 Gradle 基础知识，介绍了 Gradle 的两个主要对象：Setting 对象（setting.gradle）和 Project 对象（build.gradle）。下面以 Project 中的 Task 任务为粒度来分析 Gradle 的构建。

Project 对象由多个 Task 对象组建而成，而 Task 对象可以由多个 Action 代码块来组成。

在 Gradle 编译调试版中，可以清晰地观察 Gradle 的编译流程及其任务的 Task，但不会打印出清晰的耗时操作。这里添加一个监听器到 Gradle 任务中进行打印。

```
class TimeListener implements TaskExecutionListener, BuildListener {
    private Clock clock
    private timings = []

    //记录 Task 的起始时间
    @Override
    void beforeExecute(Task task) {
        clock = new org.gradle.util.Clock()
    }

    //打印耗时任务，并记录下来
    @Override
    void afterExecute(Task task, TaskState taskState) {
        def ms = clock.timeInMs
        timings.add([ms, task.path])
        task.project.logger.warn "${task.path} took ${ms}ms"
    }

    //编译结束后，打印耗时任务
    @Override
    void buildFinished(BuildResult result) {
        println "Task timings:"
        for (timing in timings) {
            if (timing[0] >= 50) {
                printf "%7sms  %s\n", timing
            }
```

```
        }
    }

    @Override
    void buildStarted(Gradle gradle) {}

    @Override
    void projectsEvaluated(Gradle gradle) {}

    @Override
    void projectsLoaded(Gradle gradle) {}

    @Override
    void settingsEvaluated(Settings settings) {}
}
```

还需要在 Application module 的 build.gradle 中配置任务：

```
gradle.addListener new TimingsListener()
```

监听任务的起始和结束时间并记录下来，等编译结束后打印耗时任务。

```
Total time: 5 mins 44.576 secs
Task timings:
     66ms  :web:generateReleaseResValues
     63ms  :web:incrementalReleaseJavaCompilationSafeguard
     79ms  :settings:mergeReleaseShaders
    130ms  :client:incrementalClientReleaseJavaCompilationSafeguard
   4819ms  :base:mergeReleaseResources
   4620ms  :base:dataBindingProcessLayoutsRelease
     92ms  :base:processReleaseManifest
   1051ms  :base:processReleaseResources
   …
```

通过调试版打印出每个任务所耗费的时间，就可以有针对性地采取优化措施。

Task 任务过滤

选择性地去除并不需要运行的 Gradle Task 任务：

```
tasks.whenTaskAdded { task ->
    if (task.name.contains("lint") //不扫描潜在 Bug 可以使用该项
          ||task.name.equals("clean")
          ||task.name.contains("Aidl")//项目中用到 AIDL，则不可以舍弃这个任务
          ||task.name.contains("mockableAndroidJar")//用不到测试时就可以先关闭
          ||task.name.contains("UnitTest") //用不到测试时就可以先关闭
          ||task.name.contains("AndroidTest")//用不到测试时就可以先关闭
          || task.name.contains("Ndk")//用不到 NDK 和 JNI 时也关闭
          || task.name.contains("Jni")) {
        task.enabled = false
    }
}
```

在 Gradle Run 的工具板中也可以看到 enabled 的 Task 流程。

不重复执行任务

Library module 编译时比较耗时，因为其 Debug 和 Release 的 Task 都执行了，这样就重复执行了，我们可以避免这种情况。

默认情况下 Library 只发布 Release 版本，并被所有依赖于 Library 的 project 依赖，这与 project 的 build type 无关，这是 Android Studio 本身的一种限制。

在 Library module 的 build.gradle 中添加如下代码，这样可以同时编译 Debug 版本。

```
android {
    defaultConfig {
        defaultPublishConfig 'release'
        publishNonDefault true
    }
}
```

然后在 Application module 中配置其他 Library module 的依赖：

```
dependencies {
    …
    debugCompile project(path:':web',configuration:"debug")
    releaseCompile project(path:':web',configuration:"release")
}
```

此时 Debug 版本的 Application 将依赖 Debug 版本的 Library，编译时，会跳过 Library 的

packageReleaseJarArtifact 任务，此方式有效提高了编译速度。

增量 build

Project 是不支持 Annotation processors 的增量 build 的，它会依赖于 Gradle 的变化。在 module 中减少使用 Annotation processor 将有助于提升编译速度。

使用 Gradle 新特性

Gradle 4.1 以后会添加 implementation 的依赖隔离模式，提供模块解耦机制，也为 Gradle 在构建工程时提供了最少量编译的机制。

Gradle 4.1 以前使用 compile 机制，因为底层接口是向上暴露的，如果底层模块代码改动，会造成连锁效应，上层的模块也需要重新编译。为了安全起见，Gradle 会完全编译整个 App，所以需要更长的时间。

Gradle 4.1 的 implementation 机制，因为具有跨模块接口的隐蔽性，修改波及的范围会减弱，Gradle 借助 implementation 引用优化了代码检测机制，准确定位需要编译的模块，这样减少了编译的模块。所以 Android Studio3.0 的工程默认都是用 implementation 的方式引用依赖。

设置 API 版本

Android 5.0 以后使用 ART 支持从 apk 文件中加载.dex 文件，ART 会在 App 安装前提前编译，可以扫描多个.dex 文件，编译成一个单独的.oat 文件。

原因是每个 module 生成自身的.dex 文件，然后不经修改直接放置在 apk 中，看一下 build 过程，Android 5.0 以下的版本超过方法数会执行 transformClassesWithMultidexlist，但是使用 ART 之后并不会执行。

在 3.1 节中，使用 productFlavors 进行配置。

这里也可以使用 buildTypes 中的 Debug 和 Release 版本的配置：

```
buildTypes{
    debug{
        defaultConfig{minSdkVersion 21}
    }
    release{
        defaultConfig{minSdkVersion 14}
    }
}
```

如果需要深入理解Gradle优化的流程，可以研究一下FastDex[7]的优化框架——fastdex，在不使用Instant Run的情况下，修改或添加Gradle编译的Task来进行优化，并且融合了热门的热修复技术。

第 6 章会讲解组件化流通的内容，将使用 Maven 的仓库机制来提高集体开发的效率。

4.2 极速增量编译

Android Studio 的 Instant Run 就是增量编译的一种。

但是 Instant Run 却有非常多的限制，例如 JNI 无法使用，部署到多种设备，使用 MultiDex，使用内存泄露卡顿检测等工具，多进程开发，以上情况下都无法使用 Instant Run。

借鉴Instant Run等编译工具，工程师开发了出性能更加优越的增量编译工具：Freeline[8]

FreeLine 真正的优势在于：

（1）真增量，构建过程快且增量包体积小，极大提升了更改代码部署到手机上的速度，较 Android Studio2.0 及 LayoutCast 快了 3～5 倍，能够快速编译多 module 工程。

（2）跨平台，支持 Linux、Mac OS、Windows。

（3）全版本覆盖，2.x～6.x 版本均支持。

（4）简化了部署流程，更改代码后，在构建过程中，与手机建立了 TCP 长连接，一行命令即可完成增量部署，无须在各自子 bundle 所在的目录构建完成后，再进入 portal/launcher 进行打包安装到手机的过程。

（5）事务支持，在开发过程引入的异常不会破坏工作空间。

（6）无缝支持 MPass，解决了类似 Maven 各个节点需 merge 合并等与常规开发流程不一致的问题。

（7）进程级别异常隔离，开发体验持续稳定，即使主进程运行失败也不受影响。

（8）支持注解、retrolambda、databinding。

（9）可缓存 resource.arc 文件。

对编译文件的支持如图 4-11 所示。

[7] https://github.com/typ0520/fastdex。

[8] https://github.com/alibaba/freeline。

	Java	drawable, layout, etc.	res/values	native so
add	√	√	√	√
change	√	√	√	√
remove	√	√	x	-

图 4-11　Freeline 编译支持

不支持移除 res/values 文件和 native so 文件，如果移除 Freeline，则会重编工程。

使用 5.0 以上的 Android 版本，编译速度会更加快。

4.2.1　Freeline 的使用

配置方式

（1）在工程主 build.gradle 中添加如下内容：

```
buildscript {
    repositories {
        jcenter()
    }
    dependencies {
        classpath 'com.antfortune.freeline:gradle:0.8.7'
    }
}
```

（2）在 Application module 的 build.gradle 中添加如下内容：

```
apply plugin: 'com.antfortune.freeline'
```

（3）在 terminal 调试版中运行 gradlew initFreeline –Pmirror，初始化 Freeline。

（4）在 Application 的 onCreate 的代码中添加 FreelineCore.init(this)。

（5）需要确保安装 Python 2.7 以上的版本。

运行命令：

```
gradlew initFreeline
python freeline.py
```

第一次编译比较费时，因为是全量编译的，等全量编译成功后，下一次编译的时间就能缩短。

可以安装 Gradle 的插件。

MacOS 路径：

```
Android Studio->Preferences->Plugins->Browe repositories
```

Windows 路径：

```
File->Settings->Plugins->Browse repositories
```

搜索“freeline”，然后选择“intall”进行安装，如图 4-12 所示。

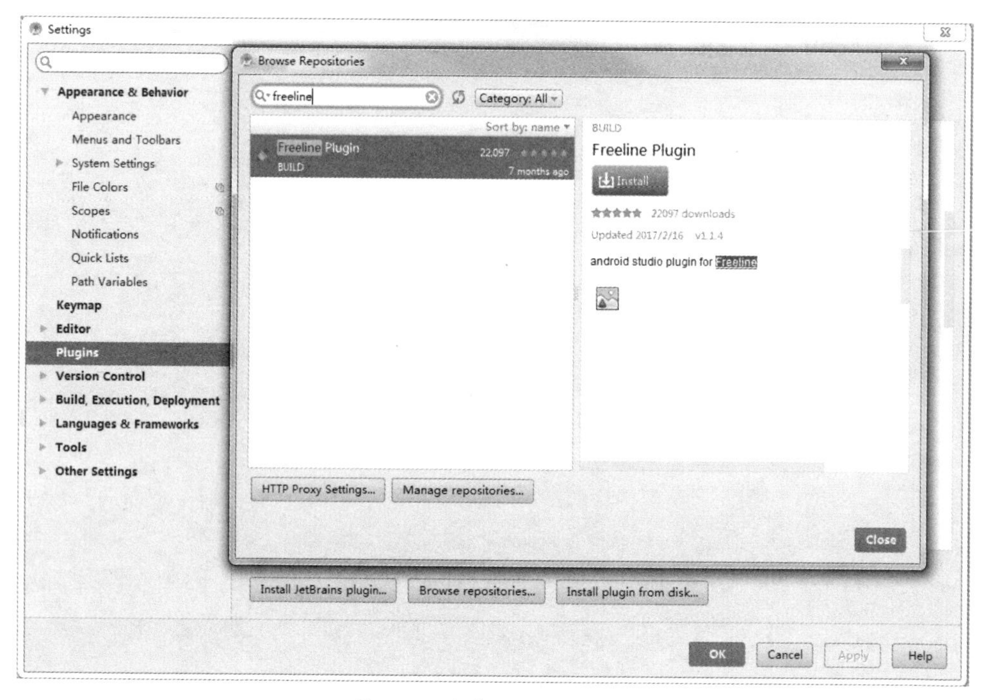

图 4-12 安装 Gradle 的插件

安装成功后，会出现蓝色圆圈的图标，如图 4-13 所示。

图 4-13 插件安装成功

还原使用 Gradle 编译：

配置 Freeline 后，使用 Gradle 进行编译会提示错误。需要注释掉 FreelineCore.init(this)的代码段，然后就可以用 Gradle 来进行编译了。

需要注意的问题：

如果使用 MutlitDex，在 Application 的 attachBaseContext 函数中，在 super()之后添加 MultiDex.install 来启动多 dex 配置，可以减少“class not found”的情况出现。

Freeline 编译只能加快增量编译，无法加快首次编译的速度。如果手机已经安装了原来的应用，则需要安装一次 Freeline 编译的应用（第一次编译的时间是 Gradle 编译的正常速度），否则之后用 Freeline 编译的增量编译是无效的。

优势：

Freeline 配置使用了缓存和并行的策略，使得编译调试可以非常快。Freeline 运行时没有多 module 和单个 module 的区别，直接通过 Python 运行监测，预检测速度也是非常快的，在调试时，小范围更改的编译速度非常快，可以达到秒编的级别。

劣势：

当 Freeline 编译出现问题时，只能在 terminal 中查看原因，而 terminal 中打印的错误日志是不会标红的。在排查错误时，如果找到不到错误原因，只能还原编译，使用 Gradle 编译再排查错误，这样就会有额外的耗时。

官方 Freeline 除了支持 ButterKnife 和 Dragger 这两个编译时注解库，暂时不支持其他编译时注解的库，而且对 databing 的支持也不完善。

> **提示**：QQ 群（群号：316556016）内已经有朋友提出了支持编译时注解的方案，也适配了 Kotlin 编译，可以进群索取资源。

4.2.2 Freeline 运行介绍

Freeline 源码的目录如图 4-14 所示。

- freeline-databinding-cli：用于处理 databinding 的增量 jar 包；
- freeline-docs：用于说明 freelineD 的使用方式；
- freeline-gradle-plugin：通过 apply plugin 方式嵌入代码块；
- freeline-runtime debug：版本运行时 Freeline 配置；
- freeline-runtime-no-op：Release/Test 版本运行时 Freeline 的配置（其内容基本为空壳）；
- freeline-sample freeline：实例；
- freeline-stuidio-plugin：Android Studio 的插件；
- freeline_core freeline：使用的 Python 命令；

- release-tools：发布合成打包等工具；
- freeline.py：Python 命令入口。

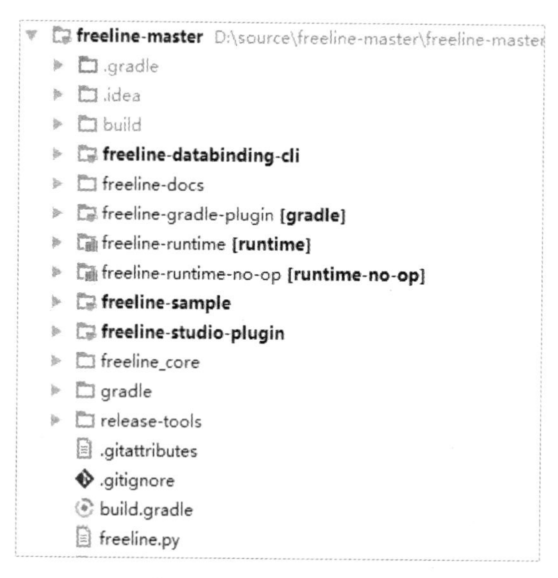

图 4-14 Freeline 源码目录

Freeline 库嵌入项目的流程如图 4-15 所示。

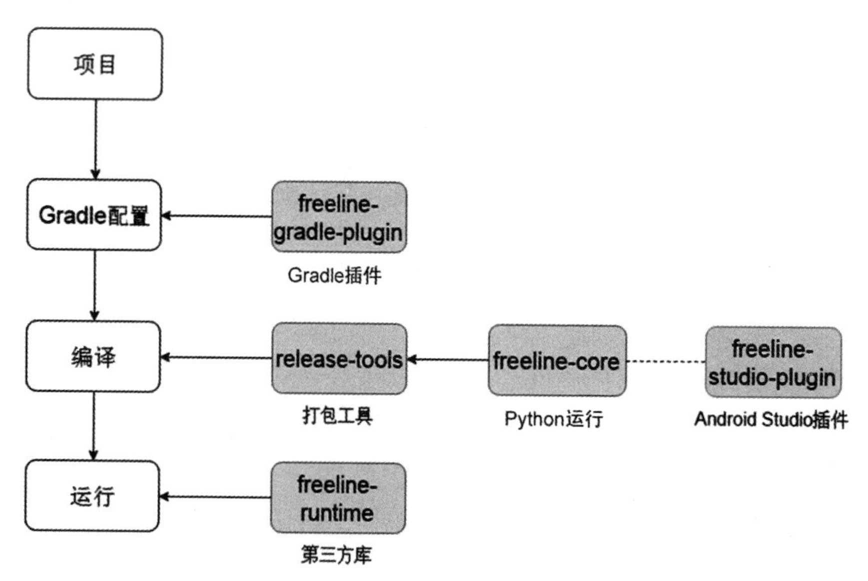

图 4-15 Freeline 嵌入工程机制

配置 apply plugin:'com.antfortune.freeline'和 Gradle 插件，实际上调用的是 freeline-gradle-plugin 中的代码。

FreelinePlugin 是一切代码的入口，并且配置了不同运行时的版本。

```
class FreelinePlugin implements Plugin<Project> {

    String freelineVersion = "0.8.7"

    @Override
    void apply(Project project) {

        project.extensions.create("freeline", FreelineExtension, project)

        if (FreelineUtils.getProperty(project, "disableAutoDependency")) {
            println "freeline auto-dependency disabled"
        } else {
            println "freeline auto add runtime dependencies: ${freelineVersion}"
            project.dependencies {
                debugCompile "com.antfortune.freeline:runtime:
${freelineVersion}"
                releaseCompile "com.antfortune.freeline:runtime-no-op:
${freelineVersion}"
                testCompile "com.antfortune.freeline:runtime-no-op:
${freelineVersion}"
            }
        }
```

然后在 FreelinePlugin 中通过配置 project.afterEvaluate 任务来完成每次编译前的 Freeline 的设置：

- 版本控制；
- 包名设置；
- Manifest；
- Assets 资源；
- apt 配置开关；
- 检测某些特定的编译时注解的框架，如 ButterKnife、Dragger；
- Retrolambda 配置；

- Databinding 编译的 jar 路径配置；
- MultiDex 的开关设置，以及 maindexlist.txt 配置；
- 依赖的 exploed-aar 模块的更新检测。

主目录中使用 freeline.py 的 Python 文件，用于运行 Python 命令：

```
def main():
    if sys.version_info > (3, 0):
        print('Freeline only support Python 2.7+ now. Please use the correct
version of Python for freeline.')
        exit()

    parser = get_parser()
    args = parser.parse_args()
    freeline = Freeline()
    freeline.call(args=args)
```

只支持 2.7 以上的 Python 版本。

以下定义了使用的 Freeline 对象，调用 call 函数来完成任务：

```
class Freeline(object):
    def __init__(self):
        self.dispatcher = Dispatcher()

    def call(self, args=None):
        if 'init' in args and args.init:
            print('init freeline project...')
            init()
            exit()

        self.dispatcher.call_command(args)
```

新建了一个 Dispatcher 的任务来分发 Python 命令。

期间会检测编译环境，配置增量任务，开始增量打包。

```
class IncrementalBuildCommand(AbstractBuildCommand):
    def __init__(self, builder):
        AbstractBuildCommand.__init__(self, builder, command_name=
```

```
'incremental_build')
            self._setup()

        def execute(self):
            map(lambda command: command.execute(), self.command_list)

        def _setup(self):
            self.add_command(CheckBulidEnvironmentCommand(self._builder))
            self.add_command(GenerateSortedBuildTasksCommand(self._builder))
            self.add_command(ExecuteIncrementalBuildCommand(self._builder))
```

Python 编译流程重点是使用了 gradle_inc_build.py 和 gradle_tools.py 两个文件，如图 4-16 所示，其核心调用 incremetal_build 来进行增量编译，然后通过调用 gradle_tools 工具来进行资源同步、资源合成、连接设备、打包到设备等操作。

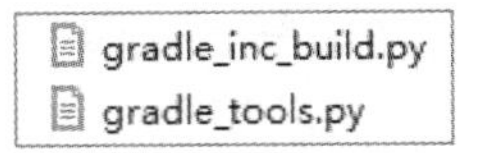

图 4-16　Freeline 的重要文件

在 Android 的 Application 中调用 FreelineCore.init(this)，实际上也是通过 hook mClassLoader 来注入.dex 文件，将资源注入到 AssetManager 中。如果有 lib 的 so 文件变更，so 文件会被放到 nativeLibrary 地址列表中，然后通过两种策略来更新 App，如图 4-17 所示。

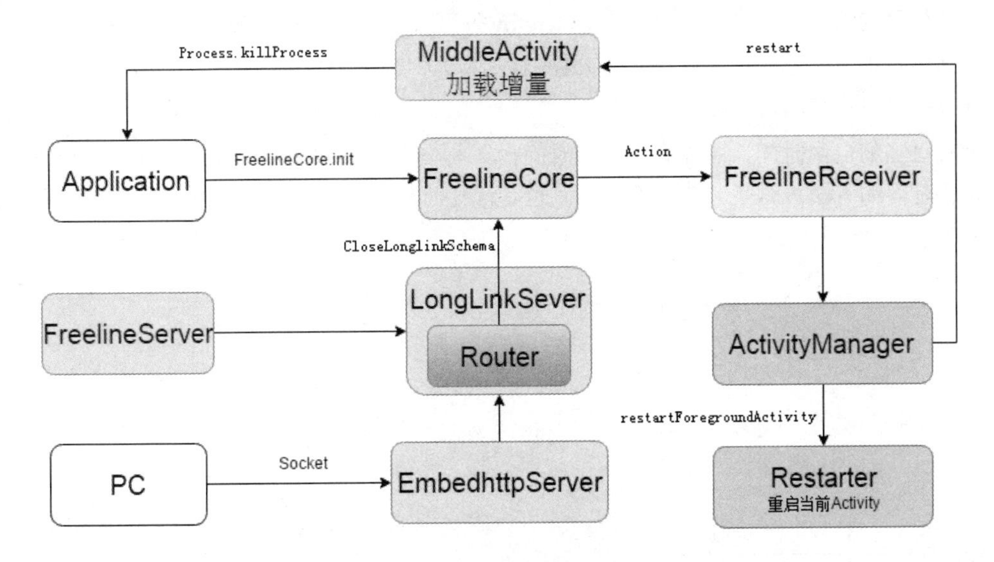

图 4-17　Freeline 的更新流程

重启 App 有 3 种判定方式：

- Dex 变更；
- Native 代码变更；
- 编译后 Android Studio 的 Freeline 通过 socket 告知客户端强制重启。

通过当前 Resource 是否变更来判定是否重启当前 Activity。

这里只对Freeline的运行流程进行了分析，需要深入研究Freeline的原理，以及更详尽的编译优化方案，可以参考蚂蚁聚宝团队分享的一篇关于Freeline原理的文章[9]。

4.3 小结

时间总是在不经意间流逝，每天上班的标准时间是 8 小时，但是集中注意力连续工作的时间可能只有 2 到 3 小时，这段时间产生的价值往往是最有效的。

在这 2 到 3 小时的时间内，如何最大限度地增加工作的连贯性，不被其他事件打断，是有效产出的关键。

需要有一个明确的意识——编写业务代码是对用户的优化，编写环境代码是对自身工作的优化。

对于个人来说，时间是不可逆的，不像其他资源可以回收使用，优化编译可以节省个人时间上无意义的损耗。

业务代码的编写并不只在于选择 Java/Kotlin 等语言，更在于对业务环境如 Gradle、Goovy 等进行优化。很多人往往不注意优化业务环境，因为优化业务环境很难直接看出价值，难以意识到业务环境对自身的益处。

拥有更多的自由时间，才能有更多的时间投入与自身成长和环境优化的工作中，进而继续寻找优化时间的方法，这是一个良性循环，也是优化时间配置的关键。

[9] https://yq.aliyun.com/articles/59122。

第 5 章 组件化分发

计算机并行和串行的优化规则提高了程序运行和编译的效率，那么如何提高开发的效率呢？

串行的优化规则就是减少重复操作——缓存，缓存就是用空间换时间，减少重复造轮子的过程，将更多的串行时间用于持续维护和修复。

并行的优化规则就是分离业务耦合度——解耦，解耦并不只是业务解耦，也是人的解耦。一个人将注意力放在更小模块内容中，才能将产品做细致，使用户体验达到极致。只有专注于一项业务，深入研究，才能将单一业务的技术水平提升到极致。

组件化思想能很好地结合串行和并行的开发。

组件化架构并不只用在编程中，还可以应用于更广泛的领域。组件化也有其更加深入的方向和范畴。组件化和 Android 开发相结合，可以与 Android 拥有的特定机制有更加深入的结合，其中一个方向就是分发。

分发意味着更深度的解耦，对事物粒度进行更细致的分割，对组件化进行扩展。

但是分发也有其局限性和适用的边界，需要开发人员制定出合理的规则。

5.1 Activity 分发

在 Android 开发中，Activity 是 Android 的四大组件之一，作为页面的呈现容器，起到与用户交互的关键功能。

一个 Activity 可以看作一个独立的容器，可以容纳非常多的业务。例如，直播应用的直播间、QQ 聊天的聊天室，如图 5-1 和图 5-2 所示。

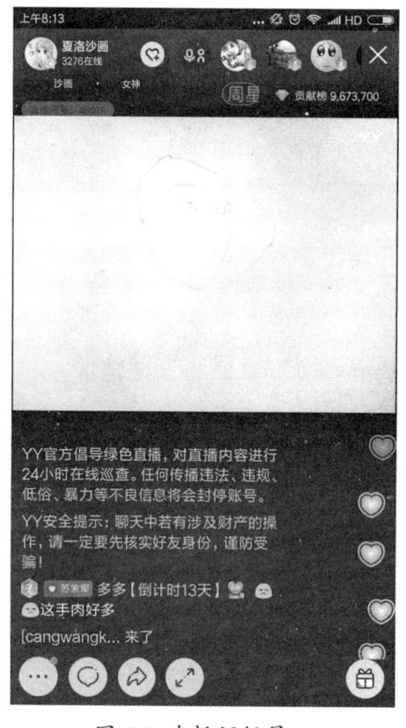

图 5-1 直播间场景

图 5-2 聊天场景

单页面中包含非常复杂的业务，而且这些业务之间可以进行流畅的交互。使用组件化将这些业务实现模块化，可以更好地维护和开发业务。

图示中的页面虽然看起来是一个大的业务，但可以细分为更小的业务组件。细分业务可以让业务插拔更加低成本。

分解业务堆的耦合，首先需要了解 Activity 的生命周期。

5.1.1 Activity 的生命周期

Activity 的生命周期是每个 Android 工程师无法回避的应用运行规则和结构。首先看一下

Activity 生命周期，如图 5-3 所示。

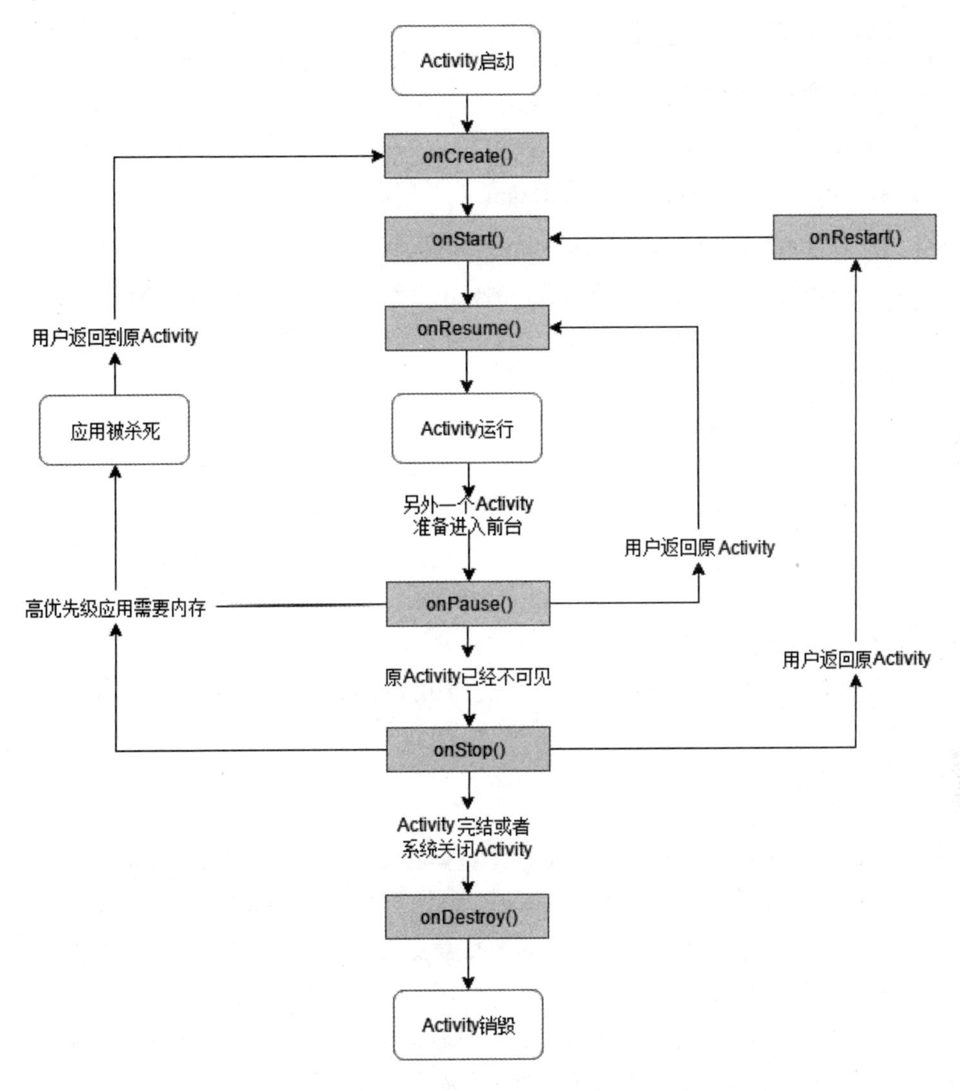

图 5-3　Activity 的生命周期

其中重要的生命周期函数如下所述。

- onCreate()：在创建启动时调用；
- onStart()：处于可见状态时调用；
- onResume()：Activity 显示在 UI 顶层时被调用；
- onPause()：Activity 不在 UI 顶层，但依然可见（如弹框）；

- onStop()：Activity 处于不可见状态时调用；
- onDetroy()：当 Activity 退出时调用。

Activity 的不同生命周期流程

（1）正常的流程周期。

启动：Activity:onCreate→onStart→onResume；

销毁：Activity:onPause→onStop→onDestroy。

（2）当 Activity 被其他 Activity 覆盖了一部分，或者手机被锁屏时，会被判定为可见状态，但不在 UI 顶层时，会调用 onPause 函数。当覆盖部分被去除或者屏幕解锁后，AMS 会调用该 Activity 的 onResume 方法来再次进入运行状态。

（3）当 Activity 跳转到新的 Activity 或按 Home 键回到主屏时，会被压栈，处于不可以见状态，会调用 onPause→onStop。当返回上一个 Activity 时，系统会调用 onRestart→onStart→onResume 再次进入运行状态。

（4）当 Activity 处于被覆盖状态或后台不可见状态时，当更高优先级的 App 需要内存且系统内存不足时会杀死此 Activity。当用户退回当前 Activity 时，会调用 onCreate→onStart→onResume 进入运行状态。

（5）当使用 Back 键退出 Activity 时，系统会调用 onPause→onStop→onDestroy。

5.1.2 Acitity分发技术[1]

按照业务划分，如果一个 Activity 负责一个整体的大业务，其中又存在非常多的小业务，那么此 Activity 就可以被分解为不同的 module 来进行管理。这里需要关注三个规则。

（1）大业务中创建小业务的实体。从 module 层级来说，大业务需要依赖于小业务，大业务将创建出小业务的实体。

（2）小业务应该拥有其自身的生命周期。小业务的生命周期需要嵌入大业务生命周期中进行传递，但小业务也需要适当调整和管理自身生命周期中的调用规则。

（3）小业务的生命周期不应该超过大业务。小业务的生命周期如果超过大业务（Activity）的生命周期，将引发内存泄漏。

（4）小业务不会依赖于大业务，小业务之间也不存在着互相依赖。

Activity 分发的基础架构如图 5-4 所示。

---

[1] https://github.com/cangwang/ModuleBus。

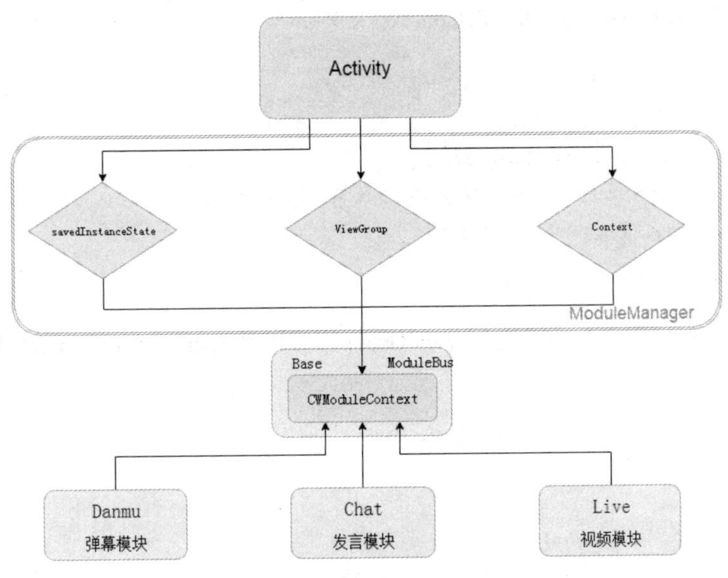

图 5-4　Activity 分发架构

首先需要关注的是分发的对象需要包含的参数。

- （Activity）Context：上下文对象。
- ViewGroup：布局对象。
- saveInstanceState：保存状态的对象。

通过 ModuleManager 管理这些参数的传递，以及初始化每个业务模块，并且分发生命周期到每个业务模块中。

分发流程如图 5-5 所示。

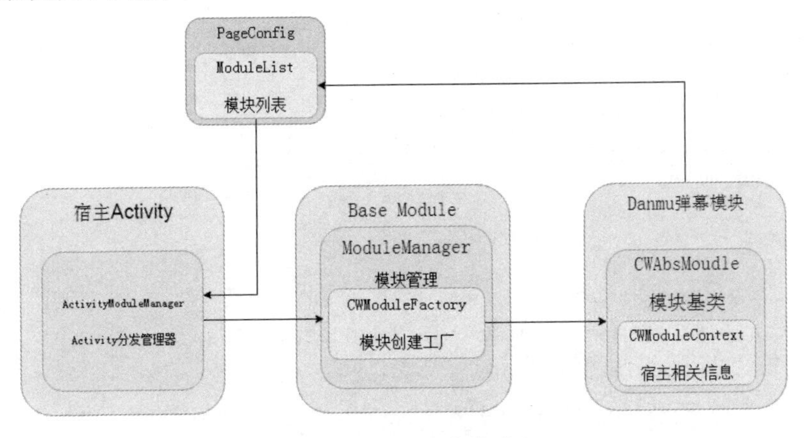

图 5-5　Activity 分发流程

在 Base module 中使用 CWMoudleContext 来保存 Activity 分发的三个参数：

```
public class CWModuleContext {
private Activity context;
private Bundle saveInstance;
private SparseArrayCompat<ViewGroup> viewGroups = new
SparseArrayCompat<>();
}
```

一个 Module 可以占用多个不同的 ViewGroup，而使用 SparseArrayCompat 来保存整个布局的 ViewGroup 列表。

ModuleManager 管理这些 Module 与 Activity 的关联信息，最重要是关联 Activity 和 Module 之间的生命周期。

```
public class ModuleManager {
    private List<String> modules = new ArrayList<>();    //模块名字
    protected ArrayMap<String,CWAbsExModule> allModules = new ArrayMap<>();
   //模块实体

    public List<String> getModuleNames(){
        return modules;
    }

    public void moduleConfig(List<String> modules) {     //模块配置信息
        this.modules = modules;
    }

    public CWAbsExModule getModuleByNames(String name){
        if (!ModuleUtil.empty(allModules))
            return allModules.get(name);
        return null;
    }

    public void onResume(){                        //恢复周期
        for (CWAbsExModule module:allModules.values())
            if (module !=null)
                module.onResume();
    }
```

```
    public void onPause(){                    //暂停周期
        for (CWAbsExModule module:allModules.values())
            if (module !=null)
                module.onPause();
    }

    public void onStop(){                    //停止周期
        for (CWAbsExModule module:allModules.values())
            if (module !=null)
                module.onStop();
    }

    //配置变更周期
    public void onConfigurationChanged(Configuration newConfig){
        for (CWAbsExModule module:allModules.values())
            if (module!=null)
                module.onOrientationChanges(newConfig.orientation ==
Configuration.ORIENTATION_LANDSCAPE);
    }

    public void onDestroy(){                    //销毁周期
        for (CWAbsExModule module:allModules.values())
            if (module !=null){
                module.onDestroy();
            }
    }
}
```

全部业务模块的实现都需要继承 CWAbsModule 抽象类:

```
public abstract class CWAbsModule {

    public abstract boolean init(CWModuleContext moduleContext, Bundle
extend);

    public abstract void onSaveInstanceState(Bundle outState);
```

```
        public abstract void onResume();

        public abstract void onPause();

        public abstract void onStop();

        public abstract void onOrientationChanges(boolean isLandscape);

        public abstract void onDestroy();
    }
```

将 ModuleManager 扩展成一个 ActivityModuleManager 类，用于传递 Activity 分发的三种参数：

```
    public class ActivityModuleManager extends ModuleManager{
        public void initModules(Bundle saveInstance, Activity activity,ArrayMap
<String,ArrayList<Integer>> modules){        //初始化业务模块
            if (activity == null || modules == null) return;
            moduleConfig(modules);
            initModules(saveInstance,activity);
        }

        public void initModules(Bundle saveInstance, Activity activity){
            if (getModules() ==null) return;
            //获取配置
            for(String moduleName: getModules().keySet()){
                CWAbsModule module = CWModuleFactory.newModuleInstance
(moduleName);
                if (module!=null){
                    CWModuleContext moduleContext =new CWModuleContext();
                    moduleContext.setActivity(activity);
                    moduleContext.setSaveInstance(saveInstance);
                    //关联视图
                    SparseArrayCompat<ViewGroup> viewGroups =new
SparseArrayCompat<>();
                    ArrayList<Integer> mViewIds = getModules().get(moduleName);
                    if (mViewIds !=null &&mViewIds.size()>0) {
                        for (int i = 0; i < mViewIds.size(); i++) {
```

```
                    viewGroups.put(i, (ViewGroup) activity.findViewById
(mViewIds.get(i).intValue()));
                    }
                }
                moduleContext.setViewGroups(viewGroups); //保存视图
                module.init(moduleContext,"");          //初始化每个 module
                allModules.put(moduleName,module);   //记录 module 的名称和信息
            }
        }
    }
}
```

下面声明一个 Activity 基类，并嵌入 ActivityModuleManager 基类来实现生命周期的同步。

这里需要理解 Activity 使用 setContentView 加载 layout 布局时，其调用的显示周期为：Window attach→onMeasure→onLayout→onDraw。

获取 RootView 来监听布局加载状态和回调。

- 当 API>18 时，使用 addOnWindowAttachListener(new ViewTreeObserver.OnWindowAttach-Listener(){}函数判定 window 关联视图后立刻初始化一些视图关系。
- 当 API<18 时，使用 addOnGlobalLayoutListener(new ViewTreeObserver.OnGlobalLayout-Listener()函数判定在 onLayout 时去初始化视图关系。

```
public abstract class ModuleManageActivity extends AppCompatActivity{

    private ActivityModuleManager moduleManager;

    @SuppressWarnings("deprecation")
    @Override
    protected void onCreate(@Nullable final Bundle savedInstanceState) {
        super.onCreate(savedInstanceState);
        //布局 onLayout 时初始化
        getWindow().getDecorView().getRootView().getViewTreeObserver().
addOnGlobalLayoutListener(new ViewTreeObserver.OnGlobalLayoutListener() {
            @Override
            public void onGlobalLayout() {
                if (moduleManager==null) {
                    long ti = System.currentTimeMillis();
                    moduleManager = new ActivityModuleManager(); //初始化管理者
```

```
                    moduleManager.initModules(savedInstanceState,
ModuleManageActivity.this, moduleConfig());
                    Log.v("ModuleManageActivity", "init use time = " +
(System.currentTimeMillis() - ti));
                }
            }
        });

    }
    //设置 module 列表
    public abstract ArrayMap<String,ArrayList<Integer>> moduleConfig();

    @Override
    protected void onResume() {
        super.onResume();
        moduleManager.onResume();
    }

    @Override
    protected void onStop() {
        super.onStop();
        moduleManager.onStop();
    }

    @Override
    protected void onDestroy() {
        super.onDestroy();
        moduleManager.onDestroy();
    }
}
```

Activity 分发页面结构如图 5-6 所示。

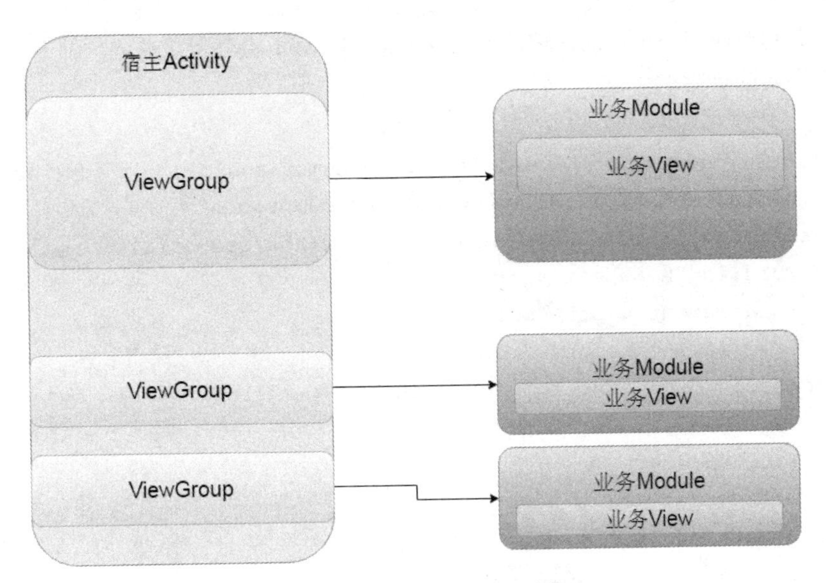

图 5-6　Activity 分发页面结构

在继承 ModuleManageActivity 时就可以利用静态代理的方式来分发 Activity 的生命周期。

```
public class ModuleMainActivity extends ModuleManageActivity{

   @Override
   protected void onCreate(@Nullable Bundle savedInstanceState) {
      super.onCreate(savedInstanceState);
      setContentView(R.layout.activity_main_module);
   }

    @Override
    //设定不同模块使用的布局
    public ArrayMap<String, ArrayList<Integer>> moduleConfig() {
        ArrayMap<String, ArrayList<Integer>> map = new ArrayMap<>();
        map.put(PageConfig.MODULE_PAGE_NAME,new
ArrayList<Integer>(){{add(R.id.page_name);}});
        map.put(PageConfig.MODULE_BODY_NAME,new
ArrayList<Integer>(){{add(R.id.page_bodyT);add(R.id.page_bodyB);}});
        return map;
    }
}
```

布局中分别对应三个不同的区域。使用 RelativeLayout 会使层级并列，并不会加重层级叠加而造成不必要的重绘。

```
<RelativeLayout xmlns:android="http://schemas.android.com/apk/res/android"
    xmlns:tools="http://schemas.android.com/tools"
    xmlns:app="http://schemas.android.com/apk/res-auto"
    android:id="@+id/activity_main"
    android:layout_width="match_parent"
    android:layout_height="match_parent"
    tools:context="com.cangwang.modulebus.ModuleMainActivity">

    <RelativeLayout
        android:id="@+id/page_name"
        android:layout_width="match_parent"
        android:layout_height="50dp"/>
    <RelativeLayout
        android:id="@+id/page_bodyT"
        android:layout_width="match_parent"
        android:layout_height="50dp"
        android:layout_below="@+id/page_name"/>
    <RelativeLayout
        android:id="@+id/page_bodyB"
        android:layout_width="match_parent"
        android:layout_height="120dp"
        android:layout_alignParentBottom="true"/>
</RelativeLayout>
```

在 PageConfig 中添加需要加载的业务模块的入口文件地址，用于反射创建：

```
public static final String MODULE_PAGE_NAME ="com.cangwang.page_name.PageNameModule";
public static final String MODULE_BODY_NAME ="com.cangwang.page_body.PageBodyModule";
```

然后 ModuleFactory 使用反射创建的方式创建出 module 实例：

```
public class CWModuleFactory {
    public static CWAbsModule newModuleInstance(String name){
```

```
        if (name ==null || name.equals("")){
            return null;
        }
        try{
            Class<? extends CWAbsModule> moduleClzz = (Class<? extends
CWAbsModule>) Class.forName(name);
            if (moduleClzz !=null){
                CWAbsModule instance = (CWAbsModule)moduleClzz.newInstance();
                return instance;
            }
            return null;
        }catch (ClassNotFoundException e){
            e.printStackTrace();
        }catch (InstantiationException e){
            e.printStackTrace();
        }catch (IllegalAccessException e){
            e.printStackTrace();
        }
        return null;
    }
}
```

业务Module入口需要继承CWAbsModule抽象类，PageNameModule继承的CWBasicModule已经继承了抽象类：

```
public class PageNameModule extends ELBasicModule implements ModuleImpl{
    private Activity activity;
    private ViewGroup parentViewGroup;
    private View pageNameView;
    private TextView pageTitle;

    @Override
    public void init(ELModuleContext moduleContext, String extend) {
        super.init(moduleContext, extend);
        activity = moduleContext.getActivity();
        parentViewGroup = moduleContext.getView(0);
        this.moduleContext = moduleContext;
        initView();
```

```
            ModuleBus.getInstance().register(this);
        }

        private void initView(){
            pageNameView   =   LayoutInflater.from(activity).inflate(R.layout.
page_name_layout,parentViewGroup,true);
            pageTitle = (TextView) pageNameView.findViewById(R.id.page_title);
        }
    }
```

将 module 的布局动态地添加到宿主 Activity 的 viewGroup 中，完成分发的效果。这里需要注意，每个 module 中的 layout、id 等资源命名需要唯一，这样做会避免资源被意外替换的问题。

Activity 的初步分发是其他深度控件分发的基础，建议参照 ModuleBus 示例理解。

5.2 Fragment 分发

Fragment 是非常实用的 Android 组件，原生 Fragment 是 API11（Android 3.0）引入的，support 库引入的 Fragment 最小支持 API9（Android 2.3）。

Android 起初已经设定了 Fragment 的运行规则，可以将 Fragment 看作嵌套于 Activity 中的一个非常大的业务，其拥有自身独立的生命周期。不同的业务 module 也能嵌套到 Fragment 中。

5.2.1 Fragment 的生命周期

与 Activity 相似，Fragment 也有生命周期，如图 5-7 所示。

Fragment 的生命周期和 Activity 的生命周期非常相似，但 Fragment 也有其他的生命周期函数。

Fragment 必须依赖一个 Activity 运行，所以 Activity 生命周期调用会优先于 Fragment，并且 Fragment 比 Activity 轻量很多。

- onAttach 是 Fragment 与 Activity 的建立关联时被调用的函数，用于获得 Activity 传递的值。
- onDetach 是 Fragment 与 Activity 的关联被取消时调用的函数。
- onCreateView 在创建 Fragment 视图时调用。
- onActivityCreated 在初始化 onCraeteView 方法的视图后返回时被调用。
- OnDestroyView 在 Fragment 视图被移除时调用。

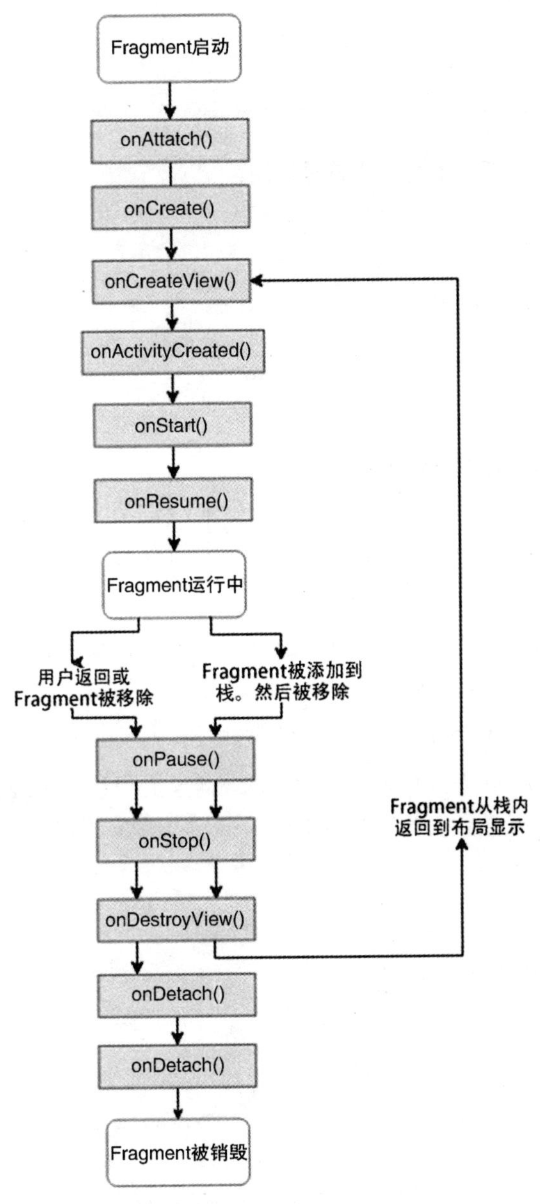

图 5-7　Fragment 的生命周期

Fragment 视图的生命周期简要解析。

（1）Fragment 创建时调用：

```
onAttatch->onCreate->onCreateView->onActivityCreated
```

（2）Fragment 可见时调用：

```
onStart->onResume
```

（3）Fragment 进入后台不可见状态时调用：

```
onPause->onStop
```

（4）Fragment 销毁时调用：

```
onPause->onStop->onDestroyView->onDestroy->onDetach
```

5.2.2 Fragment分发技术 [2]

Fragment 可以看作需要依赖 Activity 而存在的一个大业务，但是系统已经为它嵌入好了生命周期，并且 Fragment 拥有自身栈管理的机制。

参照上一节中介绍的 Activity 生命周期分发，Fragment 通过 Fragment 生命周期进行分发，然后通过自定义的 ModuleManager 来进行管理，如图 5-8 所示。

Fragment 分发的参数和 Activity 分发的参数并没有太大的差别。

分发流程需要在初始化布局后才能关联视图。通过上一节对 Fragment 生命周期的介绍，我们知道 onViewCreated 函数触发时机是在 Fragment 布局初始化完成后，可以在 onViewCreated 中初始化 moduleManager。

```
public abstract class ModuleManageFragment extends Fragment{
    private View rootView;
    private FragmentModuleManager moduleManager;

@Override
public void onViewCreated(View view, @Nullable Bundle savedInstanceState) {
//模块管理初始化
moduleManager = new FragmentModuleManager();
        moduleManager.initModules(savedInstanceState,getActivity(),
rootView,moduleConfig());
}
}
```

[2] https://github.com/cangwang/ModuleBus。

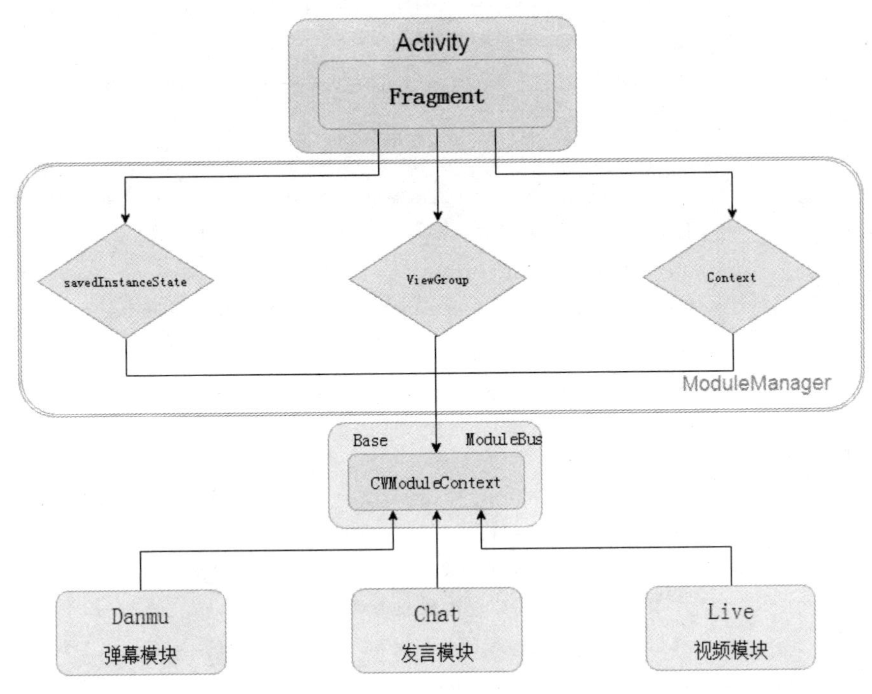

图 5-8 Fragment 分发架构

在 ModuleManageActivity 中使用 onCreate 来初始化生命周期，而在 Fragment 中使用 onCreateView 来嵌入模块分发。

```
public class FragmentModuleManager extends ModuleManager{
    private static final String TAG = "FragmentModuleManager";

    public void initModules(Bundle saveInstance, Activity activity,View rootView,ArrayMap<String,ArrayList<Integer>> modules){
        if (activity == null || modules == null) return;
        moduleConfig(modules);
        initModules(saveInstance,activity,rootView);
    }

    public void initModules(Bundle saveIntanceState, Activity activity, View rootView){
        //获取配置
        for(String moduleName:getModules().keySet()){
            if (ModuleUtil.empty(moduleName)) return;
```

```
                Log.d(TAG,"FragmentModuleManager init module name: "+ moduleName);
                //创建模块
                ELAbsModule module = ELModuleFactory.newModuleInstance
(moduleName);
                if (module!=null){
                    ELModuleContext moduleContext = new ELModuleContext();
                    //关联 Activity
                    moduleContext.setActivity(activity);
                    moduleContext.setSaveInstance(saveIntanceState);

                    //关联视图
                    SparseArrayCompat<ViewGroup> sVerticalViews = new
SparseArrayCompat<>();
                    ArrayList<Integer> viewIds = getModules().get(moduleName);
                    if (viewIds !=null && viewIds.size() >0){
                        for (int i = 0;i<viewIds.size();i++){
                            //添加视图到视图列表
                   sVerticalViews.put(i,(ViewGroup)rootView.findViewById
(viewIds.get(i).intValue()));
                        }
                    }

                    moduleContext.setViewGroups(sVerticalViews);  //保存视图
                    module.init(moduleContext,"");          //初始化各个 module
                    allModules.put(moduleName,module);
                }
            }
        }
    }
```

Fragment 要传入 rootView 到 moduleManager 中，让视图列表能通过 rootView 查询到 id 对应的视图。

Fragment 的分发渲染机制如图 5-9 所示。

Fragment 与 Activity 页面分发机制除了生命周期不同，基本上并没太大的差别。Activity 分发就相当于 Activity 中嵌套多个 View，而 Fragment 分发是 Fragment 中嵌套多个 View。但 Fragment 比 Activity 轻量许多，对资源的消耗也少一些。

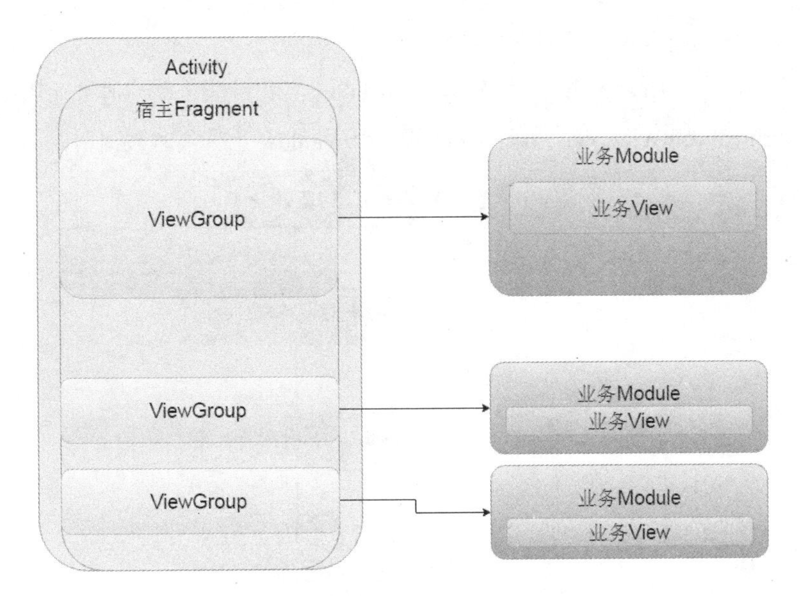

图 5-9　Fragment 的分发渲染机制

5.3　View 分发

进一步从粒度的角度分析，View 是比 Fragment 更小粒度的分发。但是 View 有特殊性，其生命周期和运行机制有别于 Activity 和 Fragment。Activity 和 Fragment 的分发是将 ViewGroup 作为布局的载体，需要更加深刻理解 View 的生命周期和嵌入分发形式。

5.3.1　View 的生命周期

View 的生命周期如图 5-10 所示。

Android 中的 View 有两种构造方法被调用的情况。

（1）在 View 创建时调用。

（2）在 layout 文件加载时被调用。

- onFinishInflate：当 View 及其子 View 从 XML 文件中加载完成后会被调用；
- onAttachedToWindow：当前 View 被附到一个 window 上时被调用；
- onMeasure：计算当前 View 及其所有子 View 的尺寸大小时被调用；
- onSizeChanged：当前 View 的尺寸变化时被调用；
- onLayout：当前 View 需要为其子 View 分配尺寸和位置时被调用；

- onDraw：绘制 View 呈现的内容时调用；
- onWindowFocusChanged：当前 View 的 window 获得或失去焦点时被调用；
- onDetachedFromWindow：当前 View 从一个 window 上分离时被调用。

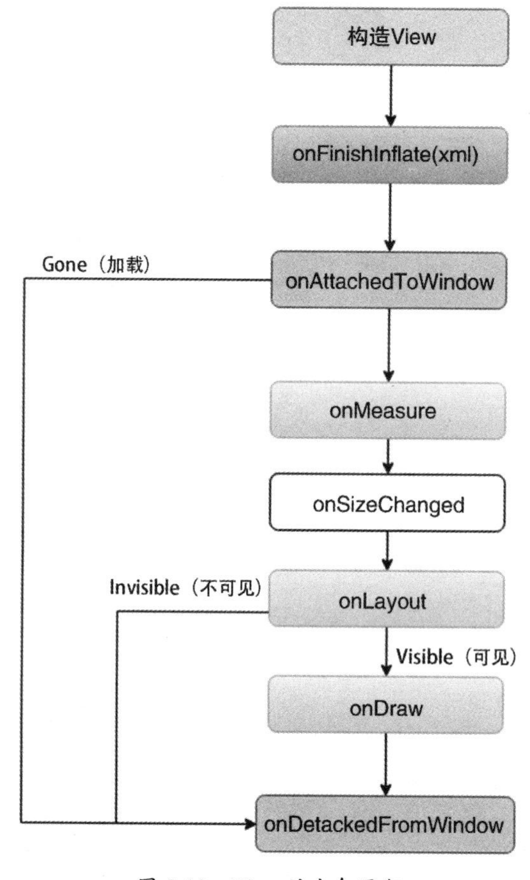

图 5-10　View 的生命周期

View 被加载时，根据参数会有三种情况。

（1）View 在 Visible（可见）时的调用：

```
onAttatchedWindow->onMeasure->onSizeChange->onLayout->onDraw
```

（2）View 在 Invisible（不可见）时的调用：

```
onAttatchedWindow->onMeasure->onSizeChange->onLayout
```

（3）View 在 Gone（加载）时只调用 onAttachedWindow。

View 被销毁时调用：

```
onWindowFoncusChanged->onWindowVisibilityChanged->onDetachedFromWindow
```

Activity 和 View 的生命周期的关联情况如图 5-11 所示。

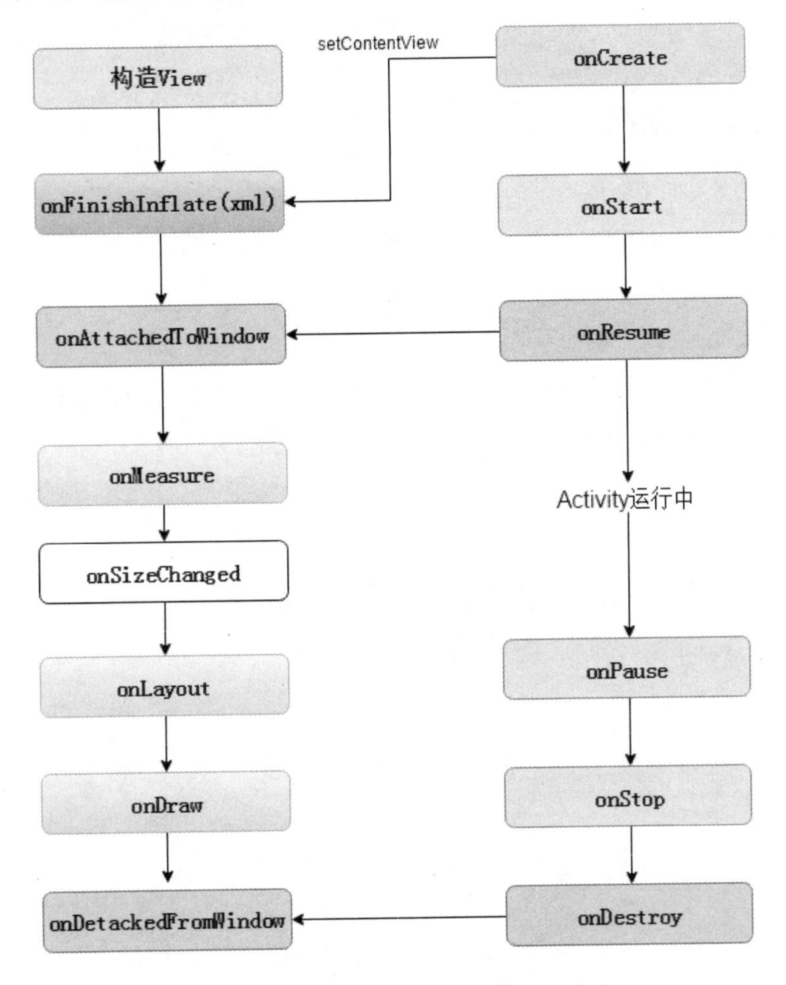

图 5-11　Activity 和 View 生命周期关联

（1）Activity 在 onCreate 阶段会使用 setContentView 将 XML 布局文件的控件映射到 Activity 布局中。此时 View 会执行构造方法，完成初始化后回调 onFinishInflate 方法。

（2）在调用生命周期 onResume 之后，View 会相应调用 onMeasure 方法来测量自身大小，如果大小发生变化就继续调用 onSizeChanged，接着通过 onLayout 计算放置在布局中的位置，之后调用 onDraw 来绘制界面，Activity 会调用 onWindowFocusChanged 来改变焦点。

（3）onPause 和 onStop 会触发 onWindowFocusChanged，告知外界 Activity 已经失去焦点。

（4）在 Activity 销毁调用 onDestroy 时，View 会从 Activity 解绑并调用 onDetachedFromWindow。

（5）异常回收 Activity 的情况下，保存状态时调用 onSaveInstanceStae，恢复时调用 onRestoreInstanceState。View 自身也存在这两个对应的函数，用来保存视图状态。

（6）View 也拥有 onConfigurationChange 函数，用于触发视图配置变更，如横竖屏切换操作。

5.3.2 View 分发技术

介绍了 View 自身的生命周期之后，需要注意分发的问题：

（1）沿用 View 自身的生命周期，还是使用依附的 Activity 的生命周期？

（2）Activity 和 View 的生命周期非共通处的处理。

（3）如何嵌入会更加方便地降低耦合？

从生命周期的角度分析，View 的生命周期分发并不能完全地嵌入到 Activity 的生命周期中。

View 也依赖于 Activity 显示，某些生命周期和 Activity 生命周期共通，那么就可以选择性地嵌入，分发架构如图 5-12 所示。

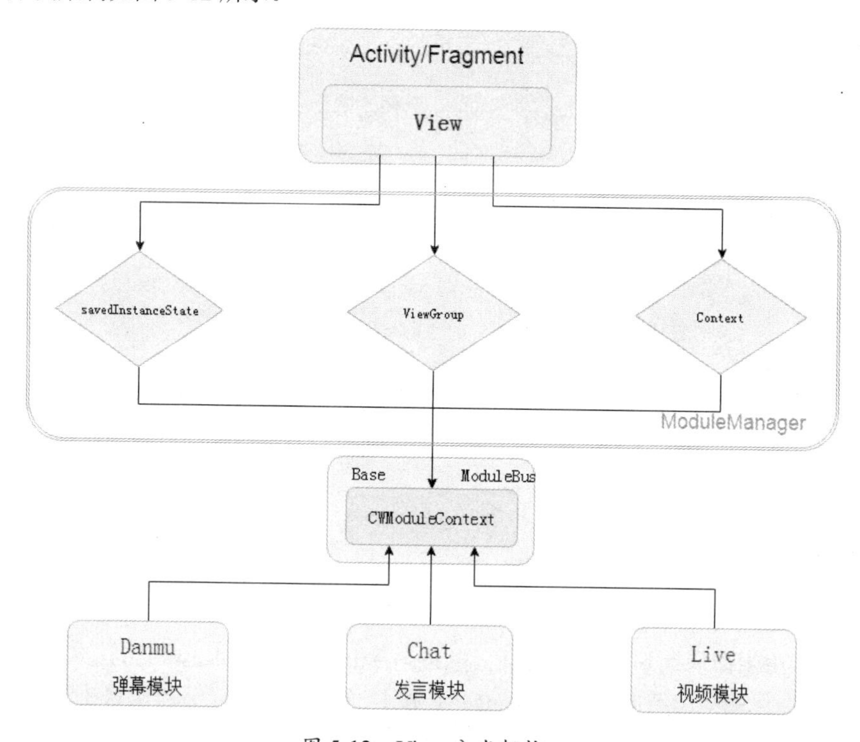

图 5-12 View 分发架构

需要定义一个 ViewModuleManger，和 Fragment 分发中的 FragmentMoudleManager 大致一样。

ModuleMangerView 继承于 View，是分发的宿主。

```
public abstract class ModuleManagerView extends View {
    private ViewModuleManager moduleManager;

    public ModuleManagerView(Context context) {
        super(context);
    }

    public ModuleManagerView(Context context, Bundle savedInstanceState,
View rootView) {
        super(context);
        moduleManager = new ViewModuleManager();
        moduleManager.initModules(savedInstanceState, (FragmentActivity)
context, rootView, moduleConfig());
    }

    public abstract ArrayMap<String, ArrayList<Integer>> moduleConfig();

    public void onResume() {
        if (moduleManager != null)
            moduleManager.onResume();
    }

    public void onPause() {
        if (moduleManager != null)
            moduleManager.onPause();
    }

    public void onStop() {
        if (moduleManager != null)
            moduleManager.onStop();
    }

    @Override
    protected void onConfigurationChanged(Configuration newConfig) {
```

```
        super.onConfigurationChanged(newConfig);
        if (moduleManager != null)
            moduleManager.onConfigurationChanged(newConfig);
    }

    @Override
    protected void onDetachedFromWindow() {
        if (moduleManager != null)
            moduleManager.onDestroy();
        super.onDetachedFromWindow();
    }
}
```

嵌入流程：

（1）ModuleMangerView 方法会嵌套到 Activity 的 onCreate 或 Fragment 的 onViewCreated 中，然后根据 Activity 和 View 的生命周期进行关联。

（2）调用 Activity 的 onResume 方法后会调用 View 的 onAttachedToWindow 方法，但是 onAttachedToWindow 的每个 View 只会被调用一次，还需要编写额外的 onResume 方法。

（3）onPause 和 onStop 方法也只能手动嵌入。

（4）onDetachedFromWindow 在 Activity 销毁或者 View 主动销毁时会调用。这里就可以嵌入到 Activity onDestroy 或 Fragment 的 onDestroyView 方法中。

代码如下：

```
public class ModuleExampleFragment extends ModuleManageFragment {
    private ModuleManagerView moduleManagerView;
    ......
    @Nullable
    @Override
    public View onCreateView(LayoutInflater inflater, @Nullable ViewGroup
container, @Nullable Bundle savedInstanceState) {
        View view = super.onCreateView(inflater, container, savedInstanceState);
        moduleManagerView = new ModuleManagerView(getActivity(),
savedInstanceState,view.findViewById(R.id.page_view)) {
            @Override
            public ArrayMap<String, ArrayList<Integer>> moduleConfig() {
                ArrayMap<String, ArrayList<Integer>> map = new ArrayMap<>();
```

```
                map.put(PageConfig.MODULE_VIEW_PAGE_NAME,new
ArrayList<Integer>(){{add(R.id.page_view);}});
                return map;
            }
        };
        return view;
    }

    @Override
    public void onStop() {
        super.onStop();
        if (moduleManagerView !=null)
            moduleManagerView.onStop();
    }

    @Override
    public void onPause() {
        super.onPause();
        if (moduleManagerView !=null)
            moduleManagerView.onPause();
    }

    @Override
    public void onResume() {
        super.onResume();
        if (moduleManagerView !=null)
            moduleManagerView.onResume();
    }
}
```

业务 module 中的编写规则和 Activity/Fragment 分发时一致，这里就不重复介绍了。

View 分发消耗的资源相比于 Activity 和 Fragment 要少很多，但是其机制要求生命周期兼容，所以配置工作量会比前两者多。

推荐使用 Activity 和 Fragment 进行分发。使用 View 进行分发虽然解耦性更高，但会引入大量的 module，增加编译配置等问题，所以不推荐使用。

5.4 依赖倒置

有以下两种情形：

- 你去小卖部，想买瓶可乐，你和店家很熟，自己找到放可乐的位置取一瓶，然后结账。
- 你去小卖部，想买瓶可乐，你告诉店家你要买可乐，然后他帮你取一瓶，然后结账。

自己取一瓶可乐然后结账虽然快捷，但前提是要熟悉这家店，知道商品的位置，而且需要得到店家的允许。另外一种，店家完全管理店内的事务，你只要告诉他你的需求，他就会满足你，并且可以得到他的建议。

这两种方式各有好处。但是从设计上考虑，肯定是第二种更加优越，因为其职责分离，更适合服务顾客。

5.4.1 依赖倒置原则

依赖倒置原则是指程序要依赖于抽象接口，不依赖于具体实现。依赖倒置原则的核心是面向接口编程。

高层模块不应该依赖低层模块，都应该依赖其抽象，抽象不会依赖于细节，而细节应该依赖于抽象。

（1）底层模块尽量使用抽象或者接口定义。

（2）变量的类型尽量是抽象类或者接口。

（3）优先遵循里氏替换原则，子类必须实现父类中的所有方法。

依赖倒置原则能使业务得到进一步解耦。

依赖倒置原则并不只在代码规范中应用，模块的架构设计也可以借鉴此思想。

5.4.2 依赖倒置分发

引用前面小卖部的例子，假设我拥有一份购买列表（module 配置列表），去市场（宿主）中不同的店家（业务 module）中购买东西（创建 module 实体）。

如图 5-13 所示，对比一下之前的分发图，其中宿主的 ViewGroup 是满屏的，业务 module 的布局使用了依赖倒置的架构并添加到了宿主中。

宿主的布局提供不同的层级，分发给外部的业务 module，业务 module 添加自身显示布局到相应的宿主层级中。

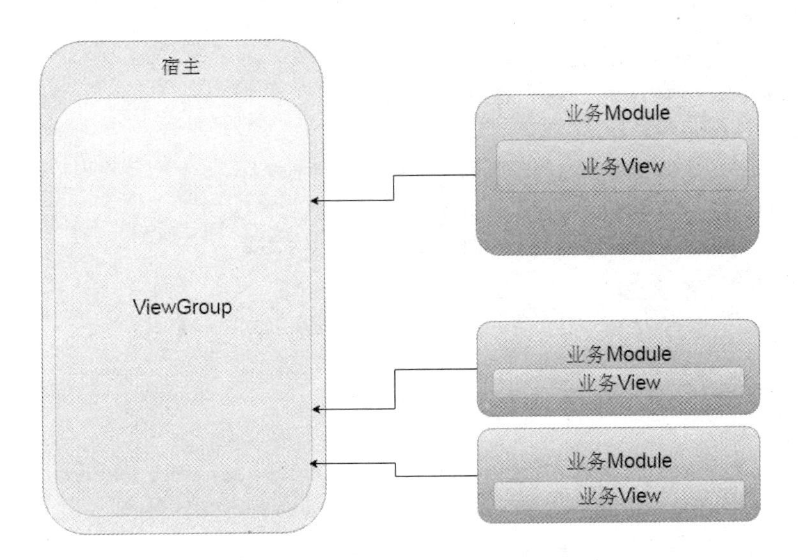

图 5-13　依赖倒置页面结构

层级布局叠加问题会在 5.7 节层级限制中详细介绍。

如图 5-14 所示，框架中宿主默认拥有 Top、Center、Bottom 三个不同的层级，其布局是可以遮挡覆盖的，层级使用 RelativeLayout 的相对布局可以减少重复绘制。

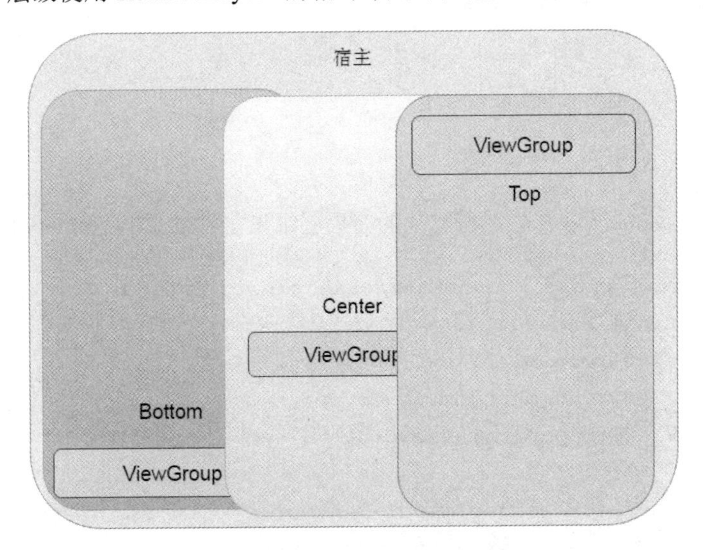

图 5-14　宿主页面布局结构

这里需要在每个模块的 base 分发类中获取不同层级的布局。

```
public class CWBasicExModule extends CWAbsExModule {
```

```
    public Activity context;
    public FragmentActivity mContext;
    public CWModuleContext moduleContext;
    public Handler handler;
    public ViewGroup parentTop;        //顶层布局
    public ViewGroup parentBottom;     //底层布局
    public ViewGroup parentCenter;     //中层布局
    public View own;
    public List<View> viewList = new ArrayList<>();

    @CallSuper
    @Override
    public boolean init(CWModuleContext moduleContext, Bundle extend) {
        context = moduleContext.getActivity();
        parentTop = moduleContext.getView(CWModuleContext.TOP_VIEW_GROUP);
        parentBottom = moduleContext.getView(CWModuleContext.BOTTOM_VIEW_
GROUP);
        parentCenter = moduleContext.getView(CWModuleContext.PLUGIN_
CENTER_VIEW);
        handler = new Handler();
        return true;
    }
    ......
}
```

使用 Activity/Fragment 分发时，将默认的布局层级设定到抽象的 Activity/Fragment 中。

```
public abstract class ModuleManageExActivity extends AppCompatActivity{
    private final String TAG = "ModuleManageExActivity";
    private ViewGroup mTopViewGroup;
    private ViewGroup mBottomViewGroup;
    private ViewGroup pluginViewGroup;

    private ModuleExManager moduleManager;
    private CWModuleContext moduleContext;

    @SuppressWarnings("deprecation")
    @Override
```

```
        protected void onCreate(@Nullable Bundle savedInstanceState) {
            super.onCreate(savedInstanceState);
            setContentView(R.layout.module_rank_layout);
            ModuleBus.getInstance().register(this);
            //设定多个层级
            mTopViewGroup = (ViewGroup) findViewById(R.id.layout_top);
            mBottomViewGroup = (ViewGroup) findViewById(R.id.layout_bottom);
            pluginViewGroup = (ViewGroup) findViewById(R.id.layout_plugincenter);
            moduleManager = new ModuleExManager();
            moduleManager.moduleConfig(moduleConfig());
            initView(savedInstanceState);
        }

        public void initView(Bundle mSavedInstanceState){
            moduleContext = new CWModuleContext();
            moduleContext.setActivity(this);
            moduleContext.setSaveInstance(mSavedInstanceState);
            //关联视图
            SparseArrayCompat<ViewGroup> sVerticalViews = new
SparseArrayCompat<>();
            sVerticalViews.put(CWModuleContext.TOP_VIEW_GROUP, mTopViewGroup);
            sVerticalViews.put(CWModuleContext.BOTTOM_VIEW_GROUP,
mBottomViewGroup);
            sVerticalViews.put(CWModuleContext.PLUGIN_CENTER_VIEW,
pluginViewGroup);
            moduleContext.setViewGroups(sVerticalViews);

            Observable.fromIterable(moduleManager.getModuleNames())
                    .map(new Function<String, ModuleInfo>() {
                        @Override
                        public ModuleInfo apply(@NonNull String s){
                            return new ModuleInfo(s, CWModuleExFactory.
newModuleInstance(s));
                        }
                    })
    //              .delay(10, TimeUnit.MILLISECONDS)
                    .subscribeOn(Schedulers.io())
                    .observeOn(AndroidSchedulers.mainThread())
```

```
                    .subscribe(new Consumer<ModuleInfo>() {
                        @Override
                        public void accept(@NonNull ModuleInfo elAbsModule){
                            try {
                                if(elAbsModule!=null){
                                    long before = System.currentTimeMillis();
                                    elAbsModule.module.init(moduleContext, null);
                                    Log.d(TAG, "modulename: " + elAbsModule.
getClass().getSimpleName() + " init time = " + (System.currentTimeMillis() -
before) + "ms");
                                    moduleManager.putModule(elAbsModule.name,
elAbsModule.module);
                                }
                            }catch (Exception ex){
                                Log.e(TAG,ex.toString());
                            }
                        }
                    });
    }

    //获取配置列表
    public abstract List<String> moduleConfig();
......
}
```

这里使用 onCreate/onCreateView 初始化宿主布局，并且初始化模块的布局。moduleManager 需要嵌入到 Activity/Fragment 的各个生命周期中，让其可以跟随生命周期。initView 初始化每个 module，使用 RxJava 链式响应操作来完成加载，能极大减少加载时间。

```
public class ModuleMainExActivity extends ModuleManageExActivity{

    @Override
    protected void onCreate(@Nullable Bundle savedInstanceState) {
        super.onCreate(savedInstanceState);
    }

    @Override
    public List<String> moduleConfig() {
```

```
        List<String> moduleList= new ArrayList<>();
        moduleList.add(PageExConfig.MODULE_PAGE_NAME);
        moduleList.add(PageExConfig.MODULE_BODY_NAME);
        return moduleList;
    }
}
```

在具体宿主的 Activity/Fragment 中配置业务模块列表，列表中包含每个 module 的初始化入口类，通过动态反射初始化的方式实现（可以参照 2.4.4 节，这里不再重复介绍）。

在业务模块中需要配置 init 函数以启动入口的初始化操作。

```
public class PageBodyExModule extends CWBasicExModule implements ModuleImpl{
    private View pageBodyView_fi;
    private View pageBodyView_se;
    private TextView pageBodyTop;
    private TextView pageBodyBottom;
    private Button changeNameBtn;
    private Button addTitle;
    private Button removeTitle;

    @Override
    public boolean init(CWModuleContext moduleContext, Bundle extend) {
        super.init(moduleContext, extend);
        this.moduleContext = moduleContext;
        initView();
        return true;
    }

    private void initView(){
        //直接添加布局到父布局中
        pageBodyView_fi = LayoutInflater.from(context).inflate(R.layout.
page_body_fi,parentTop,true);
        pageBodyTop = (TextView) pageBodyView_fi.findViewById(R.id.page_
body_top);
        //动态添加布局
        pageBodyView_se = LayoutInflater.from(context).inflate(R.layout.
page_body_se,null);
        RelativeLayout.LayoutParams rl = new RelativeLayout.LayoutParams
```

```
(ViewGroup.LayoutParams.MATCH_PARENT, ViewGroup.LayoutParams.MATCH_PARENT);
            if (parentBottom!=null)
                parentBottom.addView(pageBodyView_se,rl);
            }
        }
    }
```

在业务模块中初始化布局有两种方式。

- 使用 inflate 直接添加布局到父布局（三层布局）中。
- 使用 addView 方式动态添加布局。

当 View 初始化后，可以嵌入生命周期来编写具体的代码。

依赖倒置的设计方案解放了每个 Module 对宿主 Activity/Fragment 在布局上的依赖。

下一节将介绍如何进一步解耦入口配置上的依赖。

5.5 组件化列表配置

以后的某一天，当我们打开冰箱后，冰箱就知道里面缺少了什么食材，然后连接市场终端，市场终端告诉冰箱其拥有的食材，自动将食材打包好并传输到客户家中。

当分发配置一个新业务时，就如同手动添加一个购买清单到食材列表中，再到市场上按照列表进行采购。这样的设计需要单独配置模块列表。

第 1 章介绍的多个开源框架中使用编译时注解来生成代码，如 EventBus、ARouter 等，编译时形成索引列表，然后在 App 启动时加载索引列表。这里分发的业务配置的方法，可以参照使用编译时注解的方式，在编译时形成路径索引。

5.5.1 Javapoet 语法基础

第 2 章介绍的开源框架中，使用了编译时注解可以大大减少重复代码的编写，在编译期可以先处理配置关系等工作。

Javapoet[3]是Java编译时注解开发的工具库，poet是诗人的意思，用Java写诗，是多美好的事啊。

Javapoet 提供编写 Java 代码的接口，在编译器中自动生成源代码。

---

[3] https://github.com/square/javapoet。

Javapoet 中有五个常用的类。

- ParameterSpec：参数声明。
- MethodSpec：构造函数或方法声明。
- TypeSpec：类、接口或者枚举声明。
- FieldSpec：成员变量。
- JavaFile：包含拥有一个类对象的 Java 文件。

用 generateHelloworld 方法来编写一个包含 hello 的 Java 文件，请注意注释：

```
private void generateHelloworld() throws IOException{
    //main 代表方法名
    MethodSpec main = MethodSpec.constructorBuilder("HelloWorld")
            //Modifier 是修饰的关键字
            .addModifiers(Modifier.PUBLIC)
            //添加 string[]类型的名为 text 的参数
            .addParameter(String[].class, "text")
            .addStatement("$T.out.println($S)", System.class,"Hello World")
//添加代码,这里$T 和$S 后面会讲,这里其实就是添加了 System,out.println("Hello World");
            .build();
    //HelloWorld 是类名
    TypeSpec typeSpec = TypeSpec.classBuilder("HelloWorld")
            .addModifiers(Modifier.FINAL,Modifier.PUBLIC)
            .addMethod(main)  //在类中添加方法
            .build();
    JavaFile javaFile = JavaFile.builder("cangwang.com.helloworld",
typeSpec)  //HelloWorld 是类名
            .build();
    javaFile.writeTo(System.out);   //输出到调试面板中
}
```

- XXXSpec 类使用了典型的建造者的设计模式。
- xxxBuilder 是声明命名，如 classBuilder 类构造、constructorBuilder 构造器、enumBuilder 枚举、interfaceBuilder 接口构造。
- addModifiers 是添加修饰的关键字。

以下重点介绍一些 Javapeot 中常用的方法和属性。

- $L、$T、$S、$N 都是占位符。

- $L：常量。
- $S：String 类型。
- $T：变量指定类型，可以通过 ClassName 来指定外部类名。
- $N：生成的方法名或者变量名。

FieldSpec

Initializer：添加变量初始化值。

MethodSpec

- addParameter：添加方法中的参数。
- addStatement：添加一行中显示的内容。
- addCode：可过拼接字符串来编写代码。

另一种方式，可以通过 SpannableBuilder 来完成代码拼接。

在编写 for/while 时需要用到以下关键字。

- beginControlFlow：在行的末尾添加大括号开始符“{”和代码缩进。
- endControlFlow：在末尾添加结束大括号结束符“}”和缩进。
- addJavadoc("XXX")：在方法上添加注释。
- addAnnotation(Override.class)：在方法上添加注解。

TypeSpec

- addStaticImport：引用需要的 Java 包。
- addMethod：在类中添加方法。
- addField：添加参数。
- build：创建编写代码。

JavaFile

- build：创建 Java 文件
- writeTo：将代码块输入到某个地址中。

编写顺序必须遵循：

```
FieldSpec → ParameterSpec → MethodSpec → TypeSpec → JavaFile
```

限于篇幅的问题，只介绍 Javapeot 常用的基础接口，有兴趣深入了解 Javapoet 的读者可以上官网查看。

5.5.2　编译时注解配置

Android Studio并没有提供一个关于编译时注解的开发模板给开发者使用，使用IntelliJ IDEA[4]可以完全支持编译时注解的编写。Android Studio只能通过JavaLibrary模块来进行改造。

以ModuleBus[5]为例，新建两个JavaLibrary的工程，如图 5-15 所示。

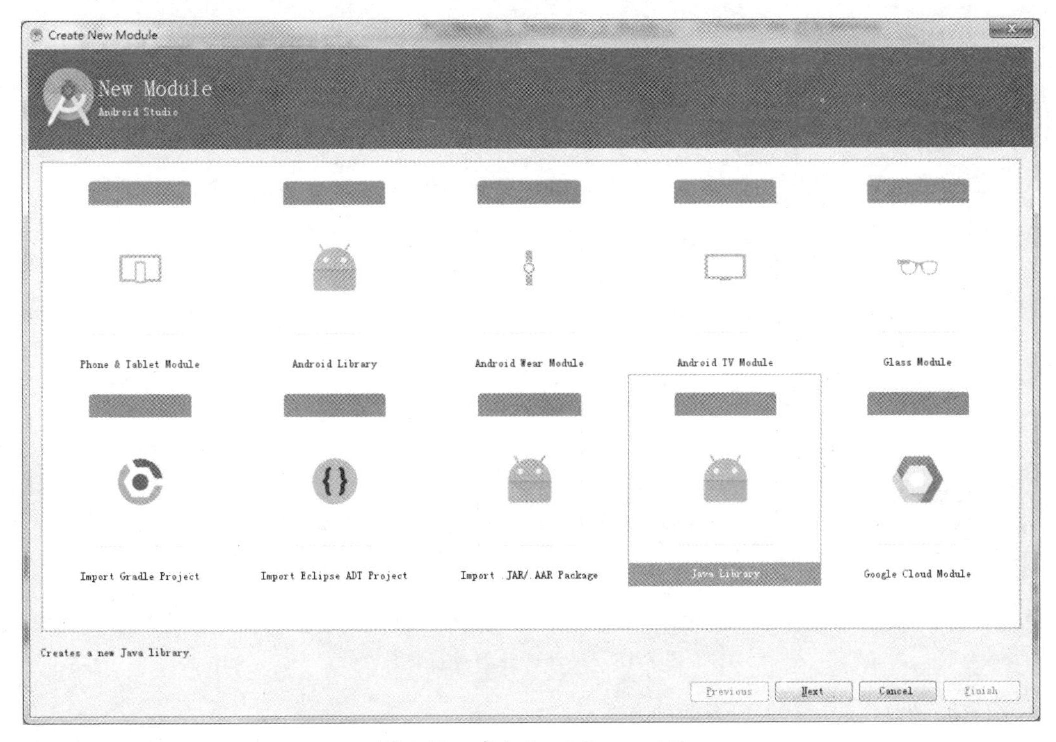

图 5-15　建立 JavaLibrary 工程

分别命名为 annotation 和 compiler，如图 5-16 所示。

在 annotation module 中编写一些编译时注解类，如图 5-17 所示。

[4] https://www.jetbrains.com/idea/。

[5] https://github.com/cangwang/ModuleBus/tree/ModuleBus_Ex2。

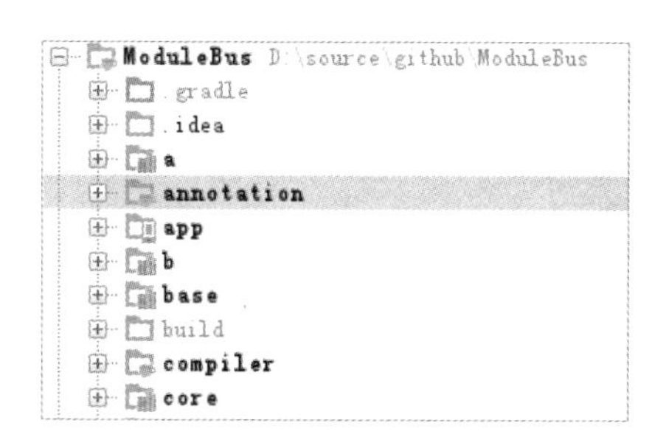

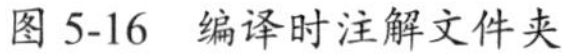
图 5-16 编译时注解文件夹

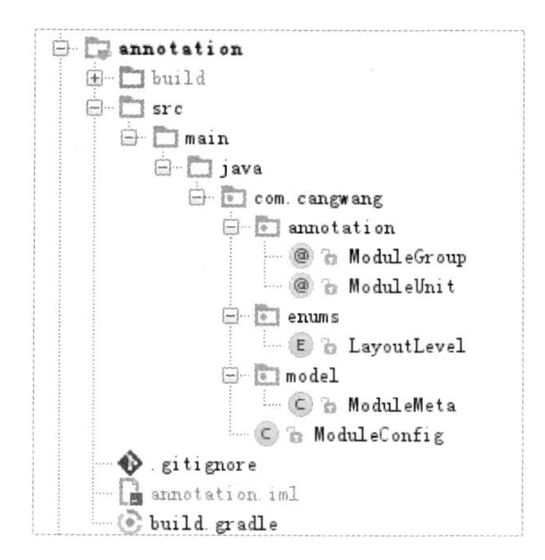

图 5-17 注解文件

compiler module 用于运行编译时注解，编译器编写出新的 Java 文件，如图 5-18 所示。

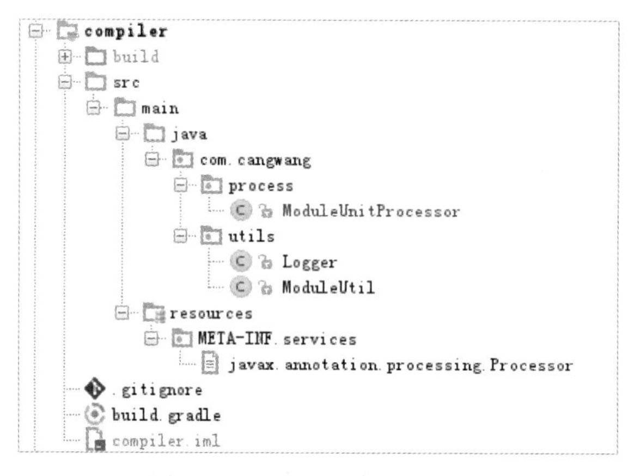

图 5-18 编译时注解运行文件

配置编译时注解运行入口有两种方式：

（1）使用Google的AutoService[6]，通过编译时注解来添加javax.annotation.processing.Processor文件。

（2）在根目录下新建 resources 文件夹，在里面建立 META-INF.service 文件夹，然后定义 javax.annotation.processing.Processor 文件。在此文件中添加运行 Javapeot 代码的包名和地址。例如，ModuleBus 的 compile 库配置的 processor 是：

```
com.cangwang.process.ModuleUnitProcessor
```

6 https://github.com/google/auto/tree/master/service。

配置此入口索引，Javapjoet 框架才能在程序编译时先运行 processor 的内容。

编译时注解依赖配置如图 5-19 所示。

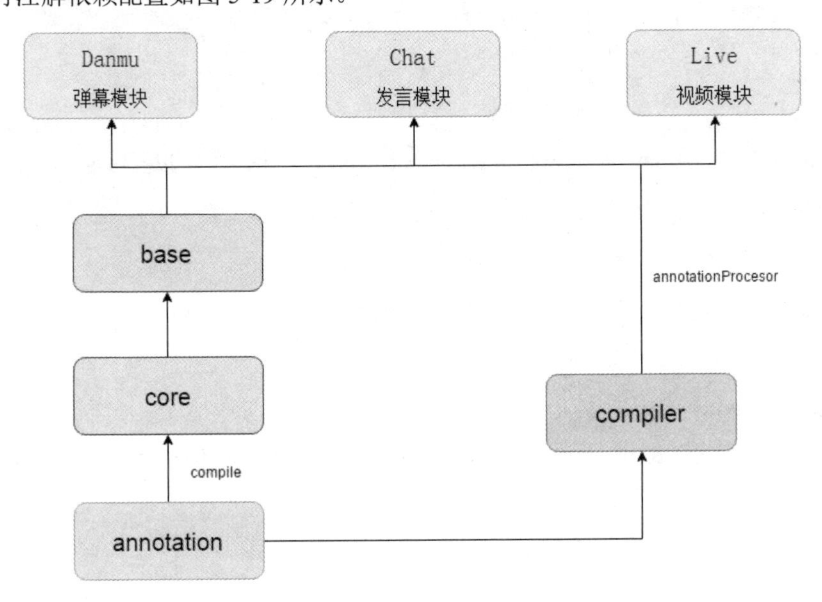

图 5-19　编译时注解依赖配置

需要在 Base module 中添加注解引用的 annotation 模块：

```
compile project(':annotation')
```

在业务 module 的 build.gradle 中配置 annotationProcessor 引用：

```
dependencies {
    annotationProcessor project(":compiler")
}
```

5.5.3　集成配置列表

在编写前需要在 compiler 中添加 build.gradle 来引用一些库：

```
apply plugin: 'java'
dependencies {
    compile fileTree(dir: 'libs', include: ['*.jar'])
    compile 'com.google.auto.service:auto-service:1.0-rc2'
```

```
    compile 'com.squareup:javapoet:1.7.0'
    compile project(':annotation')
    compile 'org.apache.commons:commons-lang3:3.4'
    compile 'org.apache.commons:commons-collections4:4.1'
}
```

build.gradle 中需要引用 Java 基础环境和 auto-service、javapoet 两个库，以及自定义的 annotation 库。

对配置列表使用编译时注解的步骤如下所述。

（1）ModuleUnit 用于记录每个 module 配置相关的信息

（2）ModuleUnitProcessor 用于读取注解，生成 Java 代码文件。

（3）App 启动时，Application 汇总所有模块的信息。

（4）ModuleCenter 将所有模块的信息保存为模块列表。

（5）当分发的 Acitvity/Fragment 启动后，通过 ModuleBus 抽取不同模板配置的 module 列表，完成启动加载。

组件化配置列表的流程如图 5-20 所示。

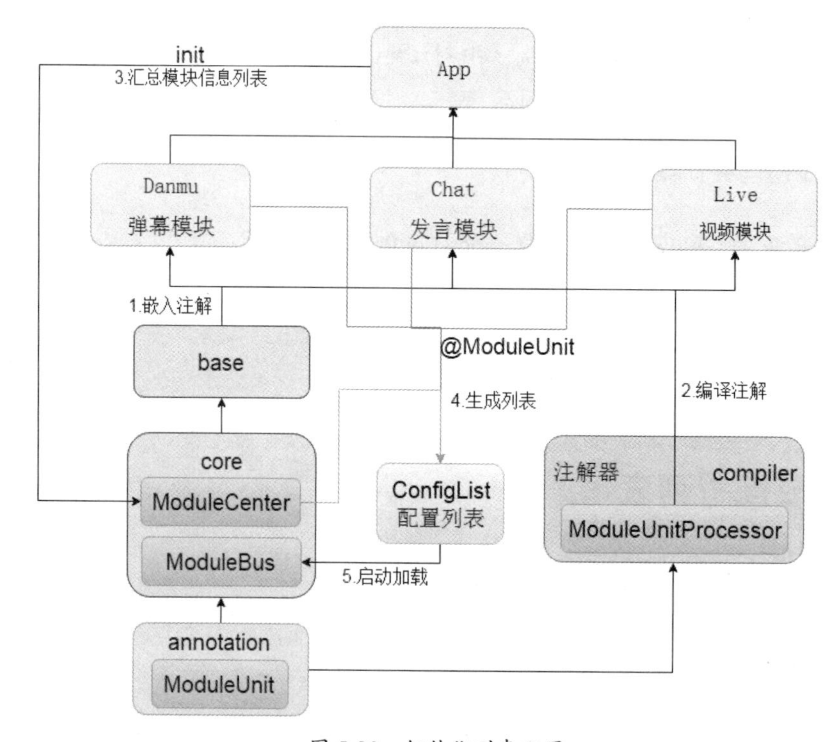

图 5-20　组件化列表配置

模块配置列表的设计源于 ARouter 编译时注解的概念。

下面介绍每个关键文件的实现，ModuleUnit 记录业务模块的基础信息。

```
/**
 * Module 单元注解
 */
@Target({ElementType.TYPE})
@Retention(RetentionPolicy.CLASS)
public @interface ModuleUnit {
    String templet() default "normal";   //设定模板名字
    String title() default "CangWang";  //业务模块名字
    LayoutLevel layoutlevel() default LayoutLevel.NORMAL;  //层级编排
    int extralevel() default 0;  //层级内排序
}
```

注解的模块数据需要转化成模块信息实体，当 ModuleCenter 启动时汇总模块信息。

```
public class ModuleMeta {
    public String templet;
    public String moduleName;
    public String title;
    public LayoutLevel layoutlevel;
    public int extralevel;

    public ModuleMeta(String templet,String moduleName,String title,int
layoutlevel,int extralevel){
        this.templet = templet;
        this.moduleName = moduleName;
        this.title = title;
        if (layoutlevel == 500){  //层级默认为五层
            this.layoutlevel = LayoutLevel.VERY_LOW;
        }else if (layoutlevel == 400){
            this.layoutlevel = LayoutLevel.LOW;
        }else if (layoutlevel == 300){
            this.layoutlevel = LayoutLevel.NORMAL;
        }else if (layoutlevel == 200){
            this.layoutlevel = LayoutLevel.HIGHT;
        }else if (layoutlevel == 100){
```

```
            this.layoutlevel = LayoutLevel.VERY_HIGHT;
        }
        this.extralevel = extralevel;
    }

    //提供给编译时在注解中使用
    public ModuleMeta(ModuleUnit unit,String moduleName){
        this.moduleName = moduleName;
        this.templet = unit.templet();
        this.layoutlevel = unit.layoutlevel();
        this.extralevel = unit.extralevel();
        this.title = unit.title();
    }
```

上一节提及编译时注解的编写步骤：

FieldSpec → ParameterSpec → MethodSpec → TypeSpec → JavaFile

下面分析编译时注解代码的生成（请注意查看注释）。

```
@AutoService(Processor.class)  //自动运行编译时注解文件
public class ModuleUnitProcessor extends AbstractProcessor {
    // 保存业务模块信息
    private Map<String, ModuleMeta> groupMap = new HashMap<>();
    private Filer mFiler;       // 文件工具，写入 class 文件到硬盘地址中
    private Logger logger;      // 日志打印工具
    private Types types;
    private Elements elements;  //文件环境信息

    /**
     * 初始化调用
     * @param processingEnv 编译时环境变量
     */
    @Override
    public synchronized void init(ProcessingEnvironment processingEnv) {
        super.init(processingEnv);
        mFiler = processingEnv.getFiler();                  // Generate class.
        logger = new Logger(processingEnv.getMessager());   // Package the
log utils.
```

```
        types = processingEnv.getTypeUtils();          // Get type utils.
        elements = processingEnv.getElementUtils();     // Get class meta.
        logger.info("ModuleUnit init");
    }

    /**
     * 编译时注解运行
     * @param set
     * @param roundEnvironment
     * @return
     */
    @Override
    public boolean process(Set<? extends TypeElement> set, RoundEnvironment
roundEnvironment) {
        if(CollectionUtils.isNotEmpty(set)){  //判断不为空
            Set<? extends Element> modulesElements = roundEnvironment.
getElementsAnnotatedWith(ModuleUnit.class);  //获取 MoudleUnit 注解对象信息
            try {
                logger.info(">>> Found moduleUnit, start... <<<");
                //解析注解对象信息并编写 Java 文件
                parseModulesGroup(modulesElements);

            } catch (Exception e) {
                logger.error(e);
            }
        }
        return false;
    }

    /**
     * 声明需要支持的注解类型
     * @return
     */
    @Override
    public Set<String> getSupportedAnnotationTypes() {
        Set<String> annotations = new LinkedHashSet<>();
        annotations.add(ModuleUnit.class.getCanonicalName());
        return annotations;
```

```
        }

        /**
         * 使用的 Java 版本
         * @return
         */
        @Override
        public SourceVersion getSupportedSourceVersion() {
            return SourceVersion.latestSupported();
        }

        private void parseModulesGroup(Set<? extends Element> modulesElements)
throws IOException {
            if (CollectionUtils.isNotEmpty(modulesElements)){
                logger.info(">>> Found moduleUnit, size is " + modulesElements.
size() + " <<<");

                //ModuleMeta 类
                ClassName moduleMetaCn = ClassName.get(ModuleMeta.class);
                //Set<ModuleMeta>参数类型声明
                ParameterizedTypeName inputMapTypeOfGroup =
ParameterizedTypeName.get(
                        ClassName.get(Set.class),
                        ClassName.get(ModuleMeta.class)
                );

                //groups 参数
                ParameterSpec groupParamSpec = ParameterSpec.builder
(inputMapTypeOfGroup,"metaSet").build();

                //添加 loadInto 方法
                MethodSpec.Builder loadIntoMethodOfRootBuilder = MethodSpec.
methodBuilder(ModuleUtil.METHOD_LOAD_INTO)
                        .returns(void.class)
                        .addAnnotation(Override.class)
                        .addModifiers(Modifier.PUBLIC)
                        .addParameter(groupParamSpec);
```

```
            for (Element element:modulesElements){ //循环遍历注解
                ModuleUnit
moduleUnit=element.getAnnotation(ModuleUnit.class);
                ClassName name = ClassName.get(((TypeElement)element));
                //获取类名信息
                String address = name.packageName()+"."+name.simpleName();
                //真实模块入口地址：包名+类名
                ModuleMeta moduleMeta= new ModuleMeta(moduleUnit,address);
                //构造模块信息
                groupMap.put(element.getSimpleName().toString(),moduleMeta);

                //分割地址名
                String[] nameZone = splitDot(moduleMeta.moduleName);
                moduleMeta.title = !moduleMeta.title.equals("CangWang") ?
moduleMeta.title:nameZone[ nameZone.length-1]; //获取类名

                String[] templets = split(moduleMeta.templet); //获取模板名数组
                for (String templet:templets) { //添加业务模块到声明模板中
                    loadIntoMethodOfRootBuilder.addStatement("metaSet.add
(new $T($S,$S,$S,$L,$L))",
                            moduleMetaCn,
                            templet,
                            moduleMeta.moduleName,
                            moduleMeta.title,
                            moduleMeta.layoutlevel.getValue(),
                            moduleMeta.extralevel
                    );
                }

                logger.info(">>> build moduleUnit,moduleMeta = " +
moduleMeta.toString() + " <<<");

                //构造 Java 文件
                JavaFile.builder(ModuleUtil.FACADE_PACKAGE,      //指定包名
                        TypeSpec.classBuilder(ModuleUtil.NAME_OF_MODULEUNIT+
name.simpleName()) //构造类
                                .addJavadoc(ModuleUtil.WARNING_TIPS) //构造注释
                                .addSuperinterface(ClassName.get(elements.getTy
```

```
peElement(ModuleUtil.IMODULE_UNIT)))  //继承接口
                              .addModifiers(Modifier.PUBLIC) //修饰符
                              .addMethod(loadIntoMethodOfRootBuilder.build())
//添加方法
                              .build()
                  ).build().writeTo(mFiler);  //写到硬盘地址中
              }
          }
      }

      /**
       * 分割载入模块名
       * @param groupName
       * @return
       */
      private String[] splitDot(String groupName){
          return groupName.split("\\.");
      }

      /**
       * 分割载入多模板
       * @param groupName
       * @return
       */
      private String[] split(String groupName){
          return groupName.split(",");
      }
  }
```

这里使用了 Google 的 AutoService，在编译时自动生成 META-INF 等信息。

在业务模块的入口中声明注解@ModuleUnit：

```
@ModuleUnit(templet = "top,normal")
public class PageNameExModule extends CWBasicExModule implements
ModuleImpl{
......
```

在 App 模块 Application 初始化时，调用 ModuleCenter 汇总的全部模块信息，并进行模板排列等处理工作。

```
@Override
protected void attachBaseContext(Context base) {
    super.attachBaseContext(base);
    ModuleBus.init(base);
}

public class ModuleCenter {
    private final static String TAG = "ModuleCenter";

    private static Set<ModuleMeta> group= new HashSet<>();
    private static Map<String,Set<ModuleMeta>> sortgroup = new HashMap<>();

    public synchronized static void init(Context context){
        try {
            List<String> classFileNames = ClassUtils.getFileNameByPackageName
(context, ModuleUtil.NAME_OF_MODULEUNIT);  //获取指定 ModuleUnit$$的类名的文件
            for (String className:classFileNames){
                if
(className.startsWith(ModuleUtil.ADDRESS_OF_MODULEUNIT)){
                    IModuleUnit iModuleUnit = (IModuleUnit)(Class.forName
(className).getConstructor().newInstance());
                    iModuleUnit.loadInto(group);  //加载列表
                }
            }
            Log.i(TAG,"group ="+group.toString());
            sort(group);

        }catch (Exception e){
            Log.e(TAG,e.toString());
        }
    }

    /**
     * 排列 Module 列表
     * @param group
     */
```

```
    private static void sort(Set<ModuleMeta> group){
        for (ModuleMeta meta:group){
            Log.i(TAG,"meta ="+meta.toString());
            Set<ModuleMeta> metaSet = new HashSet<>();
            if (sortgroup.get(meta.templet) != null) {
                metaSet = sortgroup.get(meta.templet);
            }
            metaSet.add(meta);
            sortgroup.put(meta.templet, metaSet);
        }
    }

    private static String[] split(String groupName){
        return groupName.split(",");
    }

    /**
     * 获取模板模块列表
     * @param templet 模板名
     * @return
     */
    public static List<String> getModuleList(String templet){
        List<String> list = new ArrayList<>();
        if (sortgroup.containsKey(templet)) {
            for (ModuleMeta meta : sortgroup.get(templet)) {
                list.add(meta.moduleName);
            }
        }else {
            Log.i(TAG,"do not have key "+ templet);
        }
        Log.i(TAG,"list ="+list.toString());
        return list;
    }
}
```

在需要调用 Activity/Fragment 时，通过模板名称就可以获取需要加载的业务模块的列表。

```
public class ModuleMainExActivity extends ModuleManageExActivity{
```

```
    @Override
    protected void onCreate(@Nullable Bundle savedInstanceState) {
        super.onCreate(savedInstanceState);
    }

    @Override
    public List<String> moduleConfig() {
        //获取名为 top 的模块列表
        return ModuleBus.getInstance().getModuleList("top");
    }
}
```

根据需求，同一个模块可以配置到多个模板上使用，这样就可以复用模块。

组件化列表配置能够进一步将配置业务解耦，再扩展定制业务的位置、层级等参数，就能形成丰富的多模板操作。

5.6 加载优化

优化的核心是时间和空间之间的转换，而优化也有很多细节，本节介绍的是加载中的优化。

可以使用以下三种加载优化策略。

（1）预加载。

（2）线程加载。

（3）懒加载。

5.5 节介绍的编译时注解就属于预加载处理，其原理是通过编译时注解来优化配置列表，通过 Application 启动时进行初始化来配置组件化列表。

编译时注解可以说是外部优化的非常有效的方式，很多先进的开源框架都在使用。接下来介绍两种 Android 和 Java 内部提供的有效的加载方式——使用线程加载和懒加载对分发架构进行优化。

5.6.1 线程加载

App 中的 UI 更新只能在 UI 线程（主线程）中进行。多模块涉及 UI 界面渲染加载时，只能通过 UI 线程上进行串行的处理。可以只使用 for 循环直接在主线程中加载。

```
public void initModules(Bundle saveInstance, Activity activity) {
    if (getModules() ==null) return;

    //遍历模块
    for(String moduleName: getModules().keySet()) {
        ELAbsModule module = ELModuleFactory.newModuleInstance(moduleName);
        Log.d(TAG, "ActivityModuleManager init module name: " + moduleName);

        if (module != null) {
            ELModuleContext moduleContext = new ELModuleContext();
            moduleContext.setActivity(activity);
            moduleContext.setSaveInstance(saveInstance);

            //关联视图
            SparseArrayCompat<ViewGroup> viewGroups = new
SparseArrayCompat<>();
            ArrayList<Integer> mViewIds = getModules().get(moduleName);
            if (mViewIds != null && mViewIds.size() > 0) {
                for (int i = 0; i < mViewIds.size(); i++) {
                    viewGroups.put(i, (ViewGroup) activity.findViewById
(mViewIds.get(i).intValue()));
                }
                moduleContext.setViewGroups(viewGroups);
                module.init(moduleContext, ""); //模块初始化
            }
        }
        allModules.put(moduleName,module);
    }
}
```

单页面加载少量模块时，这样处理模块加载并不会出现问题。

但是在开发迭代时，模块越来越多，全部模块加载出来的时间会越来越长，究其原因是模块初始化需要在 UI 线程中串行加载。特别在低端的机型中，在 CPU/GPU 运算不理想的情况下，主线程加载缓慢非常容易造成 ANR 和初始化界面卡顿等问题。

解决方案：抽取出可以在后台线程运行的代码，保留模块在 UI 线程中进行初始化。

这里就涉及 Java 线程池的操作和 Android 中的线程切换。

UI线程在App初始化后是一直存在的，Android提供Handler机制可以将切换任务抛送到UI上进行。在分发模块设置起初，各个module中的init方法用于初始化界面工作。尽量不要在init中做过多主线程的操作。

工作线程（非UI线程）可以通过新建线程或获取线程池中缓存的方式来实现。使用工作线程操作一些非UI相关的任务，例如模块构造、模块懒加载等。

Java线程池

Java通过Executors提供四种线程池，分别为：

- newCachedThreadPool，创建一个可缓存线程池，如果线程池长度超过处理需要，可灵活回收空闲线程，若无可回收，则新建线程。
- newFixedThreadPool，创建一个定长线程池，可控制线程最大并发数，超出的线程会在队列中等待。
- newScheduledThreadPool，创建一个定长线程池，支持定时及周期性任务执行。
- newSingleThreadExecutor，创建一个单线程化的线程池，它只会用唯一的工作线程来执行任务，保证所有任务按照指定顺序执行。

选择使用最后一个newSingleThreadExcutor线程池，因为模块通过addView的方式添加到父布局中，那么就决定了其UI层级的先后顺序。线程池中有唯一一个线程时可以保证执行任务的顺序，如果使用多个线程初始化模块，每个模块耗时并非相同，不会保证模块执行的顺序。Handler基于消息队列MessageQueue，消息队列也能保证执行顺序。两者结合就能保证线程切换的执行顺序也是确定的。下一节详细介绍层级问题。

```
//初始化Handler
private Handler handler = new Handler();
//初始化线程池
private ExecutorService pool = Executors.newSingleThreadExecutor();
public void initView(Bundle mSavedInstanceState){
   /*初始化层级代码段*/

    for (final String moduleName:moduleManager.getModuleNames()){
       //线程池构造对象
        pool.execute(new Runnable() {
            @Override
            public void run() {
                final CWAbsExModule module = CWModuleExFactory.newModuleInstance
(moduleName);
```

```
                if (module!=null){
                    handler.post(new Runnable() {
                        @Override
                        public void run() {
                           //UI 线程初始化布局
                            module.init(moduleContext, null);
                            moduleManager.putModule(moduleName, module);
                        }
                    });
                }
            }
        });
    }
}
```

是否也可以使用 Android 原生的 AsyncTask 来进行切换呢？AsyncTask 也可以设置串行操作，如果模块比较多，加载时间长，突然使用横竖屏等重新构建 Activity 操作，容易导致引用未释放，从而造成内存泄漏。如果 AsyncTask 被声明为 Activity 的非静态的内部类，那么 AsyncTask 会保留一个创建了 AsyncTask 的对 Activity 的引用。如果 Activity 已经被销毁，AsyncTask 的后台线程还在执行，它将继续在内存里保留这个引用，导致 Activity 无法被回收，引起内存泄露。Handler 使用的时候也需要注意内存泄露的问题，在 destroy 页面销毁时一定要释放 Handler 和持有 Context。

进一步可以使用 RxJava 的方式来进行逻辑优化，RxJava 的线程切换核心思想也是线程池+Handler 组合。

```
    public void initView(Bundle mSavedInstanceState){
        /*初始化层级代码段*/

        Observable.fromIterable(moduleManager.getModuleNames())
                .map(new Function<String, ModuleInfo>() {
                    @Override
                    public ModuleInfo apply(@NonNull String s){
                        return new ModuleInfo(s, ELModuleExFactory.
newModuleInstance(s));
                    }
                })
                .subscribeOn(Schedulers.io())
```

```
                .observeOn(AndroidSchedulers.mainThread())
                .subscribe(new Consumer<ModuleInfo>() {
                    @Override
                    public void accept(@NonNull ModuleInfo elAbsModule){
                        try {
                            if(elAbsModule!=null){
                                long before = System.currentTimeMillis();
                                elAbsModule.module.init(moduleContext, null);
                                Log.d(TAG, "modulename: " +
elAbsModule.getClass().getSimpleName() + " init time = " +
(System.currentTimeMillis() - before) + "ms");
                                moduleManager.putModule(elAbsModule.name,
elAbsModule.module);
                            }
                        }catch (Exception ex){
                            Log.e(TAG,ex.toString());
                        }
                    }
                });
        }
```

因为 ModuleBus 会封装为第三方工具库，这样做会使库的容量增大，出于不应该过度依赖引入其他第三方库的考虑，所以库内提供的是普通线程池+Handler 的调用方式，慎重考虑是否要引入 RxJava 库。

5.6.2　模块懒加载

移动端设备屏幕是非常小的，5 到 6 寸屏同时容纳的内容非常有限。App 页面设计不会让所有的内容全部呈现，不然会有内容过多、用户关注重点被干扰等问题。

不需要立刻显示的模块可以使用懒加载的形式来进行加载。

5.3 节介绍了 View 的生命周期，有三种显示状态。

- Visible：有界面布局占位且显示在界面中。
- Invisible：有界面布局占位，但并未渲染在界面中显示。
- Gone：只创建了实例，并未有界面布局占位，也并未渲染在界面中显示。

View 的绘制机制是：

创建 View→界面布局占位→界面渲染

因为有层级的显示顺序是通过 addView 来完成布局的动态加载的，那么加载时就必须占位来保证显示顺序。

使用 Invisible 就可以保持布局占位，并且不显示在界面上。但是使用 Invisible 并不能进行懒加载。

使用懒加载有两种不同的方式：

（1） 先添加一个空 ViewGroup（RelativeLayout）占位，在收到事件或其他触发任务时，使用真正的布局替换空的 ViewGroup（RelativeLayout），然后进行初始化。

（2） 通过使用 ViewStub 的形式来完成占位，通过收到事件或其他触发时机用真正的布局替换 ViewStub，然后进行初始化。

第一种方式是添加，第二种方式是替换，不同之处在于第一种方式比第二种方式多一个 ViewGroup（RelativeLayout）的层级。

```
public class PageBodyExModule extends ELBasicExModule{
private View mRoot;
   private ViewStub stub;
private TextView pageBodyText;

   @Override
   public boolean init(ELModuleContext moduleContext, Bundle extend) {
      super.init(moduleContext, extend);
      stub = new ViewStub(mContext);  //初始化 ViewStub
      viewGroup.addView(stub);
      return true;
   }

   private void initView(){
      //设置替换 ViewStub 布局
      stub.setLayoutResource(R.layout.layout_page_body);
      mRoot = stub.inflate();   //初始化替换布局
   pageBodyText = (TextView)mRoot.findViewById(R.id.pagebody_text);
   /*懒加载代码段*/
}

@ModuleEvent(coreClientClass = IBaseClient.class)
   public void changeNameTxt(String name){
```

```
        initView();  //收到消息懒加载模块
            pageTitle.setText(name);
        }
    }
```

ViewStub 拥有一个 layout 属性和 inflateId 属性。在布局 XML 文件中填写需要加载的 layout 布局和布局对应的 inflateId，ViewStub 在被 setVisible 时会自动加载 layout 属性中的布局，findViewById 绑定 inflateId 就能绑定 layout 控件。

ViewStub 的运行原理：视图加载时，在 onMeasure 方法中调用 setMeasuredDimension 传递的参数 measureWidth 和 measureHeight 的值为 0，draw 方法被置空。ViewStub 只要被 inflate 后，会实例化制定的布局，并添加到 ViewStub 的父视图中显示。ViewStub 的 setVisibility()方法被调用时，指定的 layout 布局同样也可以被实例化。

从结构上了解 View 加载时机和原理，清楚认识 Java 和 Android 提供加载的工具和视图显示原理，才能更容易找到合理的优化方式。

5.7 层级限制

1. 循环加载

上一节介绍过布局是在 UI 线程中加载的，其原理是通过使用 Handler 消息队列来实现线性加载。模块界面布局是有占位层级的，通过 addView 的方式来添加到界面中显示，就必须确定模块加载的顺序。

起初，直接编写模块加载列表的方式来安排层级，如图 5-21 所示。

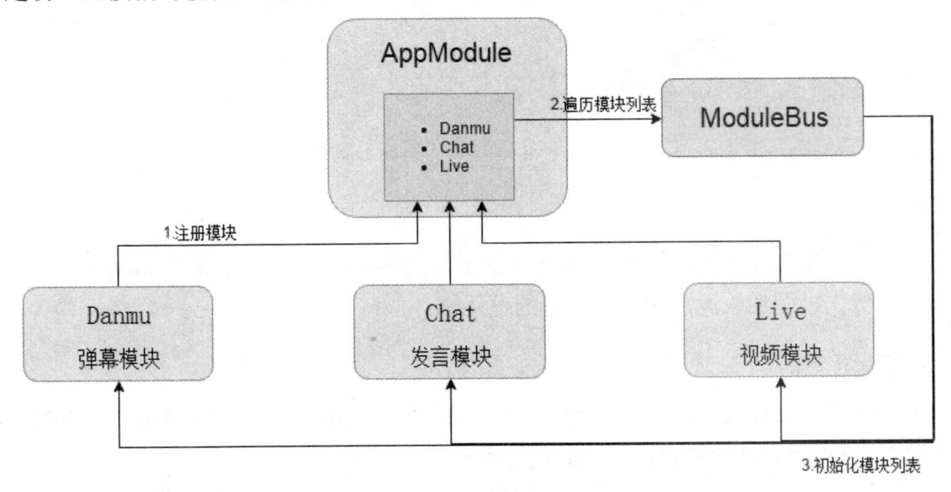

图 5-21 模块初始化

这种方式的好处在于非常直观地看清了全部模块的层级顺序，容易调整层级。

缺点在于模块列表只能放置在 Application module 中，需要完全暴露包名和路径名到列表中，无法做到每个模块配置绝对解耦。

2. 编译时注解列表

5.5 节组件化列表配置中使用了编译时注解，规定了模块注解参数的排列规则，将每个模块的加载顺序和初始化配置都安排在每个模块编译时生成。

Application 启动时，通过注解信息排列加载顺序的方式来完成加载模块操作，如图 5-22 所示。

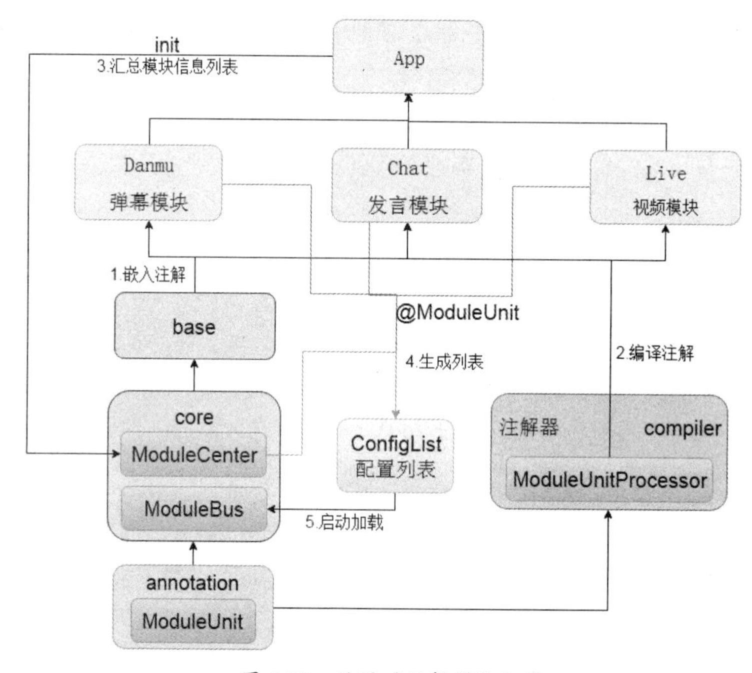

图 5-22　编译时注解模块加载

3. 懒加载

5.6.2 节模块懒加载中使用了 ViewStub 的方式来替换布局，相当于使用 merge 属性来贴合 XML 布局，优化页面加载速度和模块加载的灵活性。

4. 层级优化策略

（1）全部模块都使用 ViewStub 的方式来布局占位，好处在于一开始就可以给全部模块安排层级顺序，可以更合理地安排层级加载的顺序。

解放线程池只能通过单线程顺序加载进行限制，可以有效利用多线程来优化加载速度。

如果选用 ViewGroup（RelativeLayout）来布局占位，就可以通过 addView 的形式来添加多个 View 模块。

（2）5.8 节会介绍分发模块进化成多模板的机制。多模板的产生会让页面多模块更加多样化，但是多样化就预示着模块会更加多变，模块间的配置更加灵活，需要充分考虑布局层级顺序和显示效果，实现局部的动态配置。

通过模板标识模块列表和不同模板列表来加载布局。考虑使用注解参数来配置模块布局位置。

5.8　多模板设计

多模板设计是使用多种不同的模块组合，形成一个最小的模块加载列表。例如，直播间中有双人直播模板、官方频道模板，QQ 聊天室有轻聊版本、全功能聊天模板等。

通过组件化可以开发出不同的模板，5.5 节介绍的模块列表配置中，每个 module 单元的注解中都有 template 的属性，这个参数是用于记录模板类型的。

本节介绍组件化中的多模块开发。

5.8.1　多模板注解

5.5.3 节介绍了配置单模板的注解方式。

这里添加了一个新的注解 ModuleGroup，用于保存多个单模块注解 ModuleUnit 的信息。

```
@Target(ElementType.TYPE)
@Retention(RetentionPolicy.SOURCE)
public @interface ModuleGroup {
   ModuleUnit[] value();
}
```

然后在对应的 module 启动文件中使用 ModuleGroup 配置多个启动模板中需要使用的配置文件。以 ModuleBus_Ex2 中的 PageNameModule 为例：

```
@ModuleGroup({
        @ModuleUnit(templet = "top",layoutlevel = LayoutLevel.LOW),
        @ModuleUnit(templet = "normal",layoutlevel = LayoutLevel.VERY_LOW)
})
public class PageNameExModule extends CWBasicExModule{
```

```
        /**代码**/
    }
```

编写一个新的 ModuleGroupProcessor 文件用于解析 ModuleGroup 中注解信息。

```
public class ModuleGroupProcessor  {

    public static void parseModulesGroup(Set<? extends Element>
modulesElements, Logger logger, Filer mFiler, Elements elements) throws
IOException{
        if (CollectionUtils.isNotEmpty(modulesElements)) {
            logger.info(">>> Found moduleGroup, size is " + modulesElements.
size() + " <<<");
            for (Element element:modulesElements){
                if (element!=null){
                    //遍历 moduleGroup
                    ModuleGroup group = element.getAnnotation
(ModuleGroup.class);
                    if (group!=null){
                        ModuleUnit[] units = group.value();
                        //解析 ModuleUnit 数据，并生成 IModuleUnit 文件
                        parseModules(units,element,logger,mFiler,elements);
                    }
                }
            }
        }
    }
```

可以看出，用来解析 ModuleGroup 中的 ModuleUnit 可以简单地复用 5.5.3 节中使用的 ModuleUnit 的解析方式。

下面是 NameModule 中生成的解析：

```
public class ModuleUnit$$PageNameExModule implements IModuleUnit {
  @Override
  public void loadInto(List<ModuleMeta> metaSet) {
    metaSet.add(new ModuleMeta("top","com.cangwang.page_name.
PageNameExModule","PageNameExModule",400,0));
    metaSet.add(new ModuleMeta("normal","com.cangwang.page_name.
```

```
PageNameExModule","PageNameExModule",500,0));
        }
    }
```

ModuleCenter 中并没有添加任何变更，可以支持 ModuleGroup 的注解添加。

5.8.2 脚本配置

使用脚本配置，可以把 App 启动时 ModuleCenter 汇总合成的 module 信息列表，提前在编译期就构建完成 Module 信息列表。

Android 在运行期可以简单读取脚本数据格式是 XML 和 JSON 的数据。考虑到易读性和数据传输速度，首选使用 JSON 数据，JSON 读取数据的速度一般比 XML 快一倍以上。而且现在大多网络数据都使用 JSON 格式，在 5.8.3 节中会提及网络动态配置列表。

想要在编译期完成脚本配置，就需要在编译期编写 JSON 脚本。

原理如图 5-23 所示。

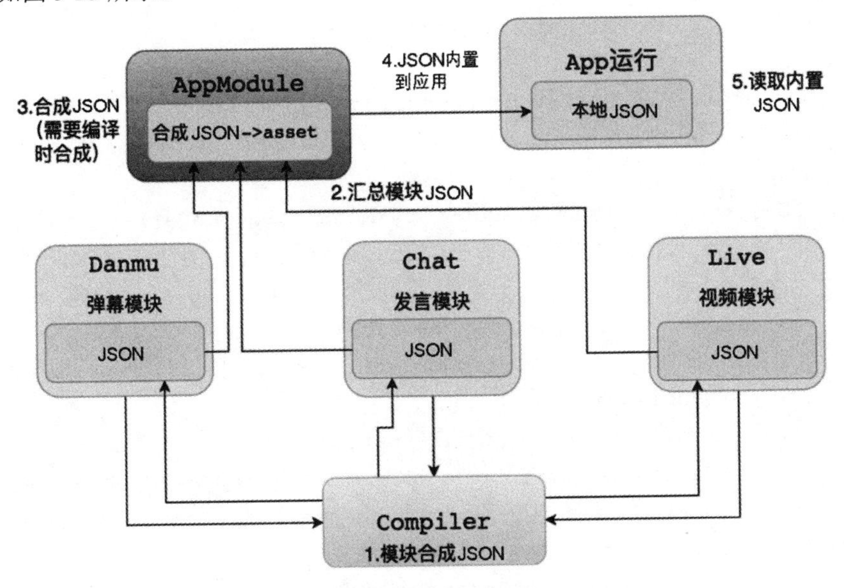

图 5-23　编译时注解合成 JSON

以ModuleBus_Ex4[7]为示例，解析实现方式。

（1）编译时运行的 compiler module 是无法直接使用 Java 的 JSON 库的。需要添加库引用，

[7] https://github.com/cangwang/ModuleBus/tree/ModuleBus_Ex4。

而 Java 的公开的 JSON jar 库只支持 Maven 和 Java1.5 版本，所以并不适合 Android Studio 开发。

解决这个问题需要引入 Android 开发中的常用工具 Gson 作为 JSON 解析库。

```
dependencies {
    compile fileTree(include: ['*.jar'], dir: 'libs')
    compile 'com.google.auto.service:auto-service:1.0-rc3'
    compile 'com.squareup:javapoet:1.9.0'
    compile project(':annotation')
    compile 'org.apache.commons:commons-lang3:3.4'
    compile 'org.apache.commons:commons-collections4:4.1'
    //引入 Gson 的 JSON 解析库
    compile 'com.google.code.gson:gson:2.8.1'
}
```

（2）注解的元素不需要变更，需要编写制作 JSON 注解器。需要形成每个 module 的 JSON 文件。

```
    public class ModuleUnitProcessor {

    public static JsonArray parseModules(Set<? extends Element>
modulesElements,Logger logger,Filer mFiler,Elements elements) throws
IOException {
        if (CollectionUtils.isNotEmpty(modulesElements)){
            logger.info(">>> Found moduleUnit, size is " + modulesElements.
size() + " <<<");
            JsonArray array = new JsonArray();
            for (Element element:modulesElements) {  //遍历 module 元素
                ModuleUnit
moduleUnit=element.getAnnotation(ModuleUnit.class);
                ClassName name = ClassName.get(((TypeElement)element));
                String path = name.packageName()+"."+name.simpleName();
//真实模块入口地址 包名+类名
                JsonObject jsonObject = new JsonObject();
                jsonObject.addProperty("path",path);
                jsonObject.addProperty("templet",moduleUnit.templet());
                jsonObject.addProperty("title",moduleUnit.title());
                jsonObject.addProperty("layoutLevel",moduleUnit.
layoutlevel().getValue());
```

```
                jsonObject.addProperty("extraLevel",moduleUnit.extralevel());
                array.add(jsonObject);
            }
            return array;
        }
        return null;
    }
```

通过遍历读取 ModuleUnit 的注解来编写一个 JsonObject 的对象，然后添加到 JsonArray 中。ModuleGroup 分解为多个 ModuleUnit 执行以上的操作。

然后将 JsonArray 对象信息写入到注解 module 的 src/assets/center.json 文件中。

```
    //遍历注解
    //解析 ModuleUnit 注解获取 JsonArray 对象
    JsonArray  units  =  ModuleUnitProcessor.parseModules(moduleUnitElements,
logger, mFiler, elements);
    //解析 ModuleGroup 注解获取 JsonArray 对象
    JsonArray groups = ModuleGroupProcessor.parseModulesGroup
(moduleGroupElements, logger, mFiler, elements);

    if (moduleName != null) {
        JsonArray moduleArrary = new JsonArray();
        if (units != null)
            moduleArrary.addAll(units);
        if (groups != null)
            moduleArrary.addAll(groups);
        if (moduleArrary.size() > 0) {
            //创建 JSON 文件
            ModuleUtil.createCenterJson(moduleName);
           // 写入此 module 的 JsonArray 信息
            ModuleUtil.writeJsonFile(ModuleUtil.getJsonAddress(moduleName),
moduleArrary.toString());
        }
        logger.info(moduleArrary.toString());
    }
```

这里需要注意，注解解析器在每个 module 中都会独立运行一次，但不一定都会采用注解解析器的 process 方法。

（3）汇总各个 module 的 center.json 信息，然后保存一份到 App module 中。

这里需要遍历每个 module 的 center.json 信息，如何获取到需要遍历的 module 呢？

需要做两个步骤：

- 为每个需要使用注解的 module 在 build.gradle 添加参数。
- 为 App module 添加 applicationName 参数，其他 module 添加 moduleName 参数。

```
javaCompileOptions {
    annotationProcessorOptions {
        arguments = [ applicationName : project.getName() ]
    }
}
```

在注解器 init 函数中读取此参数，用于判断是生成 App 中汇总的 center.json 还是普通 module 中的注解 center.json。

```
Map<String, String> options = processingEnv.getOptions();
if (MapUtils.isNotEmpty(options)) {
    applicationName = options.get("applicationName");
    if (applicationName == null) {
        moduleName = options.get("moduleName");
    }
}
```

另一个需要遍历的是 settings.gradle 文件，记录需要汇总的 center.json 的 module。

```
public static List<String> readSetting() throws IOException{
    File file = new File(settingFile);
    BufferedReader reader=null;
    String settingContent="";
    try {
        reader=new BufferedReader(new FileReader(file));
        String tempString=null;
        while((tempString=reader.readLine())!=null){
            settingContent+=tempString;
        }
        logger.info(settingContent);
        List<String> moduleNameList = new ArrayList<>();
```

```
            //分隔符“':”截取
            String[] moduleList = settingContent.split("':");
            for (int i = 1;i<moduleList.length; i++) {
                //分隔符“'”截取
                moduleNameList.add(moduleList[i].split("'")[0]);
            }
            return moduleNameList;
        } catch (Exception e) {
            // TODO: handle exception
            e.printStackTrace();
        }
        return null;
    }
```

(4)汇总每个module的center.json到App的center.json中。先读取每个module的center.json文件并转化为ModuleUnitBean数据，汇总到一个LinkedList中，然后通过列表排序，写入App module的center.json中。因为App module中并没有相应的注解，其注解器只会运行init方法，并不会运行process方法。

```
    //获取引用module的列表
    List<String> moduleNameList = ModuleUtil.readSetting();
    JsonArray jsonArray = new JsonArray();
    if (moduleNameList != null) {
        for (String name : moduleNameList) {
            //读取module center.json列表
            String json = ModuleUtil.readJsonFile(ModuleUtil.getJsonAddress
(name));
            if (json.isEmpty()) continue;
            jsonArray.addAll(ModuleUtil.parserJsonArray(json));
        }
    }
    //转换为对象做类型排序
    Map<String,LinkedList<ModuleUnitBean>> map =new HashMap<>();
    for (int i = 0;i<jsonArray.size();i++){
        JsonObject o = jsonArray.get(i).getAsJsonObject();
        final ModuleUnitBean bean = ModuleUtil.gson.fromJson(o, ModuleUnitBean.
class);
        if (map.containsKey(bean.templet)){
```

```
            map.get(bean.templet).add(bean);
        }else {
            LinkedList<ModuleUnitBean> list = new LinkedList<ModuleUnitBean>()
{{add(bean);}};
            map.put(bean.templet,list);
        }
    }
    if (!map.isEmpty()) {
        JsonObject o = new JsonObject();
        for (Map.Entry<String, LinkedList<ModuleUnitBean>> entry :
map.entrySet()) {
            //排列层级
            Collections.sort(entry.getValue());
            o.add(entry.getKey(), ModuleUtil.listToJson(entry.getValue()));
        }
        //写入到 center.json
        ModuleUtil.writeJsonFile(path, o.toString());
    }
```

（5）ModuleCenter 需要添加相应的解析 JsonObject 的方法。

```
    JSONObject object = ModuleUtil.getAssetJsonObject(context,jsonName+
".json");
    if (object == null) return;
    try {
        Iterator iterator = object.keys();
        while (iterator.hasNext()){
            String key = iterator.next().toString();
            JSONArray array = object.getJSONArray(key);
            List<ModuleUnitBean> list = new ArrayList<>();
            int length = array.length();
            for (int i = 0;i < length;i++){
                JSONObject o = array.getJSONObject(i);
                ModuleUnitBean bean = new ModuleUnitBean(o.getString("path"),
                        o.getString("templet"),
                        o.getString("title"),
                        o.getInt("layoutLevel"),
                        o.getInt("extraLevel"));
```

```
                list.add(bean);
            }
            templetList.put(key,list);
        }
    }catch (JSONException e){
        e.printStackTrace();
```

编译时注解的脚本配置：

每个模块通过编译时注解生成一个关于自身布局 JSON 文件，模块被汇总到 Application module 中编译时，再排序产生一个主 JSON 文件，记录各种层级启动、模块布局等信息，然后在 App 启动时读取 JSON 文件来加载模板信息。

5.8.3 动态配置

上一节提到的脚本配置，再添加服务器配置就可以动态配置加载模板的信息。

这种设计可以通过服务器动态配置 JSON 文件来完成模块加载，如图 5-24 所示。

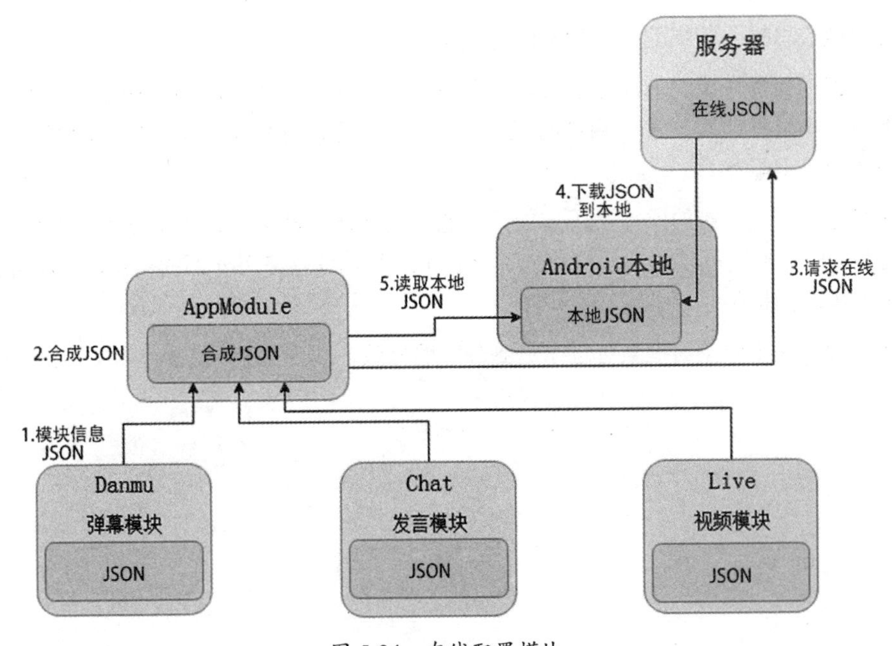

图 5-24　在线配置模块

这里体现出使用 JSON 数据的方便性，只要设置协议请求返回 JSON 文件就可以配置新的启动信息，Gson 解析工具能非常方便获取到 JSON 数据。

本地 JSON 文件在 App 构成后保存在 assets 目录中，JSON 文件下载后应该保存在应用的 /data/data/{packageName}/files 中，再次获取时也应该在此处获取。

其流程分别是：

（1）启动 App→读取沙盒缓存 JSON 文件→配置模块。

（2）启动 App→请求动态 JSON→下载 JSON→保存 JSON 文件到沙盒用于下次启动。

这里不推荐使用 SharePreference，是因为它采用 XML 数据进行记录，写入和读取速度都不快，如果大量数据读取非常耗时。可以使用 SQL 数据库，但是 SQL 对文本的保存是有 64KB 的长度限制的，如果超过这个长度将保存失败。而文件是基于流式操作的，以字符串的形式写入，读取速度也不会慢，也没有长度限制。

5.9 小结

组件化分发在单界面中承担着非常复杂的多业务开发任务，而且提供了很好的解决方案，是代码模块解耦和人力资源解绑的一种新型高效的方案。

组件化分发是 Android 生命周期机制和 Android Studio 工程机制相结合的产物。

分发的核心思想：解耦配置和动态配置。

解耦配置：将每个模块的配置信息在各自模块中生成，并且在启动初期汇总列表。模块信息对其他模块不可见，只在 App 启动时组装整个列表信息。这样就算单一模块的变更也不会影响其他模块的正常配置。

动态配置：模块层级的顺序是固定的，动态地实现模块乱序加载也能正常贴合到各自层级中。布局多变时，模块可以加载不同布局并且正常运行。可以使用外部的信息，如服务器信息，来调整分发模块的机制。

示例中的组件化分发的框架远远未达到分发的极致，现在完善到 Ex4 版本，加入了注解本地优化等功能。

第 6 章 组件化流通

吃东西时使用的筷子，每天搭乘的地铁和公交车，每天敲代码用到的键盘，这些都是工具，那么什么样的物品才能被称之为工具呢？

工具也是一种商品，具有产品的流通性和价值，同时工具也加快了人们的生产速度。

工具在流通的过程中，会不断地得到用户反馈，可以根据用户反馈对工具进行优化。

制作工具需要规范规则和流程，利用更快速、高效的制作技巧，可以保证更出色的工具在市场上流通。这样才能让发明的工具得到更广泛的应用和认可。

6.1 内部流通

很久以前人类只过着自给自足的生活，一切的工具都是个体生产，自身使用。虽然能充分了解工具的属性和适应性，但这样是非常低效的，无法产生更大的价值。

当人与人之间交流更加紧密、更加协作就会使工具得到更加广泛的利用，提高群体的生产效率。在不断制作工具和生产物品的过程中，就会出现放置额外物品的地方。这些放置工具和物品的地方被称之为仓库。

仓库中摆放着不同品类物品，物品的品类繁多，需要制定规则来规范这些物品存放的形式。

Android Studio 中的 Gradle 有着自身临时存储的仓库，但是非常不易于管理。为了管理第三库，工程师们引入了 Maven 仓库。

6.1.1 Maven 基础

上官网下载最新的Maven仓库[1]。

安装 Maven 其实非常简单，只需要两步：

（1）解压到你指定的文件夹中。

（2）Mac 下需要配置 bash_profile 的环境变量，Windows 下在“我的电脑”中可以配置环境变量。

Android Studio 使用 Gradle 引用的第三方库来自两种网络仓库，一种是 Maven Center，另一种是 JCenter。

为何会有两个标准的仓库？

两个仓库都具有相同的使命：提供 Java 或者 Android Library 服务。上传到哪个（或者都上传）取决于开发者。

Android Studio 选择 Maven Central 作为默认仓库，如果使用老版本的 Android Studio 创建了一个新项目，mavenCentral()会自动定义在 build.gradle 中。

Maven Central 的最大问题是对开发者不够友好，上传 Library 异常困难。因为诸如安全方面的其他原因，Android Studio 团队决定把默认的仓库替换成 JCenter。一旦使用最新版本的 Android Studio 创建了一个项目，jcenter()自动被定义，而不是 mavenCentral()。

---

[1] https://maven.apache.org/download.cgi。

下面是 build.gradle 中引用的两种仓库：

```
buildscript {
    repositories {
        jcenter()      //构建脚本引入 Jcenter
        mavenCentral()  //构建脚本引入 Maven Central
    }
}
allprojects {
    repositories {
        jcenter()       //全部工程引入 Jcenter
        mavenCentral()   //全部工程引入 Maven Central
    }
}
```

6.1.2　本地缓存

Maven 仓库将经常使用的第三方库缓存到本地，不用在每次使用时都重新下载。

同样，Gradle 也会对引用的第三方库进行缓存，使用 Android Studio 的过程中就会存在 Gradle 和 Maven 两种仓库缓存。

使用本地 Maven 缓存，首先要了解 Android Studio 默认 Maven 仓库的缓存地址。Mac OS 的默认地址是/Users/用户名/.m2/repository，Windows 是 C:/Users/用户名/.m2/repsository。

需要在根目录中添加 build.gradle 配置：

```
buildscript {
    repositories {
        mavenLocal()  //配置引用本地仓库
    }
}

allprojects {
    repositories {
        mavenLocal()  //配置引用本地仓库
    }
}
```

当引用第三方库时，如果在引用的仓库地址中找到了这个库，则不会在下面的地址仓库中查询是否存在这个库。使用本地仓库时将 mavenLocal 填写为引用的第一个仓库，保证先从本地的 Maven 仓库中获取引用库。

然后在 Library module 的 build.gradle 中添加以下代码段，使用 publishing 命令：

```
apply plugin: 'maven-publish'
publishing {
    publications {
        maven(MavenPublication) {
            //上传到仓库的库文件
            artifact "${buildDir}/outputs/aar/core-debug.aar"
            groupId "com.cangwang.core"
            artifactId "modulebus"
            version "3.0.0"
        }
    }
}
```

添加完成后出现以下 publishing 命令，如图 6-1 所示。

图 6-1 publishing 命令

使用 publishToMavenLocal 的 Gradle 命令，将 Library module 编译成 aar 文件并上传到本地的 Maven 仓库中，如图 6-2 所示。

图 6-2 本地 Maven 仓库

配置时使用 uploadArchives 命令，同样可以上传库到 Maven 仓库中。

```
apply plugin: 'maven'
uploadArchives{
    repositories.mavenDeployer{
        def depath = file("/Users/air/.m2/repository/")
        // 本地仓库路径
        repository(url:"file://${depath.absolutePath}")
        // 唯一标识
        pom.groupId = "com.cangwang.core"
        // 项目名称
        pom.artifactId = "modulebus"
        // 版本号
        pom.version = "3.0.0"
    }
}
```

Gradle 同步后，会在 Gradle 命令中添加一个 uploadArchives 命令，如图 6-3 所示。

图 6-3　upload 命令

其他工程引用第三方库时，会首先引用本地仓库的缓存。

可以查看仓库中库的生成时间，以判断是否被替换为最新上传的库。保证正确地引用最新的库，最好的方式是先手动删除，再通过 publishToMavenLoacal 命令上传。

Gradle 也存在库缓存。

Mac OS 的默认地址是/Users/用户名/.gradle/caches/modules-2/files-2.1，Windows 是 C:/Users/用户名/.gradle/caches/modules-2/files-2。

同时清空 Gradle 路径中的缓存，可以确保引用正确的本地库。

组件化库缓存技巧

在将工程中的每个组件模块和业务模块使用本地仓库引用的形式加载后，会大大降低编译的耗时。

因为变更的模块是确定的，Gradle 需要全局遍历以确定是否有修改，然后判断是否编译每个模块，不需要每次重复编译引用库。

Maven 仓库缓存了代码固定的第三方库。如果不进行 Gradle 同步，那么不会更新引用的库。

优势在于通过仓库缓存，缓存了需要依赖使用的底层模块，能极大降低编译的耗时。如果在本地多个工程中分隔多个不同的组件工程和业务工程，则不用经过服务器构建产生公共索引或者上传到 JCenter、Maven Center 等公共的仓库，就可以完成库的引用。不会出现 Instant Run 和 Freeline 编译速度不稳定等问题，而且基本上只使用了 Gradle 编译。

劣势在于 Maven 仓库缓存需要程序员将每个库编译都要配置上传仓库操作，每次编译项目都需要同步 Gradle 仓库。

6.1.3 远程仓库

使用远程仓库可以让不同的电脑终端都能获取项目的组件或者业务模块资源，能够保证给开发者提供稳定和安全的第三方库资源。

本节介绍使用 GitHub 作为 Maven 仓库的简单搭建方式。

首先在 GitHub 中建立一个 repository 仓库，如图 6-4 所示。

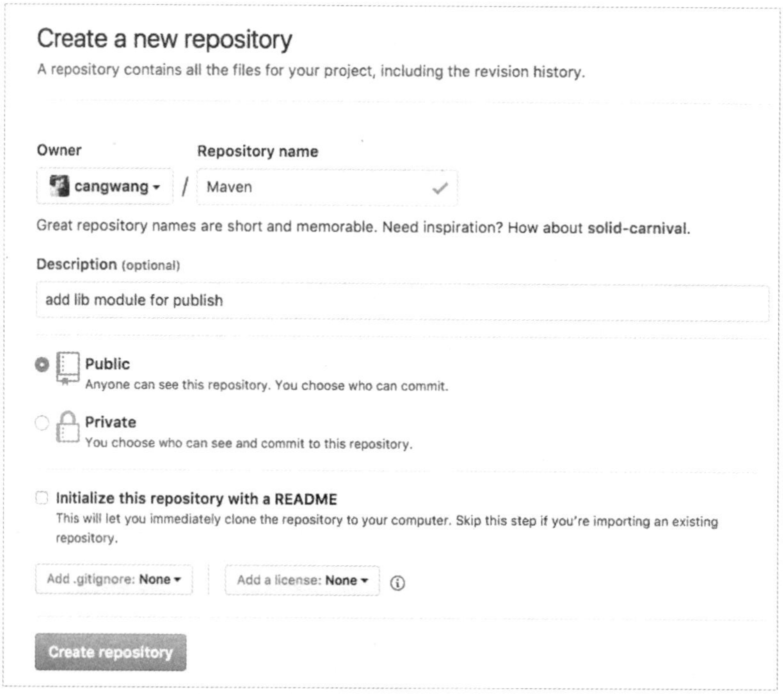

Create a new repository
A repository contains all the files for your project, including the revision history.
Owner Repository name
cangwang / Maven
Great repository names are short and memorable. Need inspiration? How about solid-carnival.
Description (optional)
add lib module for publish
Public
Anyone can see this repository. You choose who can commit.
Private
You choose who can see and commit to this repository.
Initialize this repository with a README
This will let you immediately clone the repository to your computer. Skip this step if you're importing an existing repository.
Add .gitignore: None
Add a license: None
Create repository

图 6-4　GitHub 新建仓库

将仓库通过 Git 命令或者 GitHub 可视化界面与本地的文件夹目录绑定，如图 6-5 所示。

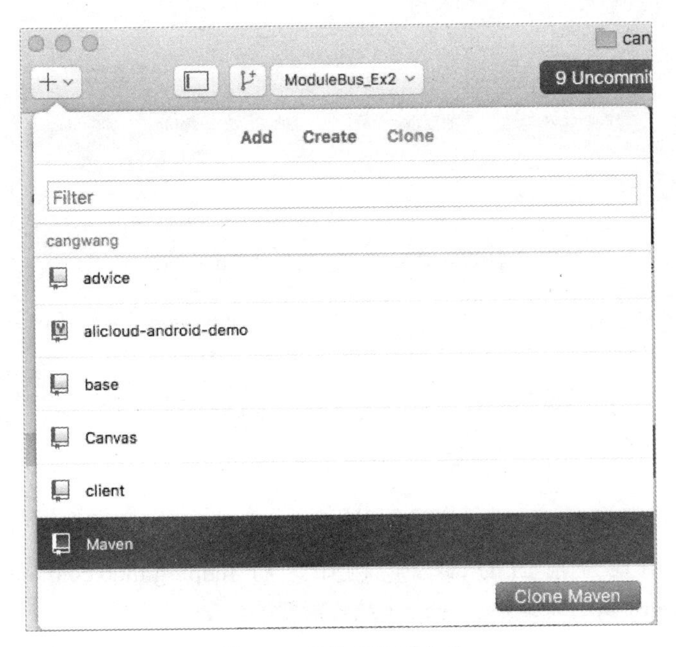

图 6-5 同步项目到本地

组件模块编译完成后，使用 upload 命令将库上传到本地 GiHub 仓库。

```
apply plugin: 'maven'
uploadArchives{
    repositories.mavenDeployer{
        // 本地 GitHub 仓库
        def depath = file("/Users/air/Desktop/Android/Git/Maven")
        repository(url:"file://${depath.absolutePath}")
        // 唯一标识
        pom.groupId = "com.cangwang.core"
        // 项目名称
        pom.artifactId = "modulebus"
        // 版本号
        pom.version = "3.0.0"
    }
}
```

使用 Git 命令或 GitHub 可视化界面来提交到远程仓库，如图 6-6 所示。

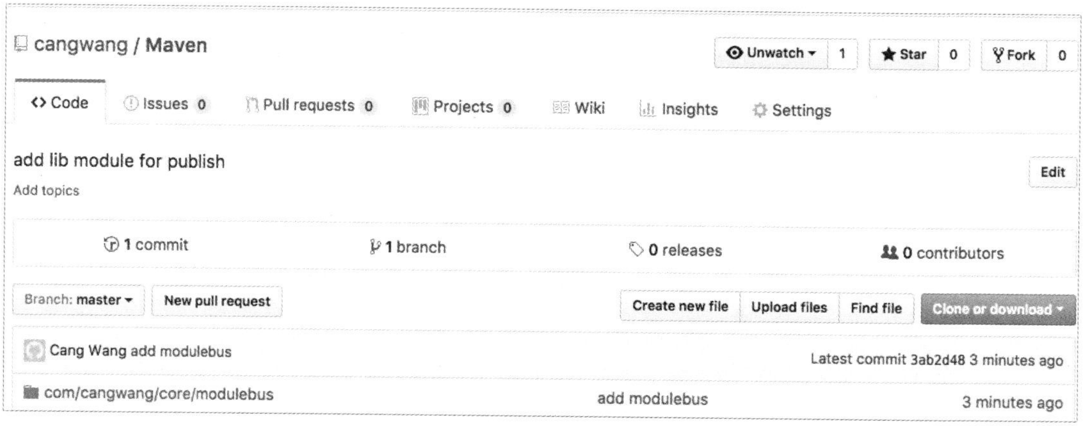

图 6-6 GitHub 网络仓库

在项目中添加特定的 Maven 地址来进行引用。

需要修改引用地址前面的部分，例如，将 http://github.com 修改为 http://raw.githubusercontent.com，再在末尾追加/master 或者需要的分支。

```
buildscript {
    repositories {
        maven {url "https://raw.githubusercontent.com/cangwang/Maven/master"}
    }
}
allprojects {
    repositories {
        maven {url "https://raw.githubusercontent.com/cangwang/Maven/master"}
    }
}
```

然后将第三方库引用到项目中就可以使用了。

搭建私有仓库非常有助于多人协作开发项目，可以提高集成的稳定性和库引用版本的可控性，也减少了烦琐的第三方库的发布工作。一般公司开发可以使用Nexus[2]等可视化仓库服务，Nexus是一款私有仓库管理界面搭建和管理仓库服务器工具。

---

[2] https://www.sonatype.com/。

6.2　组件化 SDK

在 Android 开发中，一般都会用到第三方库，这些库通常是一些 SDK 工具。在组件化开发中，因为 Android Studio 的限制，无法通过正常的方式来编译生成 SDK。下面介绍 SDK 实际产生、运用和流通的过程。

6.2.1　SDK 基础知识

SDK（Software Development Kit，软件开发工具）是指 Android 的开发工具库。

Gradle 的依赖引入机制引入的就是 Android 的 SDK。第三方库是 Android 的一些开发工具，还包括 JNI 使用的 so 库、Gradle 的插件、Android Studio 运行的脚本工具、Java 源码的 jar 工具等。

本节主要介绍 SDK 开发中 aar 文件。

1.制作 jar/aar 文件

生成 jar 文件需要额外添加 Gradle 编译：

```
task clearJar(type: Delete) {
    delete 'libs/modulebus.jar' //SDK 是 jar 包的名字，任意命名
}

task makeJar(type:org.gradle.api.tasks.bundling.Jar) {
    //指定生成的 jar 名
    baseName 'modulebus'
    //从哪里打包 class 文件
    from('build/intermediates/classes/debug/')
    //打包到 jar 后的目录结构
    into('build/outputs/')
    //去掉不需要打包的目录和文件
    exclude('test/','BuildConfig.class','R.class')
    //去掉 R 开头的文件
    exclude{
        it.name.startsWith('R');
    }
}
```

```
makeJar.dependsOn(clearJar, build)
```

运行 gradlew makeJar 命令就可以生成 jar 文件。

在 Library module 中只要使用 assemble 命令就可以生成工程的 aar 文件，如图 6-7 所示。

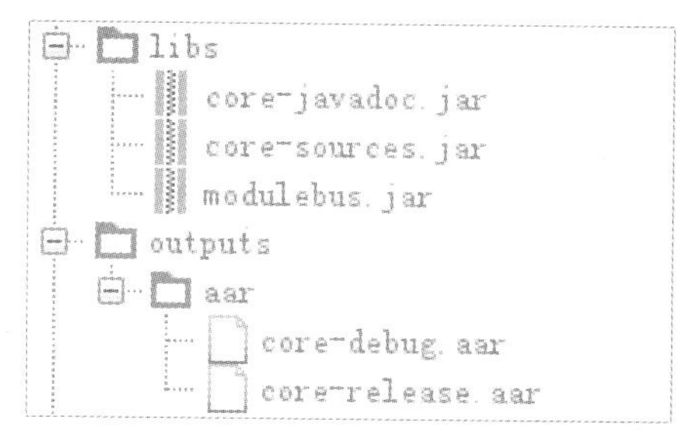

图 6-7 生成 jar、aar 文件

2.导入 jar/aar 文件

导入 libs 中的 jar 文件：

```
dependencies {
    compile fileTree(include: ['*.jar'], dir: 'libs') //导入文件夹中所有jar文件
    compile files('libs/xxx.jar')  //加载单一库
}
```

导入 libs 中的 aar 文件：

```
repositories{
    flatDir{
        dirs 'libs'  //指定module本地引用库的路径
    }
}

dependencies {
    compile (name:'xxx', ext: 'aar')
}
```

以上介绍了导出和导入 jar/aar 资源的一般方式，但是组件化应用中遇到以下情况会出现问题。

如图 6-8 所示，live 和 chat 这两个 Library module 无法引用到 test.jar 和 test.aar 的资源，App module 编译时会报出 Error:Failed to resolve:: XXX 的错误。

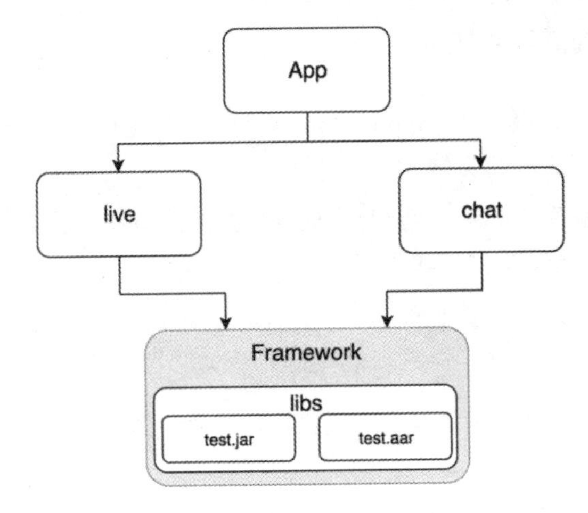

图 6-8　资源引用错误

产生这个问题的原因在于两个 Library module 依赖了 Framework，但在使用时却无法找到 libs 这个目录。因为写的是相对路径，App module 索引的目录就是 app/libs，所以无法找到这两个库文件。

解决的方案有两个：

（1）在 flatDir 中编写绝对路径，这样使用性会比较差。

（2）通过 flatDir 指定使用“../framework/libs”。这个路径是相对于项目根目录的，之后就能正常执行了。

（3）使用 Gradle3.3 版本的工程有可能无法引用 aar 中的 R 文件资源。

3. 注入 aar 引用

Android Studio 只提供了引用（provided）本地 jar 文件的方法，无法提供引用本地 aar 文件的方法。

解决的方式有下面三种。

（1）解压 aar 包，得到 jar 代码文件，然后执行 provided jar 就可以。这里需要自动运行脚本，不然每次更新 aar 代码都需要重新解压成 jar。

（2）使用本地 Maven 仓库，通过导入本地 Maven 仓库，并且使用 provided 的方式来导入库。

（3）GitHub已经有开源了provided aar的引用方式，需要自定义Gradle Plugin插件实现[3]。

---

[3] https://gist.github.com/muyiou/e65d176c51438708340883b2ff92bdfa。

6.2.2 Python 脚本合并

前 5 章介绍的组件化开发是利用 Application module 编译生成 apk，定制 Android 的开发工具需要编译出 Android 独有的 aar 文件。

当 Library module 编译完成后，最终会生成 aar 文件。但是其生成的 aar 文件并不能包含 compile 引用的 Library module 的源码和资源。

这就让组件化开发 SDK 产生了难度。

有两种实现方案：

（1）通过脚本，将全部相关的资源合理地拼接，然后装到一个 Library module 中，最后运行生成 aar 文件。

（2）调整 Gradle 编译任务，将引用的资源同时打包到 aar 中。

第一种可以使用 Python 编写脚本实现，第二种在下一节中详细介绍。

Python 脚本整合实现如图 6-9 所示。

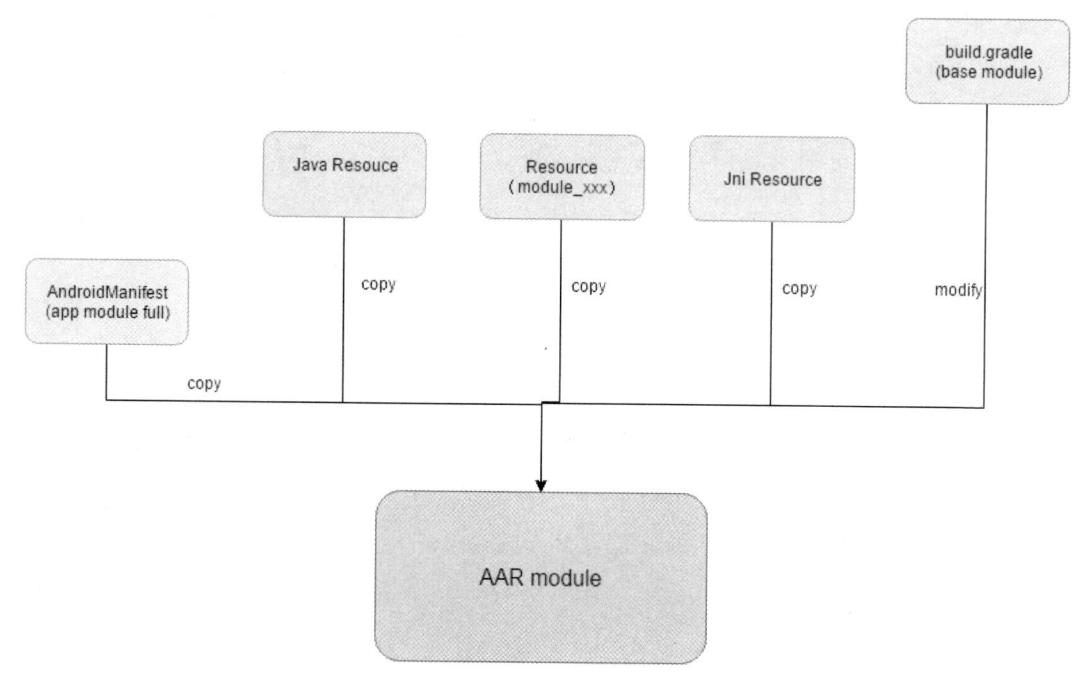

图 6-9 Python 脚本合成 aar module

一些资源索引规则如下。

（1）AndroidManifest.xml：使用的是 application module build-full 文件夹中整合的 AndroidManifest.xml，已经生成全部信息。

（2）Java Resource：Java 资源文件都需要遍历全部引用的 module 中的文件，并且复制到新的 aar module 中，这里要保证每个 module 的包名不一致，最好也保证类名唯一。引用 R 文件资源时，需要将 R 文件的包名改为 aar module 的包名。

（3）Resource res/drawable：在编写时保持模块名字在最前面，可以极大地减少模块资源名字冲突导致的资源覆盖。

（4）Jni Resource：JNI 使用的 so 库直接复制到 aar module 的 JNI 文件夹中，但是要注意只使用单一版本的 so 库，防止库重复。

（5）build.gradle：包含关于引用、混淆等信息，需要利用 Base module 中的 buidl.gradle 来进一步修改。

（6）需要导入 Android Studio 工程根目录的 gradle.properties 等文件。

使用 Python 脚本生成 aar module 工程后，可以使用 Gradle 命令运行生成的 aar 文件。

利用 os.system xcopy 的系统方法将文件复制到新的 aar module 中，然后通过 copyValue 创建一个新的 value_next 文件夹。如果一开始没有规范命名，就需要更改资源命名。

相关的源码如下：

```
#首先复制 base 模块等底层模块
print('================'+basePath+'================')
os.system("xcopy /y /s %s %s" % (basePath + javaAddr,dstPathRoot + javaAddr))
os.system("xcopy /y /s %s %s" % (basePath + resAddr,dstPathRoot + resAddr))
copyValues('base')

#用 values_next 文件夹替换 values 文件夹
def copyValues(file):
    resfile = os.listdir(dstResPath + '\\' + 'values')
    if os.path.exists(dstResPath + '\\' + 'values_next'):
        print('1')
    else:
        os.mkdir(dstResPath + '\\' + 'values_next')
    print(resfile)
    for resfi in resfile:
        os.rename(dstResPath + '\\' + 'values' + '\\' + resfi,
                  dstResPath + '\\' + 'values' + '\\' + file + '_' + resfi)
        shutil.copyfile(dstResPath + '\\' + 'values' + '\\' + file + '_' + resfi,
```

```
                dstResPath + '\\' + 'values_next' + '\\' + file + '_' + resfi)
        os.remove(dstResPath + '\\' + 'values' + '\\' + file + '_' + resfi)
```

遍历每个 module 的资源，然后将其复制到 aar module 中：

```
#复制 module 中的文件到文件目录下（全部业务 module 都放置在一个 module 的文件夹内）
files = os.listdir(modulePath)
for fi in files:
    if fi == 'modules.iml':
        continue
    print(modulePath + '\\' + fi + '\src\main\java')
    if os.path.exists(modulePath+'\\'+fi+assetsAddr):
        os.system("xcopy /y /s %s %s" % (modulePath + '\\' + fi + assetsAddr,
                                         dstAssetsPath))

    os.system("xcopy /y /s %s %s" % (modulePath+'\\'+fi+javaAddr,
                                     dstJavaPath))
    print(modulePath+'\\'+fi+'\src\main'+'\\'+'res')
    os.system("xcopy /y /s %s %s" % (modulePath+'\\'+fi+resAddr,
                                     dstResPath))
    copyValues(fi)
```

需要替换每个 Java 文件中的 import R 资源的路径：

```
#遍历 Java 文件，替换 import R 的文件包名
for parent, dirs, files in os.walk(dstJavaPath):
    for f in files:
        print(os.path.join(parent, f))
        replaceR(os.path.join(parent, f))
```

用 values_next 文件夹替换 values 文件夹：

```
#用 values_next 文件夹替换 values 文件夹
shutil.rmtree(dstResPath+'\\'+'values')
os.rename(dstResPath+'\\'+'values_next',dstResPath+'\\'+'values')
```

将 market.list、gradle.properties、AndroidManifest 文件复制到 aar module 的根目录下。

```
#复制 market.list
print('================'+dstMarketListFile+'================')
```

```
print(dstMarketListFile)
shutil.copyfile(marketListFile,dstMarketListFile)

#复制gradle.properties
print('================'+dstGradleProFile+'================')
print(dstGradleProFile)
shutil.copyfile(gradleProFile,dstGradleProFile)

#替换Manifest里面的内容
print('================'+dstManifestPath+'================')
print(dstManifestPath)
os.remove(dstManifestPath+'\AndroidManifest.xml')
os.system("xcopy /y /s %s %s" % (ManifestPath,dstManifestPath))
```

最后修改 build.gradle 中的信息，进行信息替换。因为制作一个适配的 build.gradle 要考虑工程自身的复杂度。这里介绍的源码并不一定契合每个工程，需要读者根据具体情况做适配。

使用 Python 脚本的优势是学习门槛低、编写逻辑简单、可控性高，并且可以将资源全部索引放置到一个 aar module 中。缺点是每次打包都需要重新生成新的 aar 工程，耗费的时间取决于工程的复杂度。

6.2.3 fat-aar 脚本合并

另外一种组件化 SDK 生成的方式是在 Gradle 编译工程时，加入 Gradle 任务来完善组件化 aar 的编译。

GitHub开源了fat-aar.gradle[4]文件，通过嵌入Gradle编译流程的方式，复制或改写资源到打包流程中，以达到全部资源整合到aar文件的目的。

首先添加 fat-aar.gradle 到 Application module 的主目录中，如图 6-10 所示。

图 6-10 fat-aar.gradle

[4] https://github.com/adwiv/android-fat-aar。

将 fat-aar.gradle 配置在主 module 的 build.gradle 中。

```
if(project.ext.isLib){
    apply plugin: 'com.android.library'
    apply from: 'fat-aar.gradle'
}else {
    apply plugin: 'com.android.application'
}

dependencies {
    if(project.ext.isLib) {
        embedded project(':page_body')
        embedded project(':page_body_bt')
        embedded project(':page_name')
        embedded project(':page_view')
    }else{
         compile project(':page_body')
         compile project(':page_body_bt')
         compile project(':page_name')
         compile project(':page_view')
   }
}
```

引用 apply from: 'fat-aar.gradle'，并且使用 Gradle 的开关配置来控制是否生成组件化 aar 文件。需要使用 embedded 关键字来引用需要合成的 module。

接下来只需要使用 assemableRelease 命令就可以生成 aar 文件，这里不支持 debug 命令。

需要注意的地方：

（1）编译 aar 前，先去掉 application module 的配置，转换为 Lib module。

（2）编译前检查代码，因为静态常量的原因，不应出现 switch case 的语句。

（3）暂时不支持 AIDL。

运行原理如图 6-11 所示。

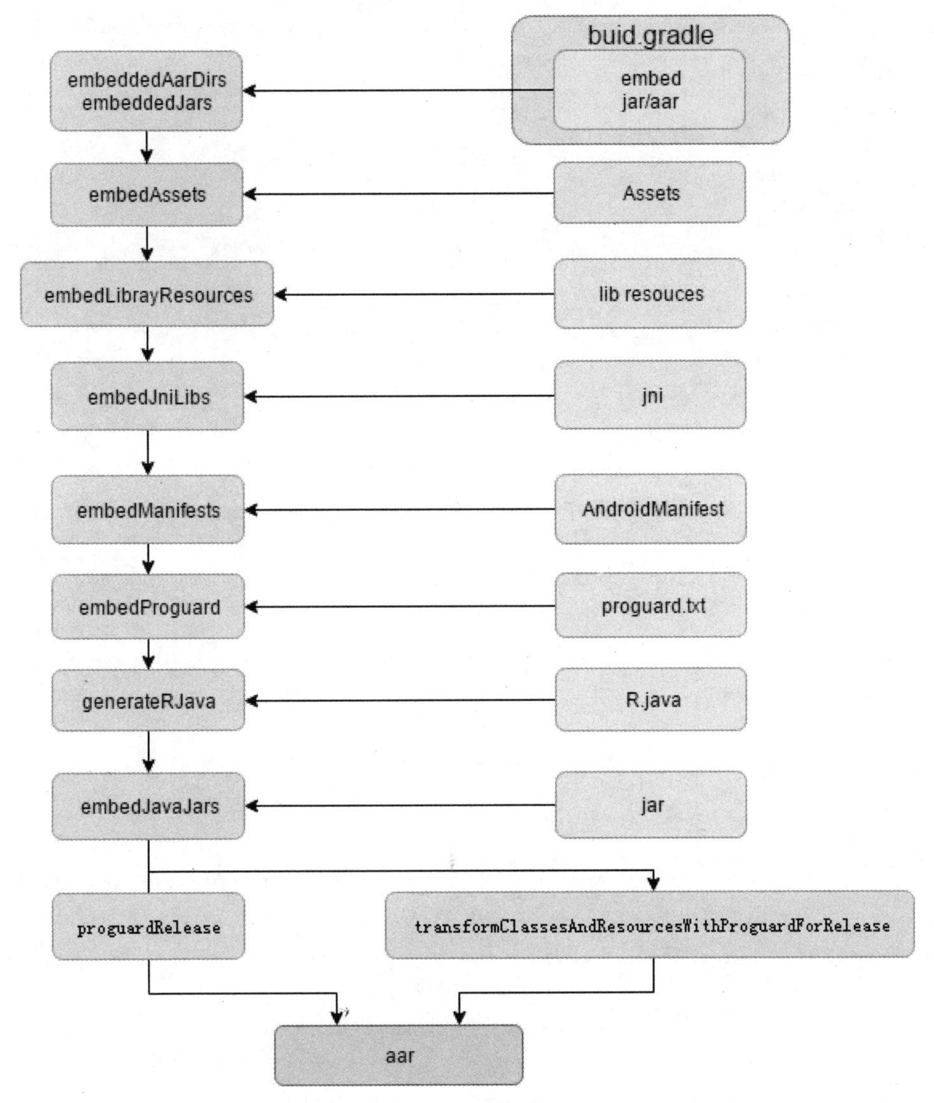

图 6-11 fat-aar 合成流程

首先自定义 embedded 的遍历库命令：

```
buildscript {
    repositories {
        jcenter()
    }
    dependencies {
```

```
            classpath 'com.android.tools.build:manifest-merger:25.3.2'
        }
    }

    configurations {
        embedded
    }

    dependencies {
        compile configurations.embedded
    }
```

（1）在完成所有 build.gradle 解析后，开始执行 Task 之前，此时所有的脚本已经解析完成。Task、plugins 等所有信息可以被获取，Task 的依赖关系已经生成，此时可以嵌入 afterEvaluate 执行额外的配置命令。

```
    afterEvaluate {
        // the list of dependency must be reversed to use the right overlay order.
        def dependencies = new ArrayList(configurations.embedded.
resolvedConfiguration.firstLevelModuleDependencies)
        dependencies.reverseEach {  //读取每个依赖

            def aarPath;
            if (gradleApiVersion >= 2.3f)  //Gradle 2.3 版本以上 aar 路径不同
                aarPath = "${root_dir}/${it.moduleName}/build/intermediates/
bundles/default"
            else
                aarPath = "${exploded_aar_dir}/${it.moduleGroup}/${it.moduleName}/
${it.moduleVersion}"
            it.moduleArtifacts.each {
                artifact ->

                    println "ARTIFACT 3 : "
                    println artifact
                    if (artifact.type == 'aar') {  //aar 后缀文件
                        if (!embeddedAarFiles.contains(artifact)) {
                            embeddedAarFiles.add(artifact)
                        }
```

```
                    if (!embeddedAarDirs.contains(aarPath)) {
                        if( artifact.file.isFile() ){
                            println artifact.file
                            println aarPath

                            copy {
                                from zipTree( artifact.file )
                                into aarPath
                            }
                        }
                        embeddedAarDirs.add(aarPath)  //添加到 aar 列表
                    }
                } else if (artifact.type == 'jar') { //jar 后缀文件
                    def artifactPath = artifact.file
                    if (!embeddedJars.contains(artifactPath))
                        embeddedJars.add(artifactPath) // 添加到 jars 列表
                } else {
                    throw new Exception("Unhandled Artifact of type
${artifact.type}")
                }
            }
        }
```

通过 embedded 参数引入 aar/jar 库到列表，将 aar/jar 库放置到库列表中，然后嵌套到不同的编译流程中运行任务。

（2）这里的 XXX.dependsOn YYY 说明 XXX 任务运行于 YYY 任务之后。在准备 Release 版本依赖任务之后，再运行合并资源任务，说明了只有 Release 版本才能生成合成的 aar 文件。指定 Gradle 整合 assets 资源，需要在 embedAssets 之后运行。

```
// Merge Assets
generateReleaseAssets.dependsOn embedAssets
embedAssets.dependsOn prepareReleaseDependencies
```

（3）合并 assets 操作，将 aar 列表中全部的 assets 文件夹地址放到 sourceSets.main.asssets.srcDirs 地址中。

```
task embedAssets << {
   println "Running FAT-AAR Task :embedAssets"
```

```
    embeddedAarDirs.each { aarPath ->
        // Merge Assets
        android.sourceSets.main.assets.srcDirs += file("$aarPath/assets")
    }
}
```

（4）指定 res 文件夹的资源在 Release 版本准备依赖之后，在打包 Release 版本资源之前运行。

其原理是添加每个 module 的资源地址到 packageReleaseResources 中。

```
// Embed Resources by overwriting the inputResourceSets
packageReleaseResources.dependsOn embedLibraryResources
embedLibraryResources.dependsOn prepareReleaseDependencies
```

（5）指定 JNI 资源在转换 libs 文件之后，并在 bundleRelease 资源合成之前运行。

其原理是复制每个 module 中的 JNI 文件到/intermediates/bundles/realease 目录中。

```
// Embed JNI Libraries
bundleRelease.dependsOn embedJniLibs
if(gradleApiVersion >= 2.3f) {
    embedJniLibs.dependsOn transformNativeLibsWithSyncJniLibsForRelease
    ext.bundle_release_dir = "$build_dir/intermediates/bundles/default"
}else{
    embedJniLibs.dependsOn transformNative_libsWithSyncJniLibsForRelease
    ext.bundle_release_dir = "$build_dir/intermediates/bundles/release";
}
```

（6）合并 embedManifests 时使用 manifest-merger 工具来合并多个库中不同的 AndroidManifest.xml，可以直接改写为复制 full 目录下的 AndroidManifest。

```
// Merge Embedded Manifests
bundleRelease.dependsOn embedManifests
embedManifests.dependsOn processReleaseManifest
```

（7）合并混淆，需要在依赖准备好之后，并在 lib 文件合并之前运行。

其原理是将每个 proguard.txt 文件写入到 bundle_release_dir/proguard.txt 中。

```
// Merge proguard files
embedLibraryResources.dependsOn embedProguard
```

```
embedProguard.dependsOn prepareReleaseDependencies
```

（8）合并R.java文件，需要在依赖准备好之后，并在javac命令编译之前运行。

其原理是重新创建一个R.txt文件，合成各个模块的R.java文件并映射到当前工程的R.java文件。合并完成后，将classes文件和R.java文件放置到/fat-aar/release/中。

```
// Generate R.java files
compileReleaseJavaWithJavac.dependsOn generateRJava
generateRJava.dependsOn processReleaseResources
```

（9）真正合并Java文件，需要在javac编译成.class之后，并在bundleRelease之前。因为jar中的文件已经被编译过了，通过添加fileTree的方式来获取jars的地址，然后将jars资源复制到/intermediates/bundles/realease中。

```
// Bundle the java classes
bundleRelease.dependsOn embedJavaJars
embedJavaJars.dependsOn compileReleaseJavaWithJavac
```

（10）转换.class和资源混淆都需要依赖于jars资源合并之后。

最终使用Release命令打包出来的aar文件包含了全部资源的包，可以提供给外界正常调用。

```
    // If proguard is enabled, run the tasks that bundleRelease should depend
on before proguard
    if (tasks.findByPath('proguardRelease') != null) {
        proguardRelease.dependsOn embedJavaJars
    } else if (tasks.findByPath('transformClassesAndResourcesWithProguardForRelease')
!= null) {
        transformClassesAndResourcesWithProguardForRelease.dependsOn
embedJavaJars
    }
```

fat-aar.gradle的源码量不大，想要深入了解其原理可以查看源码，对进一步了解Gradle编译流程有帮助。

6.3 JCenter共享

当SDK工具库生成后，可以直接以aar包的形式提供给外界使用，也可以上传到公用的仓库作为第三方库。

6.1 节介绍过 JCenter 是 Android Studio 支持的第三方库引用的仓库。

使用 JCenter 的优势：

（1）JCenter 通过 CDN 发送 Library，开发者可以享受到更快的下载体验。

（2）JCenter 是全世界最大的 Java 仓库，因此在 Maven Central 上有的资源，在 JCenter 上也极有可能有。换句话说，JCenter 是 Maven Central 的超集。

（3）上传 Library 到仓库很简单，不需要像在 Maven Central 上需要很多复杂的配置信息

（4）友好的用户界面。

（5）如果你想把 Library 上传到 Maven Central，在 bintray 网站上直接点击一个按钮就能实现。

上传到 JCenter 前需要让工程生成一个简单的 JCenter 承认的 zip 文件，不能直接上传 aar 文件。

在 SDK module 的 build.gradle 文件中添加以下代码：

```
ext {
    PUBLISH_GROUP_ID = 'com.cangwang.core' //开发者名称，可以填包名
    PUBLISH_ARTIFACT_ID = 'modulebus' //填项目名
    PUBLISH_VERSION = '3.0.0'  //版本号
}

apply from: 'https://raw.githubusercontent.com/blundell/release-android-library/master/android-release-aar.gradle'
```

在 terminal 中使用 gradlew clean build generateRelease 命令生成一个 release-版本号.zip 文件，如图 6-12 所示。

注册bintray[5]账号并建立仓库，如果没有bintray账号，可以使用GitHub账号登录，如图 6-13 所示。

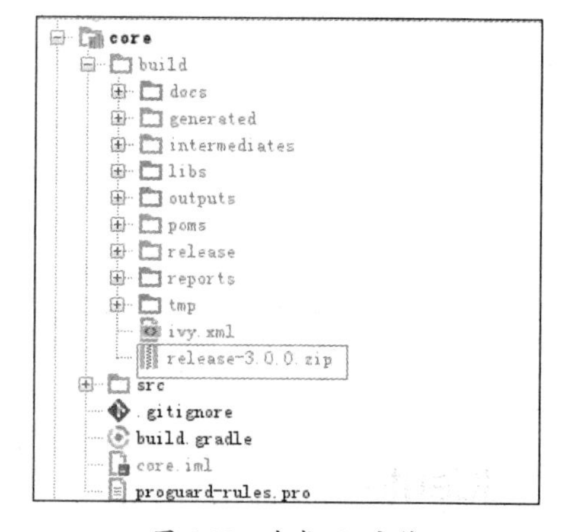

图 6-12　生成 zip 文件

[5] https://bintray.com。

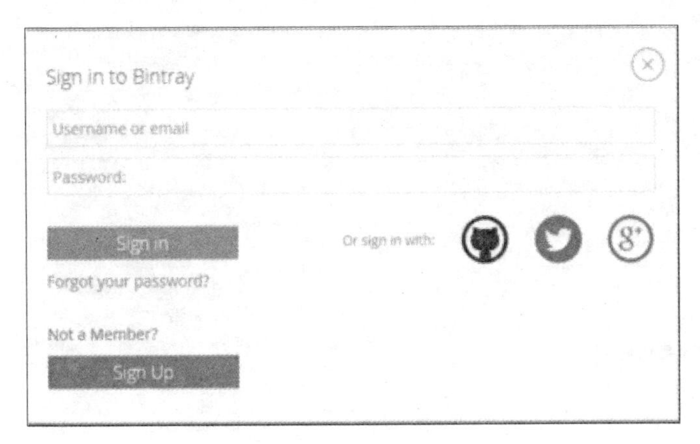

图 6-13　bintray 登录

添加新的项目到仓库中，如图 6-14 所示。

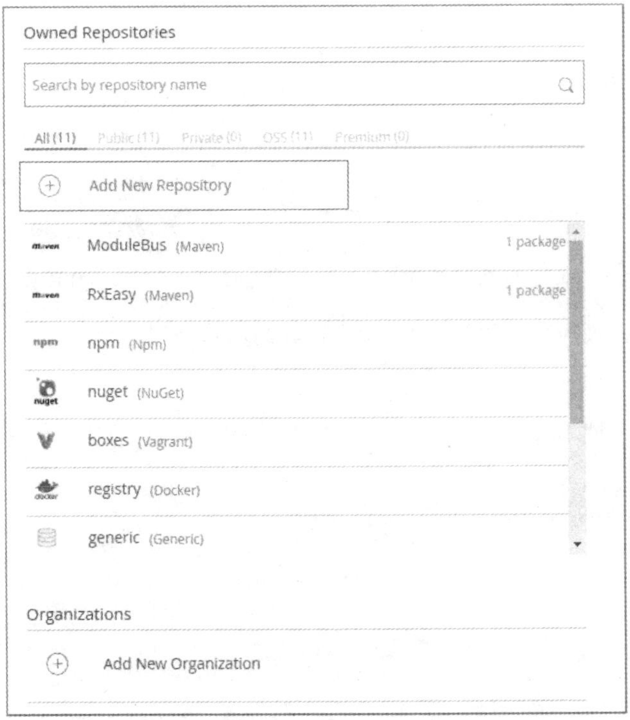

Owned Repositories
Search by repository name
All (11)　Public (11)　Private (0)　OSS (11)　Premium (0)
Add New Repository
ModuleBus (Maven)　1 package
RxEasy (Maven)　1 package
npm (Npm)
nuget (NuGet)
boxes (Vagrant)
registry (Docker)
generic (Generic)
Organizations
Add New Organization

图 6-14　新建仓库

接着填写项目的相关信息，如图 6-15 所示。

添加新项目信息。这里的 licenses 选项，如果不知道填什么，可以填 Apache-2.0，如图 6-16 所示。

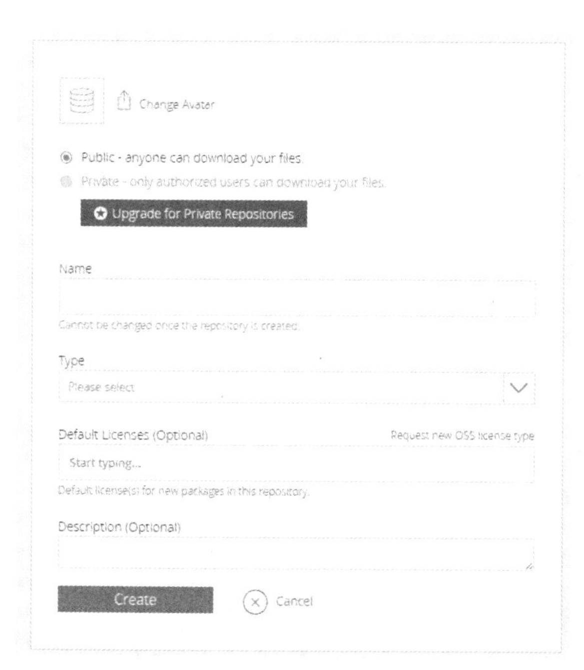

图 6-15 项目信息

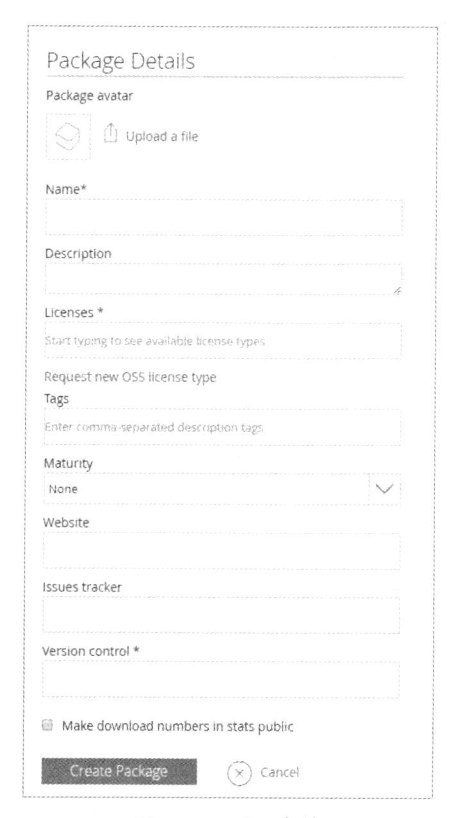

图 6-16 项目资料

使用 NewVersion 添加项目的新版本，如图 6-17 所示。

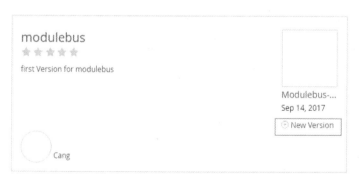

图 6-17 发布新版本

填写版本基础信息，需要注意的是版本名（Name）一定要大写字母开头，如图 6-18 所示。

进入版本选项，如图 6-19 所示。

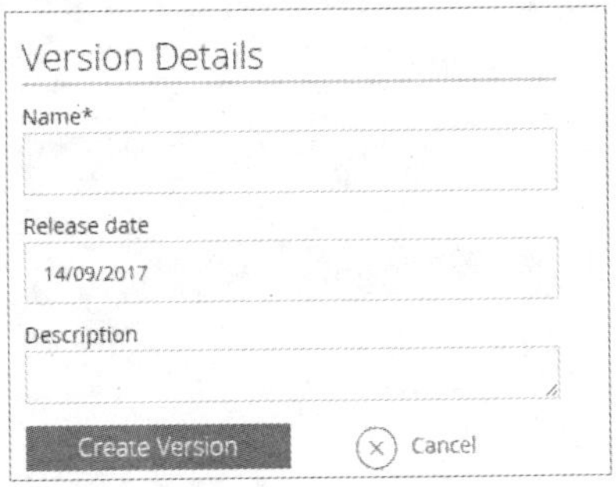

图 6-18　版本信息

图 6-19　跳转进入新版本

点击上传按钮进入上传界面，如图 6-20 所示。

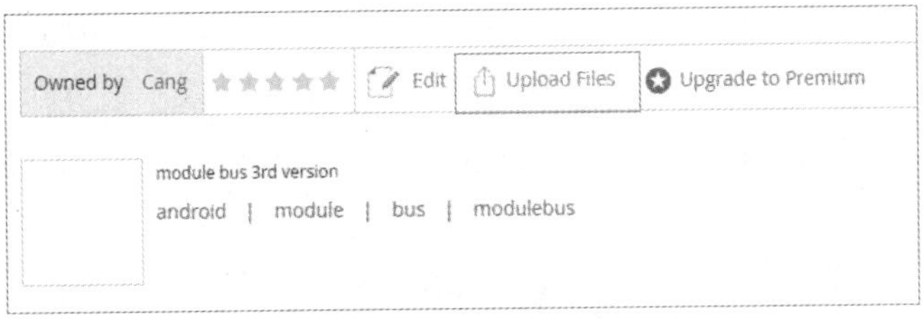

图 6-20　上传文件

点击“Drag files here”上传打包的 zip 压缩包，注意，一定要勾选“Explode this archive”。选择 SaveChanges 生成完成，如图 6-21 所示。

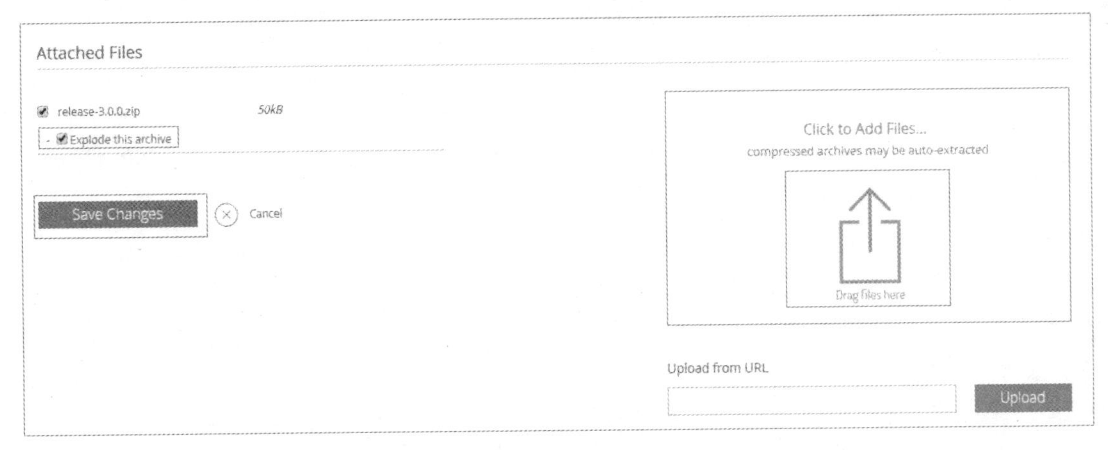

图 6-21　上传发布文件

点击“Publish”发布最新的库。

当 Maven build settings 中正常显示了仓库的引用地址，如图 6-22 所示，就说明发布成功，接下来就能正常引用库了。

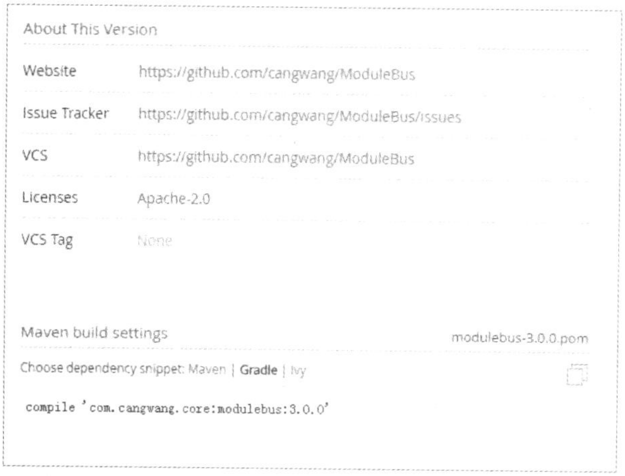

About This Version

Website	https://github.com/cangwang/ModuleBus
Issue Tracker	https://github.com/cangwang/ModuleBus/issues
VCS	https://github.com/cangwang/ModuleBus
Licenses	Apache-2.0
VCS Tag	None

Maven build settings　　modulebus-3.0.0.pom

Choose dependency snippet: Maven | Gradle | Ivy

```
compile 'com.cangwang.core:modulebus:3.0.0'
```

图 6-22　引用库渠道

6.4 小结

流通的可以是水、工具、货币，也可以是思维。

不同的场景，工具的使用形态往往是不同的。工具可以启发自己创新的思维，并且在不断的优化中，创造出更加新颖的思维，传达给更多的工具制作者，创新的思维促使更多的工具进行优化升级，从而形成良性的循环。

第7章 架构模板

在图形文字未发明之前，人类的信息只能通过口口相传。信息以这种方式被传递多次之后，会因为种种原因导致信息发生改变。

信息被改变多次后，就有可能完全偏离其本意。

后来人类发明了更有效的信息传播工具：图形和文字。

图形和文字的发明，对信息传递和保存有着至关重要的作用，保证信息能广泛流通。

记录信息需要制定规则。这些规则的说明和使用的示例，就称之为模板。

正如方言一样，首先保持语言的一致性，进一步通过口音或特别的语句来识别方言所属于的地方。

开发语言和运行环境决定了最基础的编写规则，培养编写习惯就需要模板和提示。

模板就如同方言中特别的口音或特别语句一样，给予开发者引导。

对模板和提示有了基础的认识之后，通过人的思维能动性去调整和修改对开发工序的需求。

7.1 组件化模板

Android Studio 提供了不少模板，包括 Project、Activity、Fragment、Service 等，方便开发者创建工程以及减少代码的编写。第 2 章提及 GreenDao 也使用模板来生成代码。

下面制作适用于多人组件化开发的模板样式，这是组件化架构的必要技能。学会正确引导协作者了解规则和做正确的事情，是非常必要的环节。

7.1.1 模板基础

工程模板的路径：

- Windows：Android Studio 安装目录/plugins/android/lib/templates；
- Mac OS：Android Studio/Contents/plugins/android/lib/templates。

模板目录如图 7-1 所示，其中有多个不同的文件夹。

- activities：在 Android Stuido 中创建模板功能里的 Activity 模板；
- eclipse：创建 Eclipse 的模板；
- gradle：默认的 gradle-wrapper 文件；
- gradle-projects：可以创建的模块类型；
- other：Fragment、View、Service 等模板；
- build.gradle：文件夹配置资料，Android Studio 首先访问的就是 build.gradle，以获取模板加载的信息。

以 activities/LoginActivity 为例，如图 7-2 所示。

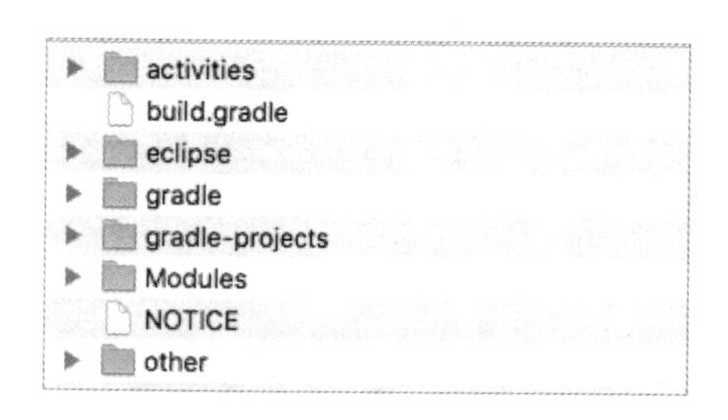

图 7-1 内置模板目录

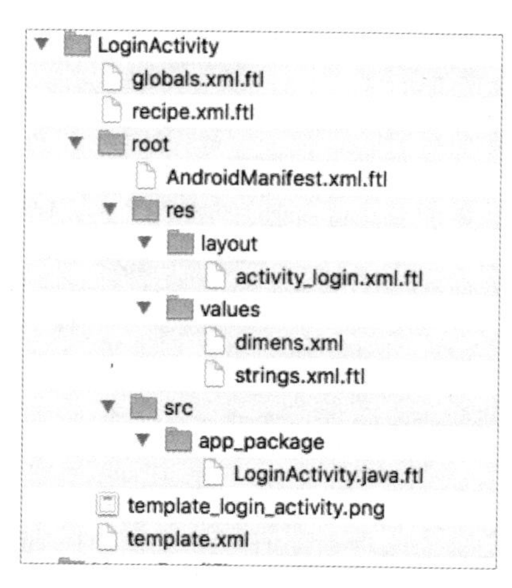

图 7-2 LoginActivity 目录

- template.xml：模板填写文件，通过此文件指定添加属性来记录新建模板的要求。
- gobals.xml.ftl：模板中记录的全局变量，通过 template.xml 中的属性可以指定。
- recipe.xml.ftl：模板文件操作逻辑，通过 template.xml 中的属性可以指定。

root 文件夹中是制作模板的实体文件，如 AndroidManifest.layout、activity 文件等，其后缀都为 ftl。

FreeMarker[1]的文件后缀是ftl。

FreeMarker 是一款热门的模板语言引擎，支持使用 XML 来配置模板信息。它是一个基于文本的模板输出工具。它是一个 Java 包，面向 Java 程序员类库。它本身并不针对最终用户的应用，而是允许程序员将模板嵌入到他们的产品中。

FreeMarker 类似于 MVC 设计模式，ftl 文件是 View 层，temple 是 Model 数据层，而 FreeMarker 机制是 Controller 控制器。

FreeMarker 运行要素如图 7-3 所示。

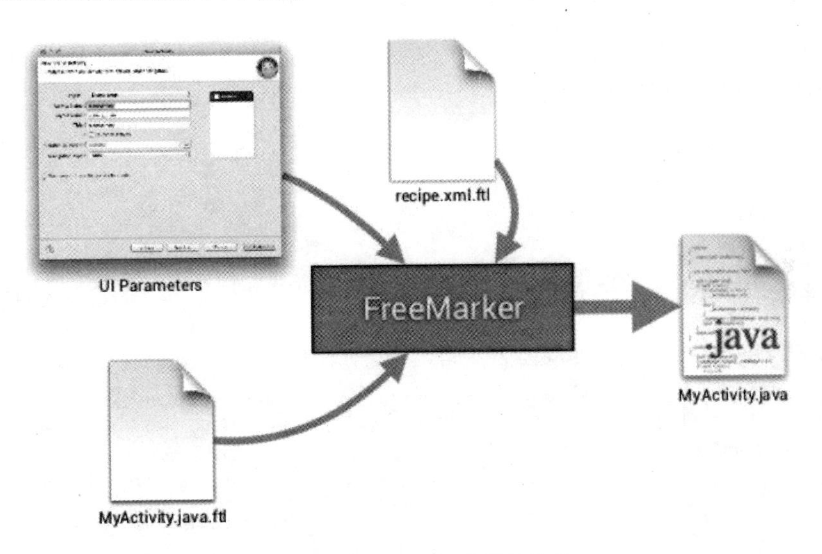

图 7-3 FreeMarker 的运行要素

因为模板中会出现很多.ftl 文件的编写逻辑，所以下面介绍一下 FreeMarker 的简单语法，其语法比较类似于 HTML。

1.整体结构

（1）注释：<#--注释内容-->，不会输出。

---

[1] http://freemarker.org/。

（2）文本：直接输出。

（3）插值：由${var}或#{var}限定，由计算值代替输出。

（4）FTL 标记。

2. 指令

FreeMarker 的指令有两种：

（1）预定义指令：引用方式为<#指令名称>。

（2）用户定义指令：引用方式为<@指令名称>，引用用户定义指令时要将#换为@。

> **注意：** 如果使用不存在的指令，则 FreeMarker 不会使用模板输出，而是产生一个错误消息。

FreeMarker 指令由 FTL 标记来引用，FTL 标记和 HTML 标记类似，名字前加#来加以区分。有三种 FTL 标记：

（1）开始标记：<#指令名称>。

（2）结束标记：</#指令名称>。

（3）空标记：<#指令名称/>。

> **注意：**
>
> （1）虽然 FTL 会忽略标记中的空格，但是“<#”和指令以及“</#”和指令之间不能有空格。
>
> （2）FTL 标记不能够交叉，必须合理嵌套。每个开始标记对应一个结束标记，层层嵌套。如：

```
${数据}        (引用内容)
<#if 变量>  (新建判断)
game over!  (内容)
</#if>       (结束判断)
```

注意事项：

（1）FTL 对大小写敏感，所以使用的标记及插值要注意大小写。name 与 NAME 就是不同的对象。

（2）插值只能在文本部分使用，不能位于 FTL 标记内。例如，<#if ${var}>是错误的，正确的写法是<#if var>，而且此处 var 必须为布尔值。

（3）FTL 标记不能位于另一个 FTL 标记内部，注释例外。注释可以位于标记及 interpolation

内部。

制作模板过程常用到 if 操作。

可以看一下 LoginActivity 的 UI 模板，如图 7-4 所示。

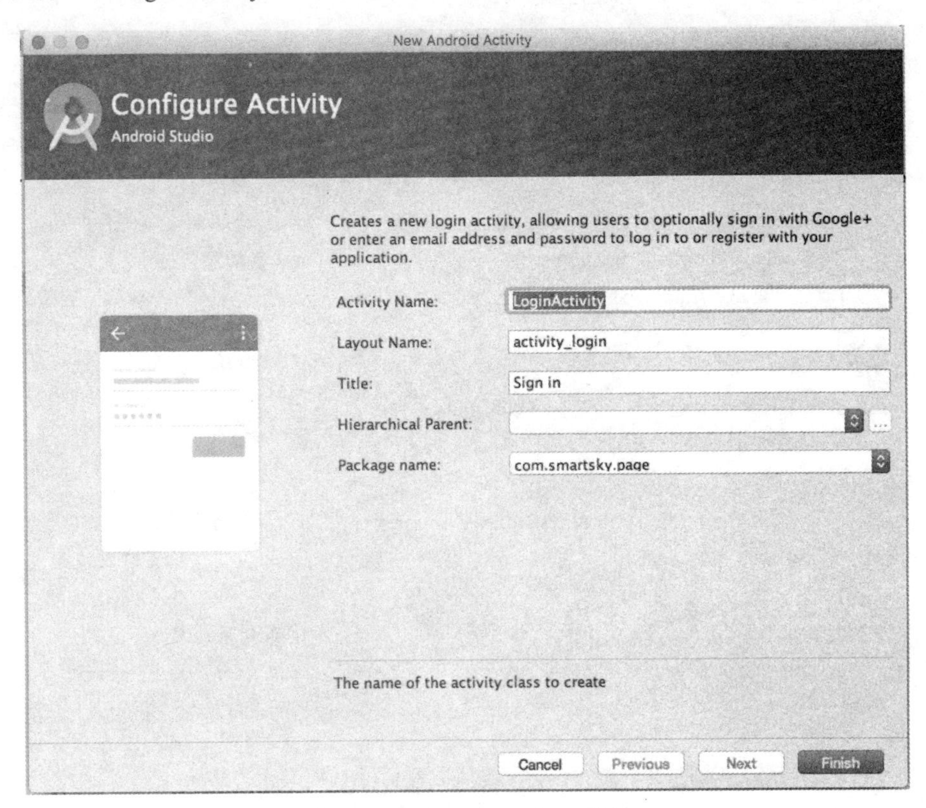

图 7-4　LoginActivity 的 UI 模板

temple.xml 文件中的属性如下所示，请注意代码注释。

```
<?xml version="1.0"?>
<template
    format="5"
    revision="6"
    name="Login Activity"  //模板名字
    description="Creates a new login activity,..."  //模板描述
    requireAppTheme="true"   //是否一定需要主题
    minApi="8"               //最小引用的 API
    minBuildApi="14">         //最小需要构建的 API
```

```
<dependency name="android-support-v4" revision="8" />    //引用的 v4 库

<category value="Activity" />     //模板归属的类别
<formfactor value="Mobile" />

<parameter   //参数
    id="activityClass"   //参数 id 唯一标识，通过该属性获取用户输入值
    name="Activity Name"   //参数名
    type="string"          //参数类型
    constraints="class|unique|nonempty"  //参数填写约束类文件/唯一/不为空
    default="LoginActivity"                    //参数默认值
    help="The name of the activity class to create" />   //显示的提示语

<parameter
    id="layoutName"   //参数填写布局文件
    name="Layout Name"
    type="string"
    constraints="layout|unique|nonempty"   //参数为布局/唯一/不为空
    suggest="${activityToLayout(activityClass)}" //填写建议值为 activity
                                                 //开头
    default="activity_login"                //布局默认名
    help="The name of the layout to create for the activity" />

<parameter
    id="activityTitle"  //Activity 命名
    name="Title"
    type="string"
    constraints="nonempty"
    default="Sign in"
    help="The name of the activity." />

<parameter
    id="parentActivityClass"
    name="Hierarchical Parent"
    type="string"
    constraints="activity|exists|empty"
    default=""
    help="The hierarchical parent activity …/>
```

```
    <parameter
        id="packageName"   包名
        name="Package name"
        type="string"
        constraints="package"
        default="com.mycompany.myapp" />

    <thumbs>   //默认显示图标
        <thumb>template_login_activity.png</thumb>
    </thumbs>

    <globals file="globals.xml.ftl" />   //指定的全局变量记录文件
    <execute file="recipe.xml.ftl" />   //指定的模板创建的文件逻辑

</template>
```

Android Studio 会通过解析器解析此 templete.xml 中的内容，然后通过 UI 显示填写的模板信息。

7.1.2 模板制作

制作模板前，请一定要备份模板，如果出现不可修复的问题，则会影响开发的效率。

这里以创建一个 ModuleBus 中分发的 Activity 模板为例，目录结构可以参照 7.1.1 节 LoginActivity 的目录结构。

1. 创建一个 template.xml 文件

```
<?xml version="1.0"?>
<template
    format="5"   //格式一般都是 5
    revision="3"   //revision 可以为任意值
    name="Module Activity"   //模板名字
    description="Creates a new module Activity"   //模板描述
    minApi="8"                //最低 API，选填
    minBuildApi="14">         //最低构建 API，选填

    <thumbs>
```

```
        <thumb>module_activity.png</thumb>     //预览图片
    </thumbs>
    <category value="Activity" />            //模板类型为 Activity
    <formfactor value="Mobile" />

    <parameter
        id="packageName"    //包名参数
        name="Package name"     //参数名
        type="string"
        constraints="package"     //约束填写包名
        default="com.mycompany.myapp" />    //默认会自动读取当前文件夹包名

    <parameter
        id="activityClass"    //Activity 参数
        name="Module Activity"    //参数名
        type="string"
        constraints="class|unique|nonempty"   //参数为布局/唯一/不为空
        default="ModuleActivity"
        help="By convention, should end in 'Activity'" />

    <parameter
        id="configClass"     //配置文件参数
        name="Module Config"
        type="string"
        constraints="class|unique|nonempty"
        default="ModuleConfig"
        help="By convention, should end in 'Config'" />

    <globals file="globals.xml.ftl" /> 全局变量文件
    <execute file="recipe.xml.ftl" />  模板逻辑操作文件

</template>
```

2. 创建全局变量文件 globals.xml.ftl

```
<?xml version="1.0"?>
<globals>
    <global id="topOut" value="." />   //顶层目录
```

```
    <global id="resOut" value="${resDir}" />    //资源目录
    <global id="srcOut" value="${srcDir}/${slashedPackageName(packageName)}" />
    //Java 文件生成指定目录
    <global id="activity_class" value="${camelCaseToUnderscore(activityClass)}" />
    //类名分隔
    <global id="hasNoActionBar" type="boolean" value="false" />
    <global id="isLauncher" type="boolean" value="${isNewProject?string}" />
    //是否默认为首页
    <#include "../common/common_globals.xml.ftl" />  //Android Studio 模板
    //默认提供的全局变量文件
</globals>
```

3. 资源的 Java 文件

Java 文件一般都会放到 app_package 中，直接复制之前写好的 Activity 文件，然后修改后缀，使用 FreeMarker 的可用变量来替换。

ModuleActivity.java.ftl：

```
package ${packageName};  //全局变量的包名

import android.os.Bundle;
import android.support.annotation.Nullable;
import com.cangwang.core.cwmodule.ex.ModuleManageExActivity;
import java.util.List;

public class ${activityClass} extends ModuleManageExActivity{

    @Override
    public List<String> moduleConfig() {
        return ${configClass}.modulesList;
    }
}
```

- ${packageName}：包名。
- ${activityClass}：替换的 Activity 名。
- ${configClass}：替换模块配置名。

ModuleConfig 用于变量配置，这里使用//，生成 Java 文件后，注释依然会存在。

```
package ${packageName};

import java.util.ArrayList;
import java.util.Arrays;
import java.util.List;

public class ${configClass} {
    public static List<String> modulesList = new ArrayList<>(Arrays.asList(
        ""//add String packageName+moduleName
    ));
}
```

4. 声明 AndroidManifest.xml.ftl

```
<manifest xmlns:android="http://schemas.android.com/apk/res/android" >

    <application>
        <activity android:name="${packageName}.${activityClass}"> //Activity名
            <#if isLauncher && !(isLibraryProject!false)> //判断是否是新建的工程
            <intent-filter>
                <action android:name="android.intent.action.MAIN" />
                <category android:name="android.intent.category.LAUNCHER" />
            </intent-filter>
            </#if>
        </activity>
    </application>
</manifest>
```

5. 创建 recipe.xml.ftl，用于逻辑操作

```
<?xml version="1.0"?>
<recipe>
    <dependency mavenUrl="com.cangwang.core:modulebus:2.0.1" /> //引用第三方库
    <merge from="root/app-build.gradle.ftl"
             to="${escapeXmlAttribute(topOut)}/app/build.gradle" />

    <instantiate from="root/src/app_package/ModuleActivity.java.ftl"
                   to="${escapeXmlAttribute(srcOut)}/${activityClass}.java" />

    <instantiate from="root/src/app_package/ModuleConfig.java.ftl"
                   to="${escapeXmlAttribute(srcOut)}/${configClass}.java" />
```

```
    <open file="${escapeXmlAttribute(srcOut)}/${activityClass}.java" />
    <open file="${escapeXmlAttribute(srcOut)}/${configClass}.java" />
</recipe>
```

- dependency：mavenUrl 引用第三方库。
- merge：合并操作。
- instantiate：如果代码中有值变换，一定要使用 instantiate，因为这是 FreeMaker 语法，而 copy 是不会有值变换的。
- from … to …：模板路径到实际文件路径的描述。
- open file：打开文件。

制作后的页面如图 7-5 所示。

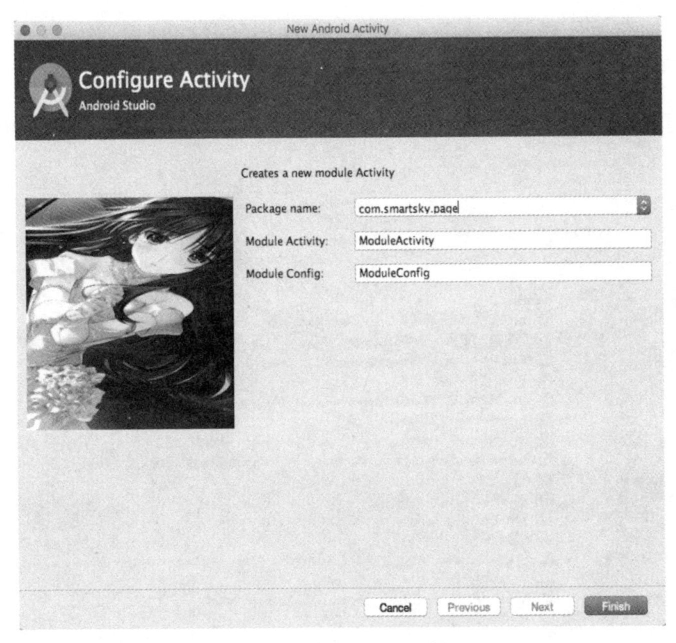

图 7-5　自定义 UI 模板

制作中需要注意的问题：

（1）在制作中如果 templete.xml 和 globals.xml.ftl 的全局变量对应不上，则 Android Studio 会卡死在模板页面，无法关闭，排查错误非常困难，只能强制“杀死”程序。

（2）${id}是{}，不是()。

（3）/common/common_globals.xml.ftl 拥有公用的属性，可以提供额外的属性，但只会在 activities 文件夹中。

（4）模板中的 dependency 引用第三库，暂时不支持 provider、annotationProcessor 等引用第三方库的方式。

唯一的方法是新建一个 build.gradle 文件，用 merge 方式来引用第三方库，但是使用 merge，apply plugin 会合并失败。

（5）merge 只支持.xml 和.gradle 后缀文件。

（6）Android Studio 升级后，模板可能都会消失，请事先将模板保存到 GitHub 等公用仓库备份。

关于模板遇到的更多问题，可以查看此文章 http://www.jianshu.com/p/4076b71f18a4。

7.1.3 实时模板

实时模板的机制简单地说就是提前定义好一些通用的代码片段，在编写代码时插入编辑器，使用方法类似于代码补全，默认快捷方式是 Tab 键。

进入 Settings/Preference→Editor→Live Template，可以看到当前已经有的模板组，如图 7-6 所示。

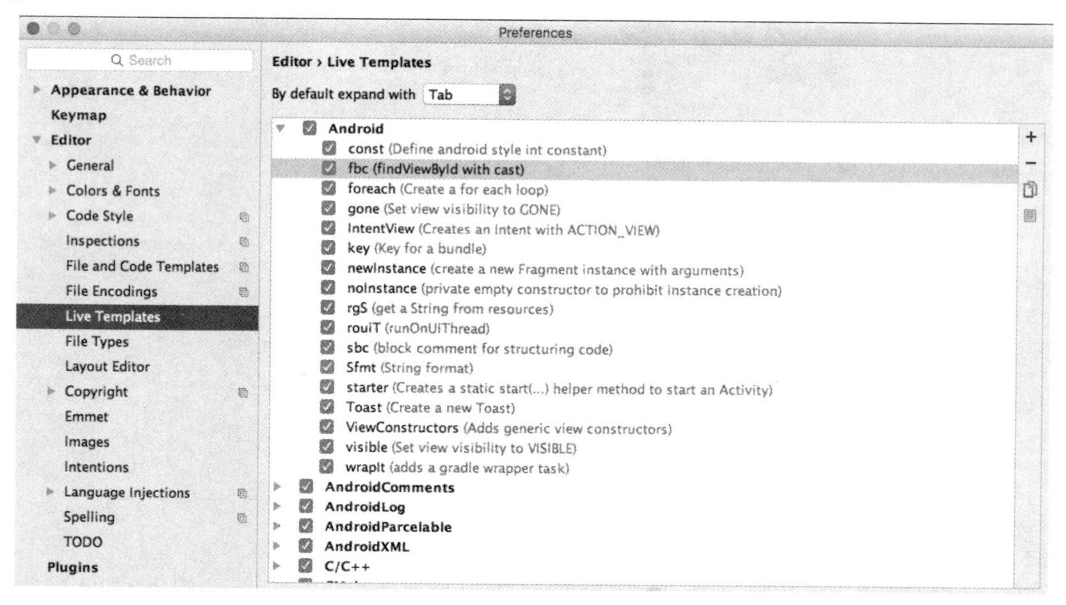

图 7-6 实时模板

图 7-6 中的 Android 是实时模板的组名，其中的每一项是都是一个实时模板的命令。

如图 7-7 所示，会显示实时模板的具体的参数形式，Abbreviation 是命令名称，Description 为描述，Template text 为模板运行显示。单击“Edit variables”后可以填写变量，如图 7-8 所示。

自定义编写一个注释模板。

弹框右上角有加号按钮，可以添加一个模板或者模板组，如图 7-9 所示。

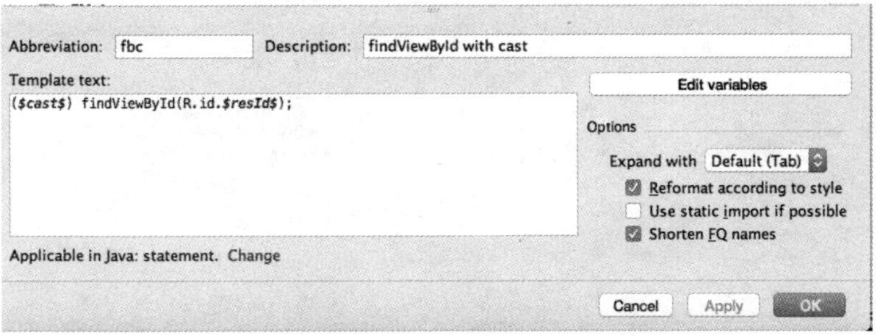

图 7-7 参数形式

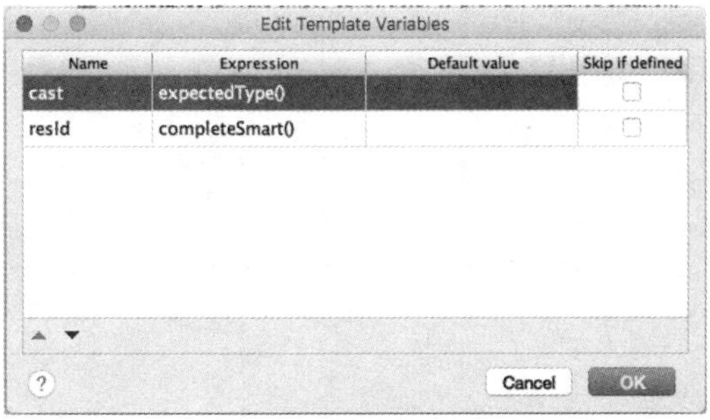

图 7-8 填写变量

图 7-9 添加模板

编写模板信息，包括描述信息 desc、日期和时间，其中使用两个$符号提示 Android Studio 需要输入转义，如图 7-10 所示。

图 7-10 编写模板信息

点选 define 文本，选择引用类型，选择 Java 的 declaration，可以引用 Java 某些库中提供的方法，如图 7-11 所示。

直接选择日期和时间的表达式，如图 7-12 所示。

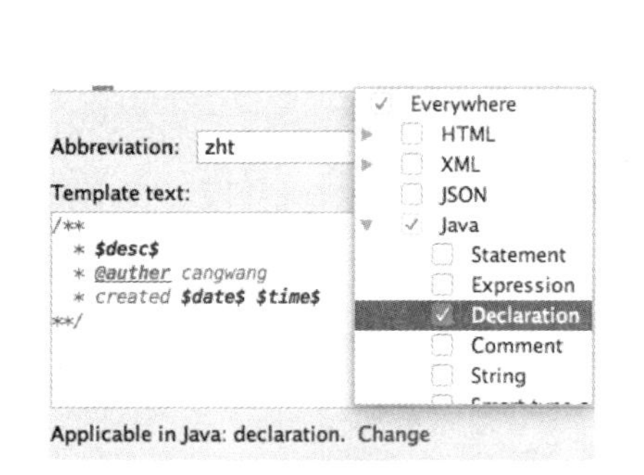

图 7-11　引用选择

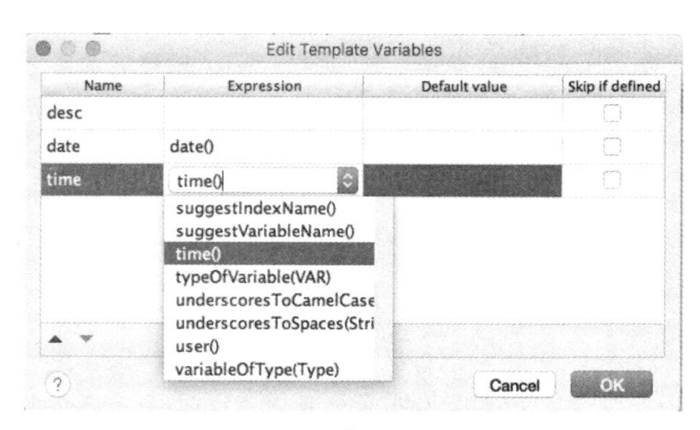

图 7-12　填写函数

只需要在代码中输入 zht 字符串就会提示生成代码段。

可以打开 File→Export Settings…导出模板，如图 7-13 所示。

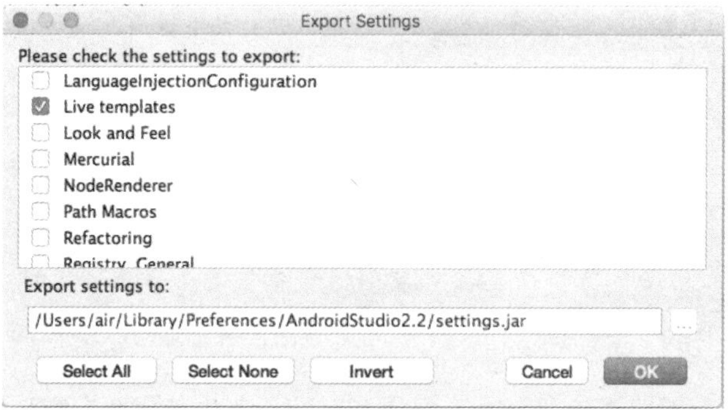

Export Settings
Please check the settings to export:
LanguageInjectionConfiguration
Live templates
Look and Feel
Mercurial
NodeRenderer
Path Macros
Refactoring
Registry General
Export settings to:
/Users/air/Library/Preferences/AndroidStudio2.2/settings.jar
Select All　Select None　Invert　Cancel　OK

图 7-13　导出模板

选择导出 Live templates，只需使用 Import Settings 就可以导入模板。

7.1.4　头部注释模板

创建 Java 等文件时 Android Studio 会生成头部注释。

选择 File→Settings→Editor→File and Code Templates，如图 7-14 所示。

在 Includes 选项中，可以很容易地找到 File Header，其写逻辑和 FileMarker 类似，在 Description 中描述变量参数的适用方式，如图 7-15 所示。

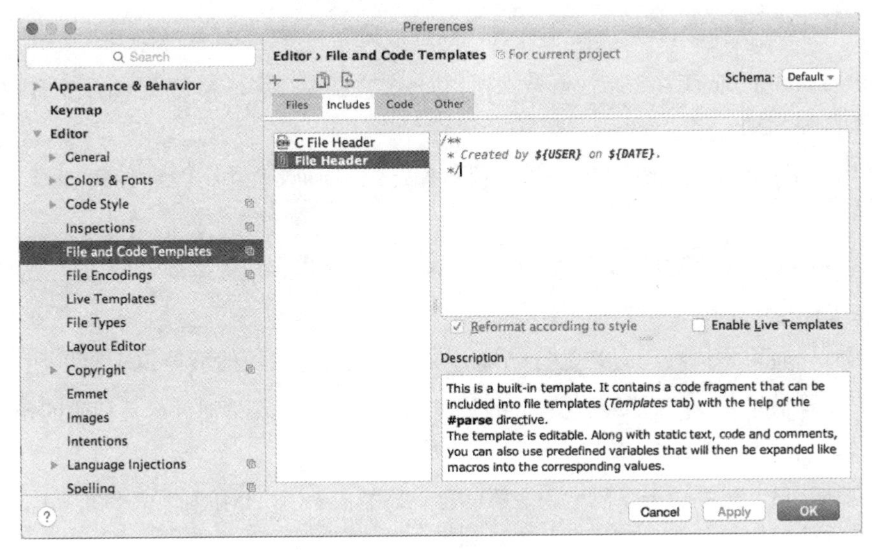

图 7-14　头部注解

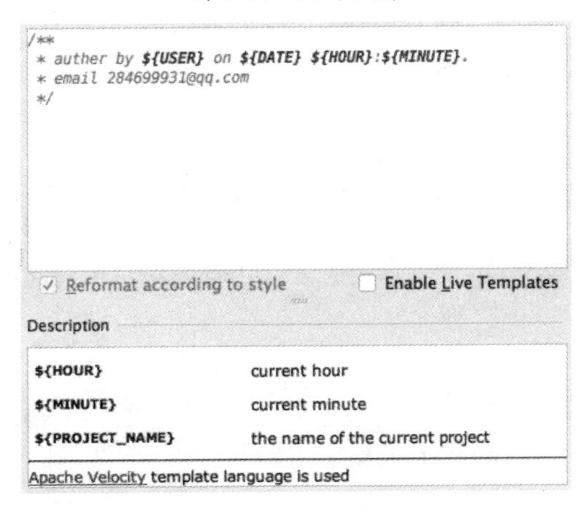

图 7-15　注解参数

简单改写一些参数，确定编写人的信息，有利于项目维护。

7.2　注解检测

除了模板，引导协作的另外一个有效手段是使用代码提示。

让代码在使用的过程中得到提示信息，需要借助特殊的注解。

下面介绍三种注解形式：

（1）RetentionPolicy.Source 源码注解，其是三种注解中生命周期最短的注解。注解只保留在源文件，当 Java 文件编译成 class 文件时，注解被遗弃。

（2）RetentionPolicy.ClASS，注解被保留到 class 文件中，但 JVM 加载 class 文件时被遗弃，这是默认的生命周期。

（3）RetentionPolicy.RunTime，注解不仅被保存到 class 文件中，JVM 加载 class 文件之后，注解仍然存在。

这三种注解形式分别对应 Java 源文件->class 源文件->内存中的字节码，其时序为 SOURCE→CLASS→RUNTIME。

在编写代码时检查代码，需要在编写 Java 源码时运行，对应的就是 SOURCE 阶段。

需要在编译前进行一些预处理，对应的是 CLASS 阶段，编译时注解对代码的预处理发生在此阶段。

在引用运行后，想要动态获取一些注解信息，只能在 RUNTIME 阶段，例如，EventBus 2.x 时通过动态注解获取事件信息并添加到事件列表中。

在编写源码时得到规范提示，需要在 SOURCE 阶段建立注解提示的规则。

Android support library[2]从 19.1 版本开始引入了一个新的注解库，它包含很多有用的元注解，可以用它们修饰代码提示。

```
compile 'com.android.support:support-annotations:23.1.1'
```

如果使用了 v4、v7、appcomt 的库，则代表其内部已经引用过此库了。

资源注解

@XXXRes 命名的都属于资源注解，提示需要输入的资源变量。

@AnimatorRes：指出一个 integer 的参数、成员变量或方法返回值是一个 animator 资源的引用。

@AnimRes：指出一个 integer 的参数、成员变量或方法返回值是一个 anim 资源的引用。

@AnyRes：指出一个 integer 的参数、成员变量或方法返回值是一个任意资源类型的引用。

@ArrayRes：指出一个 integer 的参数、成员变量或方法返回值是一个 array 资源类型的引用。

@AttrRes：指出一个 integer 的参数、成员变量或方法返回值是一个 attr 资源的引用。

@BoolRes：指出一个 integer 的参数、成员变量或方法返回值是一个 boolean 资源的引用。

@ColorRes：指出一个 integer 的参数、成员变量或方法返回值是一个 color 资源的引用。

---

[2] http://tools.android.com/tech-docs/support-annotations。

@DimenRes：指出一个 integer 的参数、成员变量或方法返回值是一个 dimen 资源的引用。

@DrawableRes：指出一个 integer 的参数、成员变量或方法返回值是一个 drawable 资源的引用（包括@mipmap）。

@FractionRes：指出一个 integer 的参数、成员变量或方法返回值是一个 fraction 资源的引用。

@IdRes：指出一个 integer 的参数、成员变量或方法返回值是一个 id 资源的引用。

@IntegerRes：指出一个 integer 的参数、成员变量或方法返回值是一个 integer 资源的引用。

@InterpolatorRes：指出一个 integer 的参数、成员变量或方法返回值是一个 interpolator 资源的引用。

@LayoutRes：指出一个 integer 的参数、成员变量或方法返回值是一个 layout 资源的引用。

@MenuRes：指出一个 integer 的参数、成员变量或方法返回值是一个 menu 资源的引用。

@PluralsRes：指出一个 integer 的参数、成员变量或方法返回值是一个 plurals 资源的引用。

@RawRes：指出一个 integer 的参数、成员变量或方法返回值是一个 raw 资源的引用。

@StringRes：指出一个 integer 的参数、成员变量或方法返回值是一个 string 资源的引用。

@StyleableRes：指出一个 integer 的参数、成员变量或方法返回值是一个 styleable 资源的引用。

@StyleRes：指出一个 integer 的参数、成员变量或方法返回值是一个 style 资源的引用。

@TransitionRes：指出一个 integer 的参数、成员变量或方法返回值是一个 transition 资源的引用。

@XmlRes：指出一个 integer 的参数、成员变量或方法返回值是一个 xml 资源的引用。

色彩注解

@ColorInt：指出一个被注解的元素是一个 int 颜色值，表示的是 AARRGGBB。

线程注解

线程注解可以指定方法运行在特定的进程中。例如，网络数据操作或数据库操作运行在工作线程中，或者在 UI 线程刷新 UI 的情况下。

- BinderThread：指出被注解的方法应该只在 binder 线程中被调用。
- MainThread：指出被注解的方法应该只在主线程中被调用。
- WorkerThread：指出被注解的方法应该只在工作线程中被调用。
- UiThread：指出被注解的方法应该只在 UI 线程中被调用。

在程序中，MainThread 和 UIThread 是同一个。

线程注解示例如图 7-16 所示。

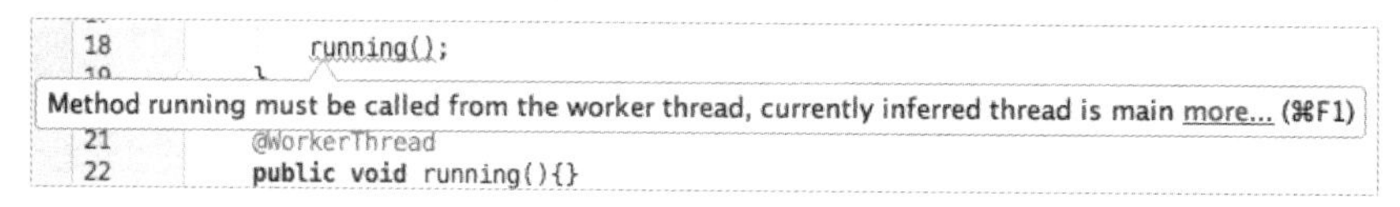

图 7-16　线程注解提示

空注解

@Nullable 注解可以用来标识特定的参数或者返回值，可以为 null。

```
setNull(null);
public void setNull(@Nullable String str){};
```

@NonNull 注解可以用来标识参数不能为 null，如图 7-17 所示。

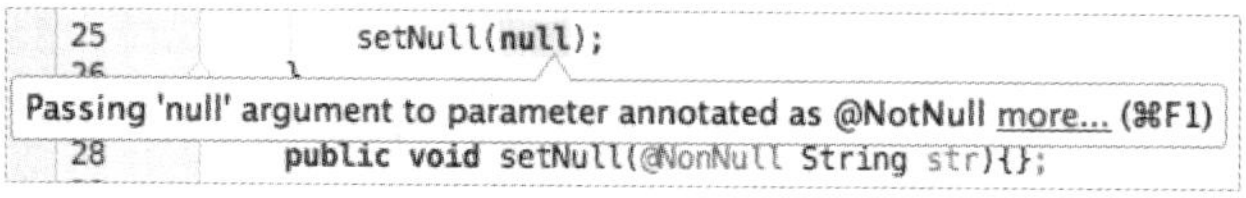

```
25            setNull(null);
Passing 'null' argument to parameter annotated as @NotNull more... (⌘F1)
28        public void setNull(@NonNull String str){};
```

图 7-17　参数为空提示

样式注解

使用 IntDef 或者 StringDef 指定期待的变量列表，相当于使用注解实现枚举的提示方式，但是并没有像枚举一样占用资源。

```
@IntDef({ReqType.GET,ReqType.POST,ReqType.DELETE})
@Retention(RetentionPolicy.SOURCE)
public @interface ReqType {
    int GET = 0;
    int POST =1;
    int DELETE=2;
}
```

调用的时候会出现错误提示，可以通过错误提示填写正确的参数，如图 7-18 所示。

```
13            setReq(1);
Must be one of: ReqType.GET, ReqType.POST, ReqType.DELETE more... (⌘F1)
16        public void setReq(@ReqType int type){}
```

图 7-18　样式注解提示

值域注解

值域注解包括@Size、@IntRange、@FloatRange。

通过 from && to 可以限制@IntRange 和@FloatRange 的值域，如图 7-19 所示。

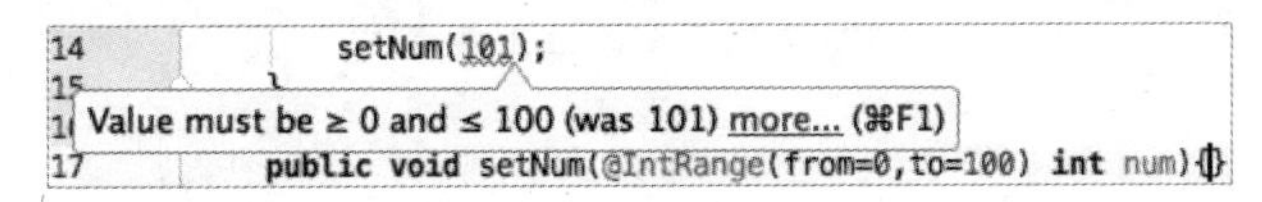

图 7-19　值域注解

通过@Size 注解参数限定数据、集合、字符串的大小。

- 集合不为空：@Size(min=1)。
- 字符串最大为 8 字符：@Size(max=8)。
- 数组中只能有三个元素：@Size(3)。

权限注解

如果标注方法需要权限，则使用@RequiresPermission：

```
@RequiresPermission(Manifest.permission.INTERNET)
public abstract void goWeb(String url);
```

需要任一权限可以使用 anyOf 参数修饰：

```
 @RequiresPermission(anyOf = {
        Manifest.permission.READ_EXTERNAL_STORAG,
        Manifest.permission.WRITE_EXTERNAL_STORAGE})
public abstract void downLoad(String url);
```

对于 ContentProvider 的权限，可能需要单独地标注读和写的权限访问，注解需要使用@Read 或者@Write 来标注每一个权限需求。

```
@RequiresPermission.Read(@RequiresPermission(READ_MODULE_DATA))
@RequiresPermission.Write(@RequiresPermission(WRITE_MODULE_DATA))
public static final Uri MODULEDATA_URI = Uri.parse("content://browser/
moduledata");
```

重写注解

在重写方法时，提示重写的父类方法也必须被调用，就需要使用@CallSuper，Android Studio 会提示需要在方法内调用 super 的方法，如图 7-20 所示。

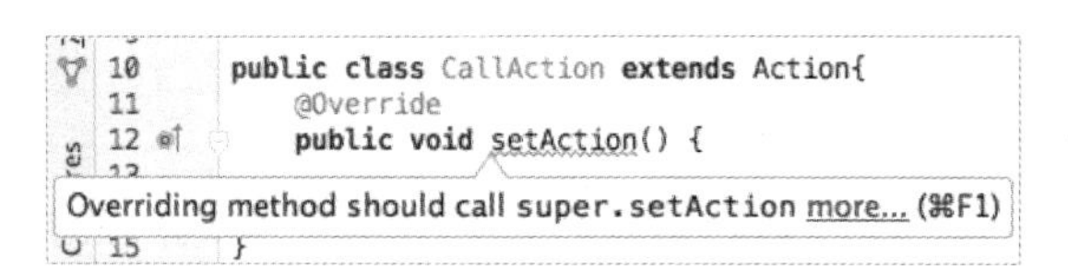

图 7-20　重写注解提示

其他注解

使用@Keep 保证代码不被混淆。

@VisibleForTesting 可以注解一个类、变量或方法，让其具有更高的可见性，通常用于测试。

7.3　小结

模板和提示的作用不仅仅是给予示例，还能够引导人们去理解工序规则和制作者的思维，提示其他协作者用适当的方式去统筹项目。

模板和提示的制定，意义在于引导协作者在思维上对工程的工序和规则进行补全，让协作者少走弯路。

可以通过以下几点来进行引导：

- 命名；
- 模板；
- 提示；
- 描述说明（说明书/注释）。

引导别人理解规则，然后在规则的基础上去完成任务，不是随意破坏规则，任意改造。胡乱改造会带来整个生态的混乱，统筹会越来越困难。

只有熟悉规则，才能更进一步找到规则的不足，进而去优化规则。只有规则稳定高效，才能引导更多的协作者完成任务。

第 8 章 架构演化

不同的物种有不同的形态和生存方式。

是什么决定了物种的生存方式和形态？

是环境，环境会随时间推移、空间的转换而发生改变。

物种为了适应不同的环境，会产生进化，但是进化的方向并不是单一的方向。进化适用于当前环境，如果转换到其他环境，有可能会有灭顶之灾。

物种进化成不同的物种，同一时期会有多个不同物种共存的可能性，因为每个物种适应生存的环境都不同。

之前说到的时间、空间、安全等属性可以很好地检验进化是否适应当前的环境。

一个物种如果能够用更长远的眼光审视自身，主动寻求进化的方向，并为此适应变化的环境，就能够更加容易地进化成更强大的物种。

将 Android 项目开发看作一个物种，那么其架构可以向不同的方向演进。

8.1 基础架构

使用 Android Studio 开发时，根据依赖规则，用最简单的线性架构来解耦，如图 8-1 所示。

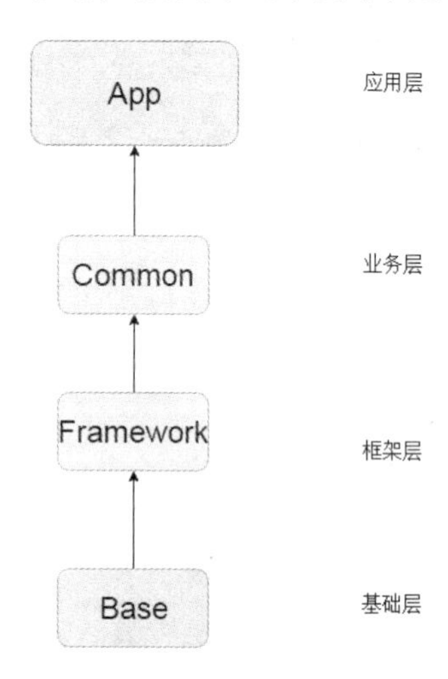

图 8-1　基础架构

（1）使用 Base module 引入多种工具库。

（2）使用 Framework module 编写框架逻辑，可以被持续复用。

（3）将业务集中到 Common module 中以保持业务高内聚，利用文件夹来区分不同业务间的关联，一个文件夹作为一个独立业务。

（4）App module 被编译打包生成 App。

基础架构的业务保持高内聚，但是实现的规则往往比较随意，对代码质量的限制也不高。如果没有规范性地使用设计模式接口进行解耦，而是开发人员随意维护，就会使业务间代码的耦合度越来越高。

特别是产品需求不定向时，其兼容后续开发的实现如果没有遵循统一规范，就会让业务实现、添加、移除的难度增大。

8.2 基础组件化

基础组件化架构图已经在书中出现了很多次，图中表达了组件化入门需要遵循的基本规则，表达了简单的分层结构，而且使用了树状的结构来解析开发规则，可参见第 1 章的基础组件化架构图。

（1）Base module 集成了工具库和封装框架。

（2）组件层中的每个组件代表一个业务。

（3）App module 统筹整个 App 的集成层，最终被编译打包成 App。

这种简洁的组件化工程架构比较适合中小型开发项目，其包含的基础组件，例如数据库、图片等，均为轻量级封装。业务层的每个模块相互独立，因为页面逻辑简洁，单独的页面可以划分为单一的功能模块，只需一个 Base module 就可以完成基础工具库依赖。

8.3 模块化

随着业务量的增加，基础层逻辑越来越复杂。基础层需要更加细分，重新划分为组件层和基础库层。以业务划分模块层，模块层依赖于组件层，组件层提供功能逻辑推动业务研发。

模块化分为 5 层模型，如图 8-2 所示。

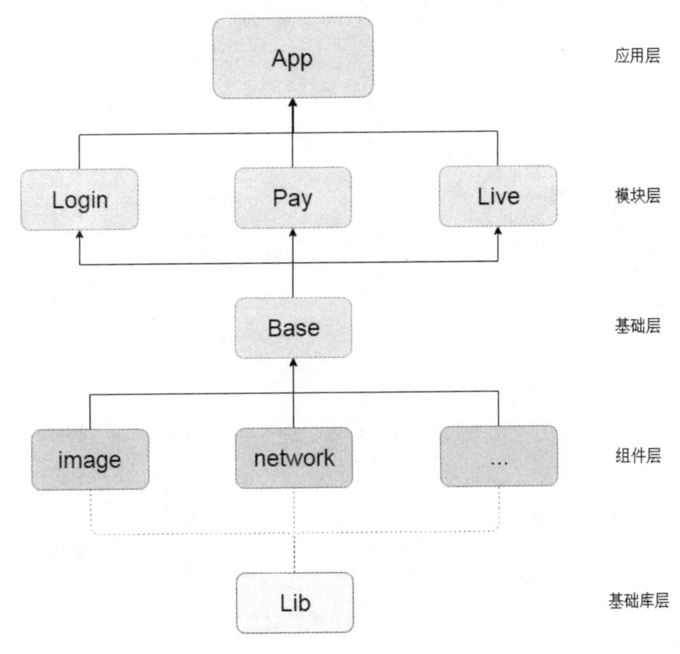

图 8-2　模块化模型

（1）**应用层：**生成 App 和加载初始化操作。

（2）**模块层：**每个模块相当于一个业务，通过 module 来分隔每个业务的逻辑，一个模块由多个不同的页面逻辑组成。

（3）**基础层：**基础组件的整合，提供基础组件能力给业务层使用。

（4）**组件层：**将图片加载、网络 HTTP、Socket 等基础功能划分为一层。

（5）**基础库层：**更加基础的库类依赖，此层非必需，例如 RxJava、EventBus 等一些代码结构优化的库，还有自己编写的封装类。

基础库层可以转移到基础层和组件层中，这样可以减少层级，所以为虚线。

基础层可以只是一个空壳，起到隔离模块层和组件层的入口的作用，可以作为中转，封装一些必须要使用的组件功能，隐蔽一些实现细节。

模块层的业务逻辑需要考虑业务之间的信息交互和转发的实现。

这个结构适合中型 App 的搭建，当业务需要重新细分重构时，可以考虑使用这种架构方式。这种架构要求组件独立复用，模块能够不依赖于其他模块实现。

8.4 多模板化

多模板化就是融合了组件化分发后演化而来的架构，如图 8-3 所示。

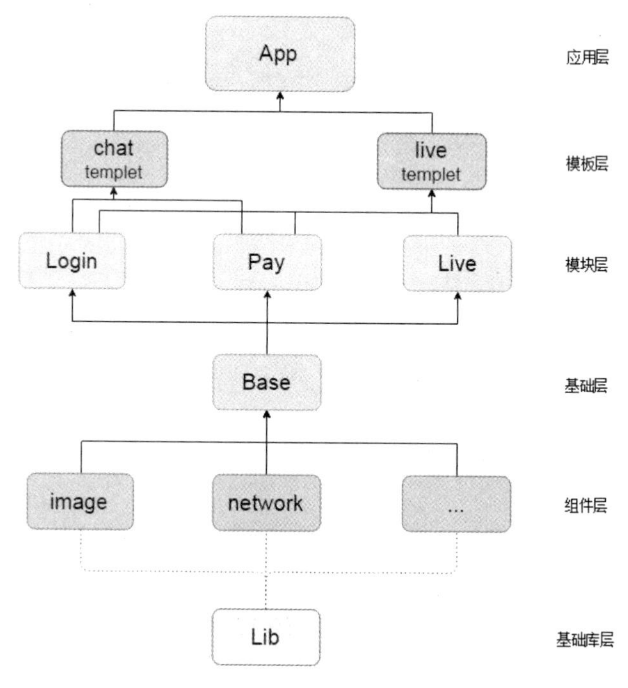

图 8-3　多模板模型

在模块化的前提下，使用组件化分发，单页面中分发出多个独立的业务。

模板层服务于多个分发业务的组装。在模板层中，一个模板包含多种业务，一个页面可以使用多种模板的逻辑。例如，直播间和 QQ 聊天室，当有多个特别模板的布局组装和位置变更时，就需要配置模板。

多模板化的产品要求样式多变，其衍生出的架构演变是模块化进化的一个方向。

8.5　插件化

业务层相对独立后，分层已经非常稳定。

国内 Android App 的大环境是，用户希望拥有新体验的同时，又不希望 App 频繁更新。在这种环境下，中国“黑科技”热修复、热更新就成为常态。热更新技术催生出了插件化开发。

在热更新环境下，Android 架构又再次发生进化。

插件化的 5 层模型如图 8-4 所示。

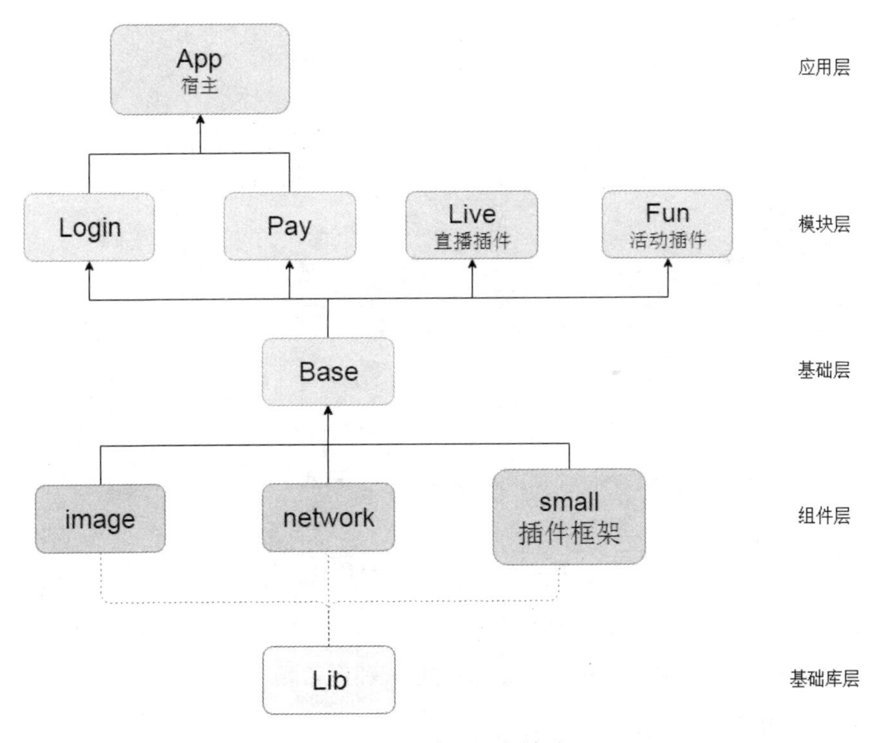

图 8-4　插件化开发模型

（1）组件层中需要添加插件框架，如 Small、Atlas、RePlugin 等，根据项目情况做出选型，选型调研尤为重要。

（2）模块层的每个模块是以业务是否独立作为划分的条件，例如，地图、直播间、活动、第三方嵌入等，作为单独的研发分支（SVN、Git 工程）。每个模块作为基础项目研发，模块之间相互独立，项目达到最大程度解耦。

（3）应用层对应插件化宿主 App（本书并不涉及插件化基础介绍），一些非常基础的业务如登录、支付等需要账号的模块最好集成到这里。如果公司对这些模块有很好的插件化加载方案和解耦能力，可以选择使用这些分离技术。宿主 App 只是一个壳，用于初始化插件化框架，并加载不同的模块。

这样的架构适合多个业务模块动态迭代。一个小组可以负责一个业务工程，脱离原来宿主工程的研发。但是需要注意，小心地设置 Base module 中业务模块间的通信机制，还有模块间页面的跳转、资源重叠及混淆问题。举个模块间通信机制的例子，假如用 RxBus 进行通信，每次都需要添加一个新的类，每个事件类都需要添加到 Base module 中。通信机制的架构非常不稳定，功能叠加后模块越来越多，通信事件越来越多，会造成类爆炸。需要设计接口向前兼容，旧的接口不能进行过多的修改，不能删除和更改参数，只能增加。

插件化运行模型如图 8-5 所示。

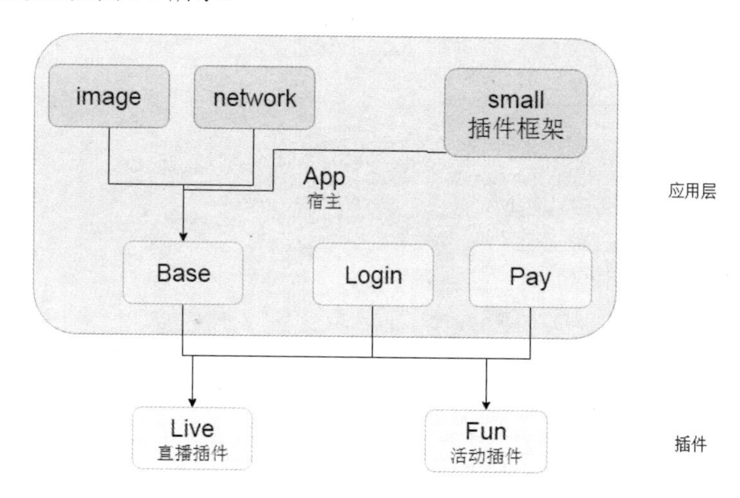

图 8-5　插件化运行模型

在插件化研发阶段需要考虑的一些问题：

（1）解决资源冗余，包括对 Base module 的依赖和库依赖。

（2）资源混淆和资源冲突。

（3）插件加载方式。

（4）通信依赖、数据交互、事件机制。

模块化为插件化研发提供了很好的解耦基础。组件化、模块化、插件化一步步演进的过程，给项目研发中的不同阶段提供了很好的架构指导。插件化远非架构的终点。

8.6　进程化

当 App 越来越大时，比如已经达到了支付宝、微信、商城这种超大型级别，一个 App 占用几百 MB 以上的空间时，几乎需要使用 Android 开发的全部功能。如何让系统给 App 分配更大的内存，更加流畅地运行，应用开发的架构指向了进程化。

进程化是大型 App 架构的必然选择，Android 系统不是以 App 为单位分配内存的，而是以进程为单位限制内存和资源分配的。那么开启多个进程会使 App 获取更多的内存，运行更加流畅。多进程使内存分散，既避免了让单个进程太大导致内存过大，在不断回收内存中导致卡顿等问题，也避免了因内存过低被系统杀死。其他进程可以做一些播放视频、播放音乐、拍摄、浏览网页等非常耗费资源的操作。

进程化架构如图 8-6 所示。

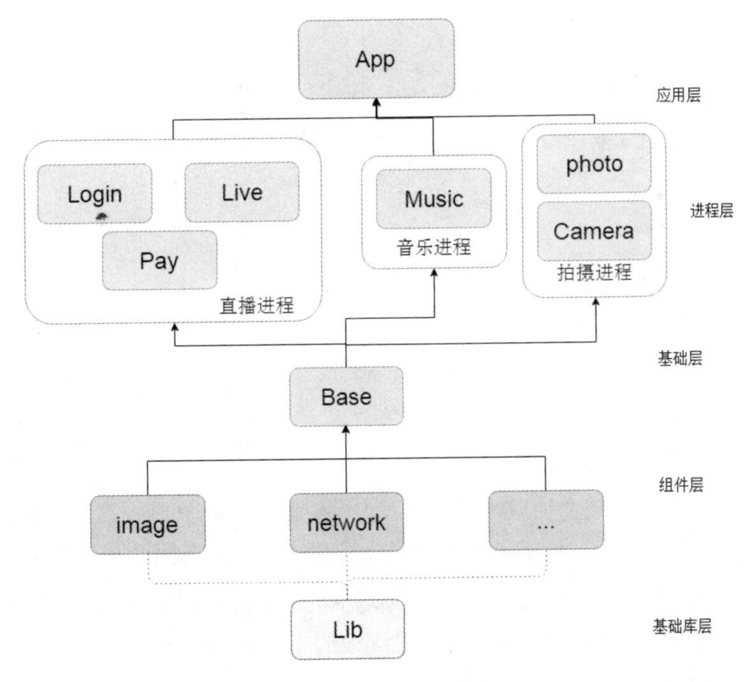

图 8-6　进程化模型

进程层是以非常大的功能业务为划分条件，例如，播放视频、拍照、播放音乐播放、地图导航、浏览 Web 页等非常消耗内存的模块。

进程化不仅能解决 OOM 问题，还能合理有效地利用内存，在单一进程崩溃的时候，并不影响这个应用的使用。

跨进程的通信和交互比组件化、模块化更加复杂。Android 系统对隔离进程比 Android Studio 隔离模块要严格得多。系统隔离进程是运行时隔离，而 Android Studio 隔离模块则是在开发时隔离。通信需要用到跨进程通信的 AIDL，或者其他跨进程方式。

需要理解的是 Android 进程开发，它是以四大组件为基础的（了解 Activity 和 Service 进程基础），四大组件在 AndroidManifest.xml 中使用 process 字段来声明额外的进程。进程定义需要以四大组件为入口。

进程化运行模型图如图 8-7 所示。

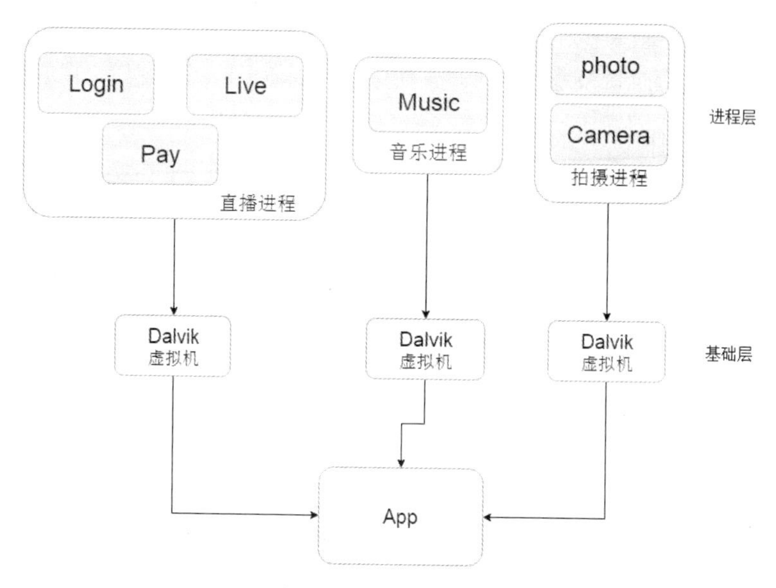

图 8-7　进程化运行模型

使用进程化需要注意以下几个方面的问题：

（1）静态成员和单例模式会失效，因为进程内存空间相互独立，所以虚拟机内的静态方法区的静态变量也是相互独立的。由于单例模式是基于静态变量的，因此单例模式会失效。

（2）线程同步机制完全失效，由于 Java 的同步机制是使用虚拟机来进行调度的，因而两个进程会拥有两个虚拟机，同步在多进程中也是无效的，synchronized、volatile 等都是基于虚拟机级别的同步。

（3）SharedPreferences 的可靠性下降，SharePreferences 没有对多进程的支持。

（4）文件读写的时候，需要考虑并发访问文件的问题。不同进程访问同一个文件是没有进程锁机制的。SQLite 很容易被锁，其他进程访问时就会报出异常。

（5）Application 多次创建。每个进程在创建时都会新建一个 Application，多进程会面临 Application 被多次创建的问题。每个 Application 都会执行 onCreate 方法。只能通过进程名来区分不同的进程，进行不同进程的初始化操作。

使用进程开发需要了解 Android 系统的虚拟机机制，了解系统进程回收的情况。

8.7 小结

本章介绍了众多架构的演进及其优势、劣势。介绍这些架构的重点是了解如何在不同的开发阶段选择合适的架构。项目在不断成长，架构也应不断改进，以适应项目的进化。

以粒度分析工程后，需要用宏观的视角观察整个项目的架构和开发流程。

架构最重要的一点是对未来的思考、对未来的把控。人的思维需要比项目架构先进。

对未来思考后，会明白遵循严格的开发规则的重要性。同时开发多种业务，就是考验架构健壮性的时候了。

架构的演化并不是一蹴而就的，需要非常长时间的迭代。

附录A 思维与架构

非常感谢各位读者耐心地看到本书的最后部分。这部分不会有任何关于代码的说明，但是请各位读者认真阅读并仔细思考这部分的内容，这将会改变你的思维模式。

正如前言中提及的，观察事物的角度和态度的不同，决定看到事物价值点的不同。

思维规则

思维产生固定的规则，对事物认知产生偏见后，如何利用更加深入的思考来打破思维桎梏？

每个人都自带一个独特的**操作系统**，就像电脑的操作系统一样。

模块的知识只相当于某个特定的软件，学习某一专业技能只是对特定的软件进行更新，并不会对操作系统有任何影响。随着安装的软件增多，自身没有提供整理这些软件的机制，操作系统反而会变慢。

知识软件的更新可以从外部输入，并且依赖于操作系统运行。然而操作系统只能通过自身认知进行升级，像 Windows 和 Linux 等系统一开始都被安装到电脑中，软件公司推送更先进的操作系统给用户来进行系统升级，但是人类并不如此。

人类自身的操作系统可以通过认知组件不断刷新自身对各种事物小部分的认知，逐步来修改自身操作系统中基础内容、底层关系的连接，形成拥有自我升级能力的操作系统。机器学习就是参照人类的学习能力发展而来的。

人类把这种反馈称为自我反省，这是操作系统检查自身状态不足的反映。

很多只是通过操作系统运用软件得到运算结果，并没有通过运算结果生成的内容来刷新自身的认知，优化自身操作系统的思维组件。

思考规则并不会一成不变，操作系统中的思考组件直接影响思考规则。

利用思考组件反复思考：

- 为何要选择这种软件？
- 为何会采取这样的生产流程，取决于生产的条件是哪些？
- 指导生产的是什么，最终想达成的目标是什么？
- 得到运算结果对调整未来的规划有什么影响？

认真审视操作系统的思维规则的模式，审视思考这个事情本身，才能对自身操作系统拥有更深的认知。

思考单位

对事物的认知越深，越能研究透彻其组成成分。

从更小粒度的方向分析，事物选择分离的结构节点越小，会更精细地反映事物内部的连接原理，反映出事物的本质。

从更宏观的视角分析，事物会被连接到其他不同的软件、其他操作系统，甚至是服务器，找出节点在广域连接中产生的影响。

对粒度的思考就是追溯本源，对宏观的思考是广度连接。

连“思考”这件事也可以通过粒度进行分解，通过分解和连接能持续影响自身思考组件的运行规则。

主动调整思考单位，调整看待事物的角度和态度，能形成影响自身的思考规则，通过寻找自身思考规则的盲点，能发现更深的粒度和更广的维度。

思考方式

线性思考、树状思考、网状思考，进而到多维度层级思考方式。

认真审视操作系统处于哪种思维方式。

在不同的阶段，运用的思考方式是不同的，每种思维都有其优劣。

- 当注意力高度集中时，思维方式会自动切换为线性思维。
- 当思考规划时，选项增加，思维方式会自动切换为树状或网状。

树状思考只是单维度的基于选择出现的思考，网状思考是多个不同的知识面产生接点的拓展思考，很多人至今很可能只停顿在线性或树状的思考方式，那更不用提网状和多维度层级的思考方式了。

是什么造成人与人之间思考方式的差异呢？是思考的深度。

在单维度的角度分析，当思维的层次足够深，粒度更细，才能让知识有足够的深度达到共性底层，从而单维度也能出现知识连接，形成网状。

从多维度的角度分析，某些方面的知识，可以连接起来作为思维起始点，产生衍生思考，然后知识面之间也可以产生节点连接。增长更多的知识面基础，如财务、历史、物理等知识，也为思维连接提供了更多的资源。

多维度层级思考是基于时间、空间等更广泛维度的思考。

当大脑内能架构出更大的思考导向，才能了解自身成长的阶段，对自身和世界的连接有更加清晰的认识。

思维判断

书中一直在阐述两个重要的概念——时间和空间。时间和空间可以被使用，并且可以作为对事物评价的重要标准。

通过操作系统中思维价值观的机制来判断事物的重要性。

有一把锋利的“刀”，用于剖开事物重要程度，就是“>”。

使用“>”，能通过对思维价值的衡量，判断出什么更加重要。

在当前环境中，从时间和空间的角度进行考量。

1. 现在什么更重要？
2. 未来什么更重要？
3. 未来什么最重要？

通过认真的思考和比较，利用这把“刀”和这三个论点来剖析事物的重点，并且追溯理解事物本源。从时间和空间的维度上研究事物的重要性，通过分析得到结论，引导自身进行思维驱动。

思维优化

经历了思考粒度的分析和思考方式的确立，才能更进一步优化思考的体系。

从时间和空间两个维度研究，如何通过时间转换空间，或者空间转换时间呢？

利用粒度关联性，用物理上的并联和串联的思想安排粒度的运行顺序，就能进行空间到时间上的转换。

利用粒度间共性分析，通过物理上的缓存机制，保持不变的部分，就能减少再次转换的代价，也就是利用空间减少时间消耗。

利用系统的运算和记录，将原型材料拼接成小型的公用产品，就可以进行时间到空间的转换。

更有效的是，从 inside the box 到 outside the box 的跳出思考。引入第三方变量，借助外界更大量、低成本的时间运算和空间存储。例如，使用云存储、云计算等外界第三方资源，但是本质上还是时间复杂度和空间复杂度的转化。

哪个效率更高，就要看操作系统中的时间和空间哪个资源更加紧缺。

通过对时间和空间的研究，你可以更好地判断和思考优化的路径。

思维传递

人类生产出商品，就出现了集聚和交易，继而出现了市场。

商品是多种多样的，有实体的，也有虚拟的，甚至思想概念都可以作为商品进行交易。

但是有很多实体商品，人们只知道其使用价值，通过个体间比较来判断其优越性，然而很多人不会去研究其本源的优越因素。

以轮子为例，如果你要重复造轮子，得知道轮子的材料和制作工艺。就算你只是用轮子，那么有一天轮子出现问题的时候，不可能只将轮子换掉，总有和轮子连接的地方需要拆卸，也不能确定换来的轮子是否能适应现在的车辆。所以用轮子的时候，知道其内部原理，至少可以试着修轮子，修轮子比换轮子的代价一般都会少很多。如果你是工程师，还可以在了解了轮子的原理后，仿照并创造出更好的轮子。

商品有其使用价值，更有其思维传递的价值。使用价值往往只是表层知识的运用，其实际构造原理才是设计者想表达的思想，思维传递的价值才是个人对产品更深入的认知。当思维被传递后才能检验思维上的优越性。

思维演进

思维广泛传递后，多个不同思维的碰撞、冲突或融合，优胜劣汰，才能产生更高阶段的思维，这就推动了思维演进。

正如生物的自然选择一样，思维需要载体，思维是利用生物进行传递，思维也会伴随生物筛选跟随演进。

环境是促进演进的重要因素，不同的环境会引导思维向不同的方向发展，思维的演进会带来整体思潮的进步。人类思潮的进步，反过来会影响环境的变化。

架构与思维

理解个体事物是用“认知”来实现的，而有序的组织、组合、运用一堆事物的时候，就需要使用“架构”。

如何驱动思维去使用“架构”？

1. 需要对组合中的每个事物有充分的认知，对其原理有充分的理解。
2. 通过思维方式去理解事物间的关联，比如之前介绍的线性、树形、网状思维。
3. 通过关联性去合理组织和组合事物。
4. 对事物整体组合后的多种事物再次认知。
5. 通过认知去定义其使用的方式和意义。

关于真正需要架构的事物

架构可以是一个名词，也可以是一个动词。架构是一个名词的时候，它特指一种坚固的形象；当它是动词的时候，它后面的加上的名词才是它代表的意义。利用这种思维方式去完善生活中其他对你有重要意义的词，这样会逐渐确立人生中的导向和规则，形成自身的价值观。

重新定义“架构”这个词在人生中的意思和意义，并利用“架构”去改变人生的认知。

关于如何架构

人们总在说这是一个知识变现的时代，但是从古到今，哪个时代都存在知识变现，这个时代只是出现“知识变现”这个词而已。在遇到这本书之前，你大概已经买了很多编程书，例如数据结构、算法结构、设计模式、从入门到精通之类的书籍。完全看完，然而实际运用在工作上的知识又有多少呢？

因为思维固化的原因，很多人的单位模块知识应用在特定的领域中，当认识到知识可以使用在更广的维度之后会发现，你早已经具备可以改变你生活的很多思维工具，再结合以上对思维方式的研究，现在只差利用这些工具同生活中各个层面进行思维碰撞，然后进行更广范围的践行。

关于我

“我”也是一个事物，要定义“我”，需要使用思维来架构出理想中的“我”。

- 从“你”应该怎样做？用思维确立为“我”要做。
- 从“我”想怎样做？思维传递为“我们”就这样做。
- 从“我”现在要做什么？思维判断为“我”未来要做什么？
- 从“我”将要做什么？架构出“我”将要怎么做？

从新定义“我”、架构“我”，才能看清自我、完善自我、超脱自我。